人学论丛2023
中国人学学会

中国人学学会第25届学术年会论文集

中国式现代化的生态意蕴与人学解读

董彪　于冰　主编

中国国际广播出版社

本书编委会

（按姓氏笔画排序）

中国人学学会第25届学术年会开幕词

中国人学学会会长、北京大学哲学系博雅讲席教授　丰子义

各位专家、学者、朋友：

大家好！今天我们相聚在美丽的东北林业大学，召开"中国式现代化：生态意蕴与人学解读"研讨会暨中国人学学会第25届学术年会。

这次会议的主题是"中国式现代化：生态意蕴与人学解读"。关于生态文明，我们的年会也曾经作为主题讨论过。但是，每次讨论，由于所处的语境和背景不一样，针对的主题和问题不一样，因而讨论的内容和话题也不同。今年我们年会关于生态文明的讨论，是和中国式现代化联系在一起的。主题的意图，就是从人学的角度来思考中国式现代化的生态文明问题。党的二十大报告明确提出"中国式现代化是人与自然和谐共生的现代化"，并将其作为中国式现代化的一大本质规定。对于这一问题，我们的人学研究虽有涉及，也有一些成果，但总的说来，还是一个新的课题，需要深入研究。在这里，我想围绕会议的主题谈几点简单的看法。

一是关于生态与文明的理解与把握。在近几十年我国关于文明的倡导及其发展中，最早讲的主要是物质文明与精神文明，党的十六大开始提出建设社会主义政治文明，党的十七大又首次提出建设生态文明。从时间上来看，"生态文明"概念的提出以及对生态文明的研究并不算早，这是后来发展起来的。但从文明的起源来看，文明恰好是与生态紧密连在一起的。或者说，文化、文明是源于人与自然关系的。按照通常的理解，文化和文明都是相对自然而言的，是在对自然的改造或"人化"过程中形成和发展起来的。最初的文化和文明就是在人与自然关系中产生的。文化和文明一方面体现为人对自然的"人化"，另一方面又体现为这种关系的"化人"，即对人的生存发展的影响。就此而言，文明与自然生态问题确实具有本源性

关系。生态文明不是后来在文明中追加上去的、扩展出来的，而是具有某种始基的性质、本原的性质。不可能离开人与自然生态的关系讲清文明的起源与发展。从历史上看也是如此，生态和文明密切相关。生态兴则文明兴，生态衰则文明衰。生态环境的变化直接影响文明的兴衰演替。古今中外这方面的事例太多了。有些文明之所以衰落了、中断了，就是因为生态环境被破坏了。因此，我们今天讲文明，讲生态文明，应当有这样的高度理论自觉，应当深刻把握生态与文明的本质联系。

说到生态与生态文明，实际上并不是一个纯自然的问题，而是同人直接相关。生态原本是由自然界各种事物、现象组成的，它完全是按照自然法则形成和发展的，根本不涉及文明不文明的问题；一旦进入“文明”的视域，生态问题就不仅仅是自然界自在的关系了，而主要是人与自然的关系进而是人与人的关系了。不可能离开人、离开人的活动来谈论生态文明。所以，生态文明问题说到底是人的问题。这也正是研究生态文明需要人学出场的原因所在。

二是关于中国式现代化与生态文明的关系问题。从世界现代化的一般进程来看，现代化的发展总是伴随着相应的文明，一定类型的现代化往往是特定文明的体现，而特定的现代化总是要由相应的文明来加以支撑的。但是，在现实的发展过程中，不同的现代化对待文明的态度以及对文明的内在要求是不一样的。就以西方现代化来说，虽然在文化观念、价值追求上有它特有的文明基础，但在现代化理论中，始终没有正规地将生态文明纳入其中。原初的现代化理论（涂尔干、滕尼斯、韦伯等）不涉及生态文明；从20世纪50年代开始的经典现代化理论（经济学、政治学、社会学、心理学、历史学等现代化理论）也不涉及生态文明问题，主要关心的是经济如何增长，政治、文化如何变革，生态文明问题不在考虑范围之内。只是在20世纪80年代后，严重的生态问题敲响了发展的警钟，才开始出现了对生态问题的关注，形成了一些相应的理论观点。理论研究是如此，现代化的实践更是没有把生态文明列入追求目标和具体任务之中。现代化的各种指数、任务就是没有生态文明。基本上是先污染后治理。中国式现代化与之相反，尽管在其发展过程中我们也走过一些弯路、付出过一些代价，但我们能够及时总结经验教训，予以精心的设计和战略谋划，采取各种措施扎实推进生态文明建设，因而中国式现代化走的是另外一条道路，是人与自然和谐共生的现代化。从观念和价值追求来看，中国式现代化在其发展过程中所提出的“人与自然和谐共生”的理念、“生命共同体”的理念、“美丽中国”的理念、“绿水青山就是金山银山”的理念、“美好生活”的理念等，就是生态文明的显著体现。从其实践来看，中国式现代化所坚持的经济发展和生态环境保护协调发展、推动形成绿色发展方式和生活方式、统筹山水林田湖草沙系统治理、积极稳妥推进碳达峰和碳中和、实现最严格的生态环境保护制度等，就是生态文明的具体实施。无论是观念还是行动，中国式现代化所彰显的生态文明是重大而深远的，也是得到世界公认的。

中国式现代化之所以在生态维度上有别于西方现代化，原因就在于二者遵循的逻辑不同。西方现代化遵循的是资本逻辑，以资本为中心。由这样的逻辑所决定，现代化不可能把生态环境、生态文明放到重点位置、中心位置，利润至上是最大追求，只是在生态问题出现严重危机、生产遇到极限时，才开始考虑环境治理。中国式现代化正好相反，遵循的是人的逻辑，以人民为中心。既然是以人民为中心，那么，关键的问题是要满足人民对美好生活的需要。美好生活的需要是多方面的，不仅是物质生活需要，也有其他方面的需要，包括生态环境的需要。对于人的生存来说，金山银山固然重要，但绿水青山是金钱不能代替的。环境就是民生，绿水青山就是幸福。因此，坚持人民至上，必然要坚持生态文明，这是中国式现代化必然的逻辑。

三是关于生态文明观变革的问题。随着经济社会发展和生态实践的发展，我国的生态文明观也在不断发展。说到这种发展，最大的一个变化就是生态文明观“生产→生命→生活”的变化。这次会议东道主于冰教授2022年在《马克思主义研究》上曾经发表过一篇文章，讲到“生命共同体”理念的确立，实现了生态文明观从“生产→生命→生活”的逻辑转换，从而实现了生态文明观的深刻变革。这一概括是很有新意的，也是有启发意义的。实际情况也是如此。过去我们讲生态文明，主要是从“生产”的范式来谈论的，是从“对象性”关系来谈论的，目标是服务于经济增长和经济发展。而人与自然“生命共同体”理念的提出，则人与自然的关系从“生产”范式推进到“生命”范式。在“生命共同体”中，人与自然并不仅仅是生产关系，而首先是生命机体的内部关系，因而对待环境就如同对待生命。既然人与自然是生命机体的内部关系，那就必然又从“生命”范式进到“生活”范式，因为生命总是通过生活来得以存在并延续、发展的。因此，讲“生命共同体”时，自然要和建立“美好生活”连在一起，并着眼于“美好生活”来建立“生命共同体”。

从“生产→生命→生活”的范式转换，最为突出的特点，就是人民至上、以人民为中心。从生产出发，到最后落脚于生活，一个鲜明的价值指向，就是“以人民为中心”。这正是生态文明观变革最为“文明”的体现。生态文明观变革所体现的这种鲜明价值指向，首先是把“生命至上”摆在首位。关注自然，就是关注生命。“生命共同体”的着眼点和落脚点是在人自身。其次是突出人民“美好生活需要”的满足。生态文明观的变革就是着眼于满足人民美好生活需要而形成的。美好生活的建立，不仅是对物质产品的需求，还有对生态产品的需求，对清新的空气、清洁的水源、舒适的环境的需求。关注生态、关注生活，就是要关注人的需要。总之，生态文明观的变革充分体现了深刻的人学内涵。

在中国式现代化的语境下讨论生态文明，确实给我们的人学研究提出了许多新的课题，需要我们及时加以理论跟进。实际上，这些年我国很多重大理论问题和现实问题的提出，都和我们的人学直接相关，这就给我们的人学研究提供了许多新课题，提供了非常难得的机遇，人学发展恰逢其时。我们的人学研究应当面对新时代、新征程，有所作为，大有作为。

目　录

第一编

第二编

第一编

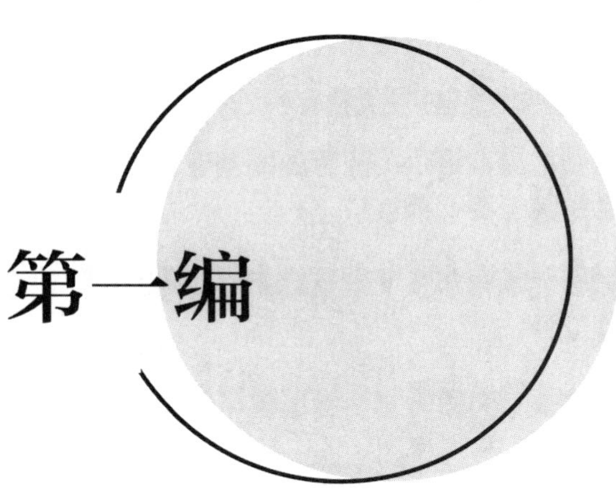

中国式现代化的生态导向

中国人民大学马克思主义学院　张云飞

摘　要：促进人与自然和谐共生是中国式现代化的本质要求之一。尊重自然、顺应自然、保护自然，构成了中国式现代化蕴含的独特生态观的理论内核。按照这一生态观，必须将生态文明的原则、理念与目标全面、系统、立体地融入中国式现代化的诸领域、过程、特征中，坚持中国式现代化的生态导向，推动物质文明、政治文明、精神文明、社会文明、生态文明的全面发展、协调发展、共同发展。只有如此，才能确保中国式现代化的永续性，实现建设富强民主文明和谐美丽的社会主义现代化强国的宏伟目标。

关键词：中国式现代化；生态文明；人与自然和谐共生

中国式现代化蕴含的独特生态观不仅科学回答了人与自然的关系，而且科学回答了现代化和生态化的关系。第一，科学指明了人与自然和谐共生既是中国式现代化的内容和特征，又是中国式现代化的本质要求。只有始终坚持人与自然和谐共生规律，才能超越先污染后治理的西方现代化，才能确保中国式现代化的永续性。第二，明确了全面建设社会主义现代化国家必须将尊重自然、顺应自然、保护自然作为自己的内在要求。只有坚持尊重自然、顺应自然、保护自然的生态文明理念并将之转化为制度规定和制度设计，才能超越生态资本主义，才能确保社会主义现代化的永续性。上述两点凝结为中国式现代化理论蕴含的独特生态观的主要理论内核，实现了中国式现代化理论和习近平生态文明思想的科学的内在的统一，明确了中国式现代化是以生态为导向的现代化，中国生态文明是追求现代化基础上的生态化。

在中国式现代化理论蕴含的独特生态观的引导下，按照中国式现代化的“本质要求”和全面建设社会主义现代化国家的“内在要求”来全面推进现代化建设，要求我们必须将生态化作为中国式现代化的基本导向。

一、中国式现代化领域的生态导向

现代化是一个全面进步的过程。以马克思主义社会有机体理论为科学依据，在科学总结社会主义建设经验和规律的基础上，我们党提出了“五位一体”的中国特色社会主义总体布局。我们要将生态化贯穿于“五位一体”全部领域中。

（一）促进人与自然关系的和谐化

在社会有机体中，人与自然关系是重要的社会关系。资源能源、生态环境、生态安全、气候等要素是支撑社会发展的基本自然物质条件，但是在当下，资源能源紧张、生态环境污染、生态系统脆弱、全球气候变暖等已经成为制约和影响现代化的重大的全球性问题，因此，坚持生态优先、节约集约、绿色低碳发展，是建设人与自然和谐共生现代化在人与自然关系领域的主要任务和基本要求。第一，坚持节约集约发展。为了缓解我国目前的资源能源对外依存度提高带来的风险，切实保证国家的资源安全和能源安全，我们要通过科技进步节约资源能源、提高资源能源的利用效率，开发替代资源能源，要将节约集约发展作为绿色发展的基本要求和主要举措。在此基础上，我们要实现经济的轻型化，降低经济发展对资源能源尤其是不可再生资源能源的依赖。第二，坚持清洁循环发展。为了有效治理生态环境问题，实现废弃物的循环利用，加强高质量生态环境保护，我们必须坚持精准、科学、依法的污染治理标准，将清洁发展和循环发展纳入绿色发展的系统工程中，推动清洁工业和循环经济的发展。第三，坚持生态优先发展。为了有效化解生态环境风险，确保生态系统的安全、多样、稳定、永续，确保国家的生态安全，我们要坚持生态优先的方针，统筹生物安全、生态安全、环境安全等非传统安全，将维护生物安全、生态安全、环境安全作为安全发展的基本要求和主要举措。第四，坚持绿色低碳发展。为了有效应对全球气候变暖，落实碳达峰和碳中和的目标，我们要大力推进能源革命，提升林草等生态系统的碳汇能力，形成绿色低碳的能源结构、产业结构、生产方式、生活方式，将低碳发展纳入绿色发展系统工程中。在此基础上，我们要将碳达峰和碳中和的目标上升到国家社会经济发展战略和生态文明建设的高度，大力开发和推广“光电（风电）+生态+产业”的模式。现在，协同推进节能减排、污染治理、生态安全、经济发展，协同推进生态优先、节约集约、绿色低碳发展，是实现生态化或绿色化的基本要求和主要任务。

（二）实现人与社会关系的生态化

除了人与自然关系，社会有机体还包括人与社会的关系，涉及经济生活、政治生活、文化生活、社会生活等多重要素。第一，在经济现代化方面，我们要大力构建以生态产业化和产业生态化为主体的生态经济体系，大力实现生态产品的价值，推动制造业高端化、智能化、绿色化发展，大力发展生态农业和全面实现乡村生态振兴，构建绿色环保等新的增长引擎，通过发展生态经济推进经济现代化。第二，在政治现代化方面，按照社会主义政治文明建设的基本方针，我们要将党的领导、人民当家作主和依法治国三者的统一运用到生态环境领域国家治理体系和治理能力现代化当中，用社会主义政治文明规范和引导生态治理；我们要坚持以改善生态环境质量为核心来建立和完善生态文明目标责任体系，坚持党政同责、一岗双责，完善中央环保督察制度；我们要坚持以治理体系和治理能力现代化为保障来建立和完善生态文明制度体系，坚持通过严格的生态文明制度和严密的生态文明法治来保护生态环境；最后，我们要用生态治理现代化为人与自然和谐共生现代化提供制度保障。第三，在文化现代化方面，我们要牢固树立社会主义生态文明观，认真学习和大力贯彻习近平生态文明思想，大力弘扬以塞罕坝精神等为代表的“三北精神”，建立健全以生态价值观念为准则的生态文化体系，将生态文化纳入社会主义核心价值体系和社会主义核心价值观中，努力使之成为全社会的价值共识，成为人的全面发展的内在规定和重要追求。第四，在社会现代化方面，我们要发扬光大爱国卫生运动、全民义务植树等光荣传统，大力开展群众性生态文明建设活动，健全党委领导、政府主导、企业（事业）主体、社会协同、公众参与的现代生态环境治理体系，大力践行绿色低碳的生活方式和消费方式，将《公民生态环境行为规范十条》内化于心、外化于行，努力使每一个人都成为生态文明建设的参与者、践行者、奉献者。

总之，建设人与自然和谐共生的现代化，就是要将生态文明的原则、理念和目标全面地融入总体布局中，推动物质文明、政治文明、精神文明、社会文明、生态文明的全面发展，让全面发展打下鲜明的绿色底色。

二、中国式现代化过程的生态导向

西方现代化大体经历了工业化、城镇化、农业现代化、信息化的发展过程，具有“串联式”的特征。我们要把“失去的二百年”夺回来，必然要面对一个“并联式”的过程，以叠加方式推进工业化、信息化、城镇化、农业现代化。目前，我们必须“协同推进新型工业化、信息化、城镇化、农业现代化和绿色化”①，将生态化作为中国式现代化整个过程的导向。

（一）协同推进农业现代化和绿色化

西方社会在农业产业化的基础上实现了工业化，进而用产业化的方式实现了农业现代化。但这种现代化以化肥和农药这样的石化工业产品的高投入为特征，被称为“石油农业”。尽管这种高投入带来了高产出，但也造成了高污染，最终导致了“寂静的春天”。为了避免重蹈“石油农业”的覆辙，我们必须按照生态化的原则实现农业现代化，坚持在先进的绿色技术支持下实现农业现代化。以“桑基鱼塘”“都江堰”“坎儿井”等为代表的中华传统农业技术是有机农业的典范，但存在着效率和效益低下的问题，因此，我们必须用现代技术提升有机农业的效率和效益，促进其向现代高效生态农业转型。在此基础上，我们要坚持生物技术和工程技术、生态技术和数字技术的统一，进一步提升生态农业的科技水平。同时，我们要按照生态化原则实现农业现代化和农村现代化的统一。

（二）协同推进新型工业化和绿色化

工业化是现代化的基础和核心。西方工业化在极大地提升社会生产力水平的同时，造成了人与自然之间的物质变换的断裂。由于西方工业化坚持资本主义发展道路，因此，“生态主义前进的最好方法是对抗资本主义的工业主义的扩大，而不是作为多头兽的工业主义本身”。② 同时，西方工业化奉行的是传统工业化道路，具有

① 中共中央文献研究室．十八大以来重要文献选编：中［M］．北京：中央文献出版社，2016：486.

② 多布森．绿色政治思想［M］．郇庆治，译．济南：山东大学出版社，2005：242.

资源能源高投入、环境污染高排放的特点，是一种与自然为敌、与生态为敌的工业化。对于社会主义中国来说，必须将坚持社会主义工业化道路和坚持新型工业化道路统一起来。在坚持社会主义工业化道路的前提下，我们要坚持以信息化带动工业化、以工业化促进信息化，力求走出一条跨越式的现代化之路。我们要坚持将资源消耗低、环境污染少作为新型工业化的内在规定，力求走出一条绿色化的现代化之路。我们要坚持将科技含量高、经济效益好作为新型工业化的内在规定，力求走出一条集约型的现代化之路。我们要坚持将安全条件有保障、人力资源优势得到充分发挥作为新型工业化的内在规定，力求走出一条超越性的现代化之路。

（三）协同推进城镇化和绿色化

城市化和工业化是现代化相辅相成的两个方面。西方城市化造成的城市环境污染等各种“城市病”恶化了城市现代化环境，直接危害到工人和居民的健康。根据社会主义本质和我国的具体实际，我们必须将坚持走社会主义城市化道路和坚持走新型城镇化道路统一起来，大力加强生态城市（绿色城市）的建设。统筹新型城镇化和绿色化就是要走中国特色的生态城市发展道路。在一般意义上，生态城市建设和管理要求城市的规模和结构同资源能源和生态环境承载力相适应，要与气候治理的需要相适应，要具有防灾减灾救灾的功能。最终，生态城市要实现居民、城市、自然的和谐相处。在具体意义上，资源节约型城市、环境友好型城市、森林城市、海绵城市、低碳城市等都是生态城市的表现和表征。从生态城市的构成来看，生态城市是由绿色建筑、绿色住区、绿色交通、绿色就业、绿色生活等要素构成的整体。从生态城市的建设路径来看，我们要统筹生态城市、智慧城市、数字城市的建设，更多地依靠生态科技和信息科技来提高城镇化的生态化水平。

（四）协同推进信息化和绿色化

从技术社会形态来看，信息化是继工业化之后社会发展的重要阶段。习近平总书记指出，工程科技创新“推动人类从蒙昧走向文明、从游牧文明走向农业文明、工业文明，走向信息化时代”[①]。信息化有助于生态文明建设，但若无生态化的约束和规范，信息化会造成新的生态环境问题，如电磁辐射、热岛效应、电子垃圾

① 习近平．论科技自立自强［M］．北京：中央文献出版社，2023：67.

等。因此，我们必须统筹推进信息化和生态化，大力促进生态化的信息化。在科技层面上，我们要统筹把握新科技革命生态化成果和新科技革命信息化成果，将生态化范式确立为信息化科技发展的主导范式，全面提升信息科技的绿色创新水平，用信息化手段全面推进绿色低碳科技革命。在产业层面上，信息产业要提高自身的资源循环利用水平，提升绿色用材、绿色用能的水平，提升自身清洁生产的水平。在此基础上，我们要统筹推进信息产业、生物产业和生态产业的发展。在管理层面上，我们要健全信息科技和信息产业的绿色低碳管理机制和手段，统筹信息网络安全和生态环境安全，促进信息化的可持续发展。

总之，我们要把生态化贯彻和贯穿于现代化的全过程中，协同推进“新四化”和绿色化，确保中国式现代化整个过程的可持续性，确保中国式现代化成为一个生生不息的社会进步过程。

三、中国式现代化特征的生态导向

党的二十大报告指出，中国式现代化是人口规模巨大的现代化，是全体人民共同富裕的现代化，是物质文明和精神文明相协调的现代化，是人与自然和谐共生的现代化，是走和平发展道路的现代化。无论是哪一个方面的现代化，都必须以生态化为导向，否则就难以确保中国式现代化的永续性。

（一）人口规模巨大的现代化的生态导向

人口规模巨大的现代化主要是从现代化成果惠及的对象的广泛性和普遍性所讲的。但如果不考虑资源环境的承载力和生态红线，盲目的人口增长必然会造成和加剧生态环境问题，最终会影响人民群众的美好生活。作为影响可持续发展的基本变量，人口、资源、环境之间具有复杂的相互作用。现在，尽管我国人口出现了一定程度上的负增长，但人口总量仍然偏大、人口密度仍然偏高，人口对资源环境的压力仍然严重。人口因素对综合国力的影响不在于人力资源的多少，而在于人力资本的强弱。面对我国人口发展呈现出的新的态势，我们依然需要坚持人口绿色发展方略。实现人口绿色发展是应对人口与资源环境紧张矛盾的必然选择，是统筹协调人口资源环境的科学举措。这是促进人口高质量发展的基本要求和重要条件，是建设人与自然和谐共生现代化的固有之意。在此基础上，我们要将我国建设成为人力资本强国，并使人力资本和自然资本相得益彰。

（二）全体人民共同富裕的现代化的生态导向

中国式现代化坚持共同富裕和共享发展，西方式现代化导致了两极分化。按照社会主义的本质要求，共享发展是实现全体人民共同富裕的现实选择。从造福对象来看，共享发展要求全民共享。从内容构成来看，全面共享包括生态共享，生态共享是全面共享的表现和表征。只有坚持实现生态共享，让全体人民共享生态文明建设的成果，让全体人民充分维护自己的生态环境权益，才能更好地满足人民群众的优美生态环境需要，充分实现中国式现代化的目的。提供更多优质的生态产品以满足全体人民的优美生态环境需要，是中国式现代化重要的出发点和落脚点。为此，我们必须坚持自然资源资产的公有性质，保障全体人民分享全民所有自然资源资产收益。这是中国式现代化道路和西方生态现代化模式的本质区别。

（三）物质文明和精神文明相协调的现代化的生态导向

西方式现代化是物欲横流的片面发展过程，中国式现代化追求“五位一体”的全面发展。全面发展即全面的现代化，包括物质文明和精神文明协调发展的要求。物质文明和精神文明（“两个文明”）的协调，也需要以生态文明为中介和条件。按照人与自然和谐共生的客观规律，围绕着满足人民群众的优美生态环境需要，大力促进生态经济和生态文化的协调发展，坚持以生态文化为生态经济的灵魂，以生态经济为生态文化的基础，能够为“两个文明”相协调的现代化提供新的可能和条件，能够确保“两个文明”相协调的现代化的永续性。

（四）走和平发展道路的现代化的生态导向

西方式现代化是通过“刀”与“火”开辟的对外殖民扩张的现代化，中国式现代化是坚持走和平发展道路的现代化。面对全球性生态环境问题的压力和挑战，我们不能隔岸观火、以邻为壑，不能嫁祸于人、幸灾乐祸，而必须共同推动全球绿色发展和全球生态文明建设，将地球生命共同体的理念纳入和平发展道路的现代化当中，确保这条道路成为“绿色”的和平发展道路。我们要坚持以生态文明建设为引领，正确处理现代化造成的人与自然的矛盾，把地球建设成为人与自然和谐共生的人类家园；我们要坚持以绿色转型为驱动，共同推动全球绿色发展和绿色转型，把地球建设成为经济与环境协同共进的人类家园；我们要坚持以人民福祉为中心，努力实现保护环境、发展经济、创造就业、消除贫困等多重目标的共赢，坚持包容发展，把地球建设成为世界各国共同发展的人类家园。以生态为导向的走和平发展道路的现代化，必将引导全人类摆脱全球性困境，让全人类享有普遍的绿色的永久的和平。

中国式现代化的五个规定和特征具有内在的关联，在促进这五者协调并进的过程中，我们必须将人与自然和谐共生的本质要求融入其他四个方面中。这样，才能确保中国式现代化成为一个全面自觉实现人与自然和谐共生的社会进步过程。

总之，按照中国式现代化理论蕴含的独特的生态观，将生态文明的原则、理念和目标全面、系统、立体地融入中国式现代化的诸领域、过程、特征中，才能促进和实现社会的全面发展和全面进步，才能促进人的全面发展，才能实现人道主义和自然主义相统一的理想。

人与自然和谐共生的现代化：理论内涵与实践路径

中共广东省委党校马克思主义学院　洪志雄
中山大学马克思主义学院　钟明华

摘　要：人与自然和谐共生是中国式现代化的显著特征之一。坚持人与自然和谐共生是对人与自然关系问题的科学回答，是实现未来人类与自然和解以及人类本身和解的内在要求，是推动高质量发展的应有之义，是推动发展人类文明新形态的可行路径。推进人与自然和谐共生的现代化需要牢固树立绿色发展理念，完善中国式现代化生态文明制度体系，努力建设人与自然和谐共生的美丽中国。

关键词：人与自然和谐共生；内涵；路径

党的二十大报告指出，“中国式现代化是人与自然和谐共生的现代化”，并强调“人与自然是生命共同体”。人与自然和谐共生是中国式现代化及其开创的人类文明新形态的显著特征之一。新征程上，必须深刻理解人与自然和谐共生的理论意涵，保持加强生态文明建设的战略定力，坚定不移走生产发展、生活富裕、生态良好的文明发展道路。

一、人与自然和谐共生的理论内涵

大自然是人类赖以生存发展的基本条件。尊重自然、顺应自然、保护自然，是全面建设社会主义现代化国家的内在要求。坚持人与自然和谐共生是对马克思主义自然观、生态观的继承和发展，也是推动高质量发展开辟生态文明新道路的应有之义。

（一）坚持人与自然和谐共生是对人与自然关系问题的科学回答

在马克思主义关于人与自然关系的论述中，首先自然界是先于人而存在的，是人类生存延续的前提和条件。马克思在《1844 年经济学哲学手稿》中指出："人靠自然界生活。这就是说，自然界是人为了不致死亡而必须与之处于持续不断的交互作用过程的、人的身体。所谓人的肉体生活和精神生活同自然界相联系，不外是说自然界同自身相联系，因为人是自然界的一部分。"但是，随着人类实践活动的深入，人通过劳动有意识地改造自然，人与自然的关系逐渐从同一走向对立。恩格斯在《自然辩证法》中指出："人也反作用于自然界，改变自然界，为自己创造新的生存条件。"人类的衣食住行等生活需要必须通过与自然界持续进行物质交换而得到满足，在这个过程中，人类的本质力量越来越表现为自然界的对象化，形成了"自在自然"之外的"人化自然"。马克思指出，"在人类历史中即在人类社会的形成过程中生成的自然界"才是"人的现实的自然界"，特别是通过工业"形成的自然界，是真正的、人本学的自然界"。与此同时，马克思还认为人通过实践创造对象世界的活动也从根本上导致了人与自然关系从同一走向异化和分裂。自然界从人类的主宰变成被人类当作满足自身需要而存在的对象物，当作可以随意改造、汲取和处置的对象，认为可以通过人的意志和能力征服自然。然而，恩格斯在《自然辩证法》中深刻地指出："我们不要过分陶醉于我们人类对自然界的胜利。对于每一次这样的胜利，自然界都对我们进行报复。"他提出应该"一天天地学会更正确地理解自然规律，学会认识我们对自然界习常过程的干预所造成的较近或较远的后果"。因此，要正确看待和处理人与自然的关系。因为"人化自然"与"自在自然"是既对立又统一的，人通过实践活动作用于自然界，在这个过程中自然界也会反作用于人类。

坚持人与自然和谐共生是当代中国马克思主义对人与自然关系问题的科学回答。习近平总书记指出："生态环境保护和经济发展不是矛盾对立的关系，而是辩证统一的关系。把生态保护好，把生态优势发挥出来，才能实现高质量发展。"[①]"绿

① 习近平在安徽考察时强调：坚持改革开放坚持高质量发展 在加快建设美好安徽上取得新的更大进展［N］. 人民日报，2020-08-22（01）.

色发展，就其要义来讲，是要解决好人与自然和谐共生问题。”① “生态环境没有替代品，用之不觉，失之难存。”② “在生态环境保护上，一定要树立大局观、长远观、整体观，不能因小失大、顾此失彼、寅吃卯粮、急功近利。”③ “必须牢固树立和践行绿水青山就是金山银山的理念，站在人与自然和谐共生的高度谋划发展。”④

（二）坚持人与自然和谐共生是实现未来人类与自然和解以及人类本身和解的内在要求

马克思主义认为资本主义的所有制和生产方式是造成人与自然关系对立的根源。资本主义以追求利益最大化为原则，对自然界进行毫无节制的破坏，使自然界沦为完全服务于资本生产的工具。恩格斯在《自然辩证法》中指出：“到目前为止的一切生产方式，都仅仅以取得劳动的最近的、最直接的效益为目的。那些只是在晚些时候才显现出来的、通过逐渐的重复和积累才产生效应的较远的结果，则完全被忽视了。”“为此需要对我们的直到目前为止的生产方式，以及同这种生产方式一起对我们的现今的整个社会制度实行完全的变革。”因此，人和自然界之间矛盾的真正解决，依赖于社会层面的整体变革，以社会共同体所有制形式代替资本主义私有制，在此过程中实现人类与自然的和解以及人类本身的和解。“社会化的人，联合起来的生产者，将合理地调节他们和自然之间的物质变换，把它置于他们的共同控制之下，而不让它作为盲目的力量来统治自己；靠消耗最小的力量，在最无愧于和最适合于他们的人类本性的条件下来进行这种物质变换。”人与自然关系和解的前提是人与人关系的和解。恩格斯在《反杜林论》中指出，在社会占有了生产资料之后，人们就“第一次成为自然界的自觉的和真正的主人，因为他们已经成为自身的社会结合的主人了”。从而，推动整个人类社会逐步进入共产主义阶段，人与自然的对立冲突才可能真正解决，人与人的矛盾才会被彻底消灭，才能实现人与自然的和解。

① 习近平．论把握新发展阶段、贯彻新发展理念、构建新发展格局［M］．北京：中央文献出版社，2021：87.

② 习近平．论把握新发展阶段、贯彻新发展理念、构建新发展格局［M］．北京：中央文献出版社，2021：89.

③ 习近平．论把握新发展阶段、贯彻新发展理念、构建新发展格局［M］．北京：中央文献出版社，2021：90.

④ 习近平．高举中国特色社会主义伟大旗帜　为全面建设社会主义现代化国家而团结奋斗［J］．求是，2022（21）.

坚持人与自然和谐共生是新时代坚持和发展中国特色社会主义的基本方略之一。我们要建设的现代化是人与自然和谐共生的现代化，既要创造更多物质财富和精神财富以满足人民日益增长的美好生活需要，也要提供更多优质生态产品以满足人民日益增长的优美生态环境需要。这与以资本主义所有制和生产方式为核心的西式现代化有本质区别，从而为“两个和解”的实现提供了社会制度上的可能。推动形成绿色发展方式和生活方式是发展观的一场深刻革命。这场深刻革命是对生产方式、生活方式、思维方式和价值观念的全方位、革命性变革。坚持人与自然和谐共生，就要推动形成绿色低碳的生产生活方式，实现生产空间集约高效、生活空间宜居适度、生态空间山清水秀，形成人与自然和谐共生的现代化建设新格局。

（三）坚持人与自然和谐共生是推动高质量发展的应有之义

高质量发展是能够满足人民日益增长的美好生活需要的发展，是体现新发展理念的发展，是创新成为第一动力、协调成为内生特点、绿色成为普遍形态、开放成为必由之路、共享成为根本目的的发展。实现高质量发展是我国经济社会发展历史、实践和理论的统一，是开启全面建设社会主义现代化国家新征程、实现第二个百年奋斗目标的根本路径。党的十九大明确提出，我国经济已由高速增长阶段转向高质量发展阶段。这是以习近平同志为核心的党中央根据国际国内环境变化，特别是我国发展条件和发展阶段变化作出的重大判断。高质量发展阶段的核心要求是提高供给体系质量，彻底改变过去主要靠要素投入、规模扩张，忽视质量效益的粗放式增长，强调不能简单以生产总值增长率论英雄，必须坚持创新、协调、绿色、开放、共享五大发展相统一。党的十九届五中全会进一步指出，“十四五”时期经济社会发展要以推动高质量发展为主题，必须把发展质量问题摆在更为突出的位置，着力提升发展质量和效益。党的二十大报告指出，高质量发展是全面建设社会主义现代化国家的首要任务。

绿色是高质量发展的底色，高质量发展是人与自然和谐共生的发展。习近平总书记指出，中国现代化是绝无仅有、史无前例、空前伟大的。我们在生态环境方面欠账太多了，如果不从现在起就把这项工作紧紧抓起来，将来付出的代价会更大。生态环境保护和经济发展不是矛盾对立的关系，而是辩证统一的关系。绿水青山既是自然财富，又是经济财富。生态环境投入不是无谓投入、无效投入，而是关系经济社会高质量发展、可持续发展的基础性、战略性投入。把生态保护好，把生态优势发挥出来，才能实现高质量发展。要坚决贯彻新发展理念，守住发展和生态两条底线，实现生态效益和经济社会效益相统一，在经济发展中促进绿色转型、在绿色转型中实现更大发展，走出一条以生态优先、绿色发展为导向的高质量发展新路子。

（四）坚持人与自然和谐共生是推动发展人类文明新形态的可行路径

当今世界，生态保护俨然成为全人类的普遍追求，特别是在已完成工业化、现代化西方国家，绿色、低碳、环保成为资本主义的宣传口号。然而这些不过是资本主义在弥补历史的欠账以及开辟新的赛道抑制后发国家的发展潜力。在资本主义工业化历程中，曾经对生态环境造成过深重的灾难，通过无止境的掠夺生态资源来获得资本的增殖，这种资本主义生产方式使人与自然的关系高度紧张，同时也使资本家们认识到这种生产方式的不可持续性。为推进可持续的发展，资本主义现代化走上了一条先污染后治理的路子。然而对本国生态环境的保护和治理却又建立在对其他国家的掠夺和污染的基础之上，保护本国资源的同时掠夺、进口发展中国家的资源，出口本国的垃圾等污染物，转移高污染项目等。由此可见，资本主义文明无法在其自身的制度框架内彻底解决生态问题，其治理成果的代价往往由发展中国家承受。

中国式现代化具有许多重要特征，其中之一就是我国现代化是人与自然和谐共生的现代化。21 世纪初，我国就提出要走新型工业化道路，要对传统的西方工业化道路进行扬弃，做到“资源消耗低、环境污染少”。随后，又提出了科学发展观，坚持可持续发展，处理好经济建设、人口增长与资源利用、生态环境保护的关系，建设资源节约型和生态保护型社会。步入新发展阶段，习近平总书记提出以“创新、协调、绿色、开放、共享”为主要内容的新发展理念，要求加快推动绿色发展、持续改善生态环境。总体而言，中国在借鉴西方工业化模式推进现代化进程的过程中，很大程度避免了重复西方走过的弯路，同时又在生态保护和绿色发展方面走出了一条新路。在新发展理念的指引下，中国式现代化构筑的生态文明，建立在自身的产业转型升级和国际间的合作共赢基础之上，在实现国内碳达峰和碳中和以及推进共建“一带一路”绿色发展等方面都取得了积极的成效，为构建人与自然的命运共同体，推进人类文明可持续发展指明了方向。

二、推进人与自然和谐共生现代化的实践路径

人与自然和谐共生的现代化是一场从理念到制度再到实践的整体性的革命性变革，要求协同推进物质文明建设和生态文明建设，最终构建起人与自然生命共同体。

（一）牢固树立绿色发展理念

理念是行动的先导，人与自然和谐共生的现代化离不开正确理念的引领。习近平总书记指出："发展理念是战略性、纲领性、引领性的东西，是发展思路、发展方向、发展着力点的集中体现。发展理念搞对了，目标任务就好定了，政策举措跟着也就好定了。"[①] 新发展理念就是指挥棒、红绿灯。其中，创新发展注重的是解决发展动力问题，协调发展注重的是解决发展不平衡问题，开放发展注重的是解决发展内外联动问题，共享发展注重的是解决社会公平正义问题，而绿色发展注重的就是解决人与自然和谐问题。习近平总书记强调，要把思想和行动统一到新发展理念上来，努力提高统筹贯彻新发展理念的能力和水平。推动形成绿色发展方式和生活方式是贯彻新发展理念的必然要求。对不适应、不适合甚至违背绿色发展的认识要立即调整，对不适应、不适合甚至违背绿色发展的行为要坚决纠正，对不适应、不适合甚至违背绿色发展的做法要彻底摒弃。

绿色发展要求以习近平生态文明思想为指引，站在人与自然和谐共生的高度来谋划经济社会发展，把生态文明建设融入经济建设、政治建设、文化建设、社会建设各方面和全过程，牢固树立尊重自然、顺应自然、保护自然的生态文明理念，像保护眼睛一样保护生态环境，像对待生命一样对待生态环境，坚决摒弃损害甚至破坏生态环境的发展模式，坚决摒弃以牺牲生态环境换取一时一地经济增长的做法，坚持节约资源和保护环境的基本国策，着力推进绿色发展、循环发展、低碳发展。绿色循环低碳发展，是当今时代科技革命和产业变革的方向，是最有前途的发展领域，必须坚定走生产发展、生活富裕、生态良好的文明发展道路，推动形成简约适度、节俭低碳的绿色生活方式。

① 习近平．习近平谈治国理政：第 2 卷［M］．北京：外文出版社，2017：197.

（二）完善中国式现代化生态文明制度体系

推进人与自然和谐共生的现代化需要制度体系的保障。党的十八大以来，我国着力构建系统完整的生态文明制度体系，生态环境法律和制度建设进入了立法力度最大、制度出台最密集、监管执法尺度最严的时期。制定修订了20多部生态环境相关的法律，涵盖了大气、水、土壤、噪声等污染防治领域，以及长江、湿地、黑土地等重要生态系统和要素。生态环境领域现行法律达到30余部，初步形成了覆盖全面、务实管用、严格严厉的中国特色社会主义生态环境保护法律体系。随着《中共中央 国务院关于加快推进生态文明建设的意见》和《生态文明体制改革总体方案》公布实施，几十项涉及生态文明建设的改革方案陆续出台，如生态文明建设目标评价考核制度、河湖长制、排污许可制度、生态保护红线制度、生态环境保护“党政同责”“一岗双责”等制度。开展中央生态环境保护督察，宪法修正案将生态文明写入宪法，民法典确立民事活动的“绿色原则”，刑法修正案完善“污染环境罪”等相关规定，形成“1+N+4”中国特色社会主义生态环境保护法律制度体系，为推进生态文明建设和生态环境保护提供了重要制度保障。

推进人与自然和谐共生的现代化，必须继续全面深化生态文明体制改革，实行最严格的生态环境保护制度，全面建立资源高效利用制度，健全生态保护和修复制度，严明生态环境保护责任制度，更加自觉推进生态环境治理现代化，更加努力构建现代环境治理体系，完善绿色低碳发展经济政策，加快建立健全绿色低碳循环发展经济体系。

（三）努力建设人与自然和谐共生的美丽中国

当下，美丽中国建设是全面推进人与自然和谐共生现代化的主要抓手。2023年《中共中央 国务院关于全面推进美丽中国建设的意见》对全面推进美丽中国建设工作作出系统部署，明确了总体要求、重点任务和重大举措，提出到2035年广泛形成绿色生产生活方式，生态环境根本好转，美丽中国目标基本实现。《中共中央 国务院关于全面推进美丽中国建设的意见》强调要持续深入推进污染防治攻坚，加快发展方式绿色转型，提升生态系统多样性、稳定性、持续性，守牢美丽中国建设安全底线，打造美丽中国建设示范样板等。

建设美丽中国推进人与自然和谐共生依赖全体人民的共同行动，需要培育弘扬生态文化，倡导简约适度、绿色低碳、文明健康的生活方式和消费模式，让绿色出行、节水节电、“光盘行动”、垃圾分类等成为习惯。建设美丽中国要充分调动全社会、各领域的一切积极力量，建立政党、政府、企业、公民和社会组织等多元参与行动体系，把建设美丽中国转化为全体人民行为自觉，鼓励园区、企业、社区、学校等基层单位开展绿色、清洁、零碳引领行动，形成人人参与、人人共享的良好社会氛围，众志成城地筑牢中华民族伟大复兴的生态根基。

生态文明的绿色底蕴

——生命、生产和生活维度*

深圳大学马克思主义学院　田启波　郑湘萍

摘　要：绿色的生态文明应时代而生。物质文明、政治文明、精神文明、社会文明、生态文明五个方面协调发展，构成人类文明新形态的共时性要素。生态文明是人类文明新形态的重要组成部分，奠定了人类文明新形态这座宏伟大厦的生态根基，在生命、生产和生活维度上为其图绘了亮丽的绿色底蕴。

关键词：生态文明；人类文明新形态；生命共同体；生态理性；绿色消费

“一切划时代的体系的真正的内容都是由于产生这些体系的那个时期的需要而形成起来的。”[①] 作为时代精神的精华，生态文明的诞生正是如此，它是在人类反思人与自然关系演化进程、直面全球日趋严重的生态环境危机现实以及展望人类未来生存发展前景的基础上得出的必然结果。新时代以来，中国共产党高度重视生态文明建设，党的十八大报告将其纳入中国特色社会主义“五位一体”总体布局，党的十九大报告首次将“美丽”作为社会主义现代化强国建设的重要目标，党的二十大报告强调继续推动绿色发展，促进人与自然和谐共生。十多年来，我国逐步健全

* 本文系国家社科基金重大课题“习近平生态文明思想研究”（项目编号：18ZDA004）、深圳大学 2023 卓越研究计划项目“中国式现代化蕴含的独特生态观研究”（项目编号：ZYZD2301）阶段性研究成果。

① 马克思，恩格斯 . 马克思恩格斯全集：第 3 卷［M］. 中共中央马克思恩格斯列宁斯大林著作编译局，编译 . 北京：人民出版社，1995：544.

生态文明制度体系，以壮士断腕的气魄不遗余力地攻克重大生态环境难题，大刀阔斧地强力推进人与自然和谐共生的现代化进程，生态环境保护已发生历史性、转折性、全局性变化，为人类文明新形态的全面形成贡献绿色动力这一支柱力量。生态文明是人类文明新形态的重要组成部分，奠定了人类文明新形态这座宏伟大厦的生态根基，在生命、生产和生活维度上为其图绘了亮丽的绿色底蕴。当前，我国正继续推动绿色发展，努力促进人与自然和谐共生，在生命、生产和生活上实现经济社会发展全面绿色转型，政府、企业、社会和个人携手共创绿色之美。

一、人与自然是生命共同体

在党的十九大报告中，习近平总书记提出了“人与自然是生命共同体”的思想。这一思想有着丰富内涵，遵循由内到外的逻辑，先是探索自然界的内部组成，论述自然内部是紧密联系的生命共同体；接着明辨人与自然之间的关系，分析人与自然是共生共荣的生命共同体；再进一步拓展到全人类生态治理的深度合作，阐明全球人类是生态命运相通的生命共同体，主张建构一个生活富裕、生态美好、人民幸福、世界和谐的命运共同体。

一是自然内部是紧密联系的生命共同体。大自然本身就是一个所有生物相互依存、相互影响的生命共同体，有着内部制衡性。自然界有着自身的内在价值，是一个有着自身尊严的整体性存在；自然界是运动的系统，不是僵死的机械性存在；自然界是活着的有机体，是生命的来源，包含丰富的生命物种，所有生命遵循自然界固有的客观规律，在自然界内部进行着源源不断的物质能量交换。习近平总书记强调：“必须按照生态系统的整体性、系统性及其内在规律，统筹考虑自然生态各要素、山上山下、地上地下、陆地海洋以及流域上下游等，进行整体保护、系统修复、综合治理。”[①] 人类应以对待自身生命的严谨态度对待自然界所有生命，在遵循自然规律的基础上正确发挥人的主动性，在自然资源的开发和利用上做到取之有度、用之有节。

二是人与自然是共生共荣的生命共同体。习近平总书记说：“山水林田湖是一个生命共同体，人的命脉在田，田的命脉在水，水的命脉在山，山的命脉在土，土

① 中共中央宣传部．习近平新时代中国特色社会主义思想三十讲［M］．北京：学习出版社，2018：248.

的命脉在树。”[①] 在漫长的生命演化过程中，人类社会和自然界已构成一条环环相扣、相互促进的生态循环链条，不断进行着物质变换，两者相互影响、相互作用，是一荣俱荣、一损俱损的关系。一方面，人与自然共生。自然界是先于人类存在的客观存在，既是人类产生的母体，也是人的无机的身体。同时，人类通过能动的社会实践活动积极改造自然，使自然界打上人的目的和意志烙印，使自然不断“人化”。另一方面，人与自然共荣。人类生存所需的物质生产资料和生活资料由自然界提供，人类的美感、智慧、情感也孕育和成长于自然界，五官感觉、精神感觉（意志、爱等）也都与“人化自然”密不可分。人类只有善待自然，自觉维护自然的繁荣与发展，人类社会才能繁荣、永续发展。而科技进步、制度改善等能够提高人对自然的改造力，改进人们的生产生活方式，在提高资源的利用效率、修复生态环境以及维护生物多样性等方面发挥着重要作用，这就是说，人类社会的繁荣进步在一定程度上能够促进自然界的繁荣发展。

三是全球人类是生态命运相通的生命共同体。当前人类正面临如环境污染、生态破坏、全球变暖、战争和疾病等共同生存困境，人类的命运越发显示出休戚与共的特征，各国之间已形成相互依存、同舟共济的局面，需要集体携手、精诚合作解决愈发严峻的生存困境，全球发出的和平、发展、合作、共赢的呼声日益高涨。党的十八大报告首次倡导“人类命运共同体意识”，强调人类只有一个地球，各国共处一个世界。[②] 党的十九大报告呼吁“各国人民同心协力，构建人类命运共同体，建设持久和平、普遍安全、共同繁荣、开放包容、清洁美丽的世界”。[③] 习近平总书记指出：“我们要解决好工业文明带来的矛盾，以人与自然和谐相处为目标，实现世界的可持续发展和人的全面发展。”[④] 没有一个国家可以依靠转移污染来消除生态危机，也没有一个国家或地区可以逃遁全球生态危机的恶果。各国既需要积极推动本国生态环境的改善，也需要关注全球生态治理合作，运用整体思维携手应对全球生态危机和其他全球性生存困境。从建设美丽中国到建设美丽世界，是中国辩证统筹

① 中共中央文献研究室．习近平关于社会主义生态文明建设论述摘编［M］．北京：中央文献出版社，2017：55.

② 胡锦涛．坚定不移沿着中国特色社会主义道路前进 为全面建成小康社会而奋斗：在中国共产党第十八次全国代表大会上的报告［M］．北京：人民出版社，2012：46.

③ 习近平．决胜全面建成小康社会 夺取新时代中国特色社会主义伟大胜利：在中国共产党第十九次全国代表大会上的报告［M］．北京：人民出版社，2017：58-59.

④ 中共中央文献研究室．十八大以来重要文献选编：中［M］．北京：中央文献出版社，2016：697.

国内与国际生态危机形势以及勇于担当大国责任的体现，有利于推进全球生态治理进程。

“人与自然是生命共同体”思想把人类的前途命运与自然界的兴衰有机联系起来，从“生命”层面来理解和把握人与自然之间的共同体关系，从表层的“对象性”关系推进到深层的“生命体”内部关系，这是马克思主义辩证唯物主义自然观认识的不断深化的表现。从人与自然是生命共同体到生态命运共同体再到人类命运共同体，展示了利益和责任共同体凝结的内在逻辑和必要性。由于存在不同制度、不同种族、不同信仰以及不同意识形态的藩篱，国与国之间的生态治理合作面临着全球生态治理主体的缺位窘境，急需一种具有共性的文明即生态文明来提供稳固可靠的纽带联结。

二、生产方式的绿色转型

生态文明是一种绿色文明，其生产方式以绿色发展理念为依据实现深度绿色转型。绿色发展是对发展规律的正确反映，在实践上遵循生态文明的核心理念即尊重自然、顺应自然、保护自然，强调经济社会发展要切实考虑自然资源的极限性和承载力，尊重客观的自然规律，切实维护经济社会发展与资源环境及生态系统之间的动态平衡，以实现可持续发展。绿色的生产方式以实现高质量发展为目标，有较高经济效率，但环境污染少，其经济增长方式以集约型为根本特征，与高投入、高消耗、低质量、低产出的粗放型经济增长方式有本质区别。绿色的生产方式强调合理利用绿色科技提高资源利用效率，大力开发和推广低碳清洁能源，改善并保护包括国土资源和自然生态系统在内的各类生产条件，把生态指标列入生产发展中，并进行具体考核、评价和反馈，实现绿色生产之美。①

工业文明框架下的资本主义社会生产方式以资本逻辑为运行机制，加上经济理性的过度蔓延，使其绿色化只是幻想。资本逻辑是指资本主义社会的运行以“等价交换”为原则，以资本增殖为目的，以追求利润最大化为轴心规律和原则，它是资本主义社会运行的根本逻辑。资本逻辑从经济领域蔓延渗透到社会生活的各个角落，一切存在物都必须在资本面前证明自身存在的目的和意义。资本借助经济理性

① 王鸽，李庆霞．生态学马克思主义视域中的绿色发展理念研究［J］．思想教育研究，2016（10）：30-35.

这一形而上学意识形态力量武装自己，将经济权力、政治权力和文化权力勾连在一起，不断开拓市场、攫取资源、扩张殖民，以拜物教形式建立自己的宏图霸业。经济理性是指“经济人”在行为选择中以个人的经济获利为唯一目的、追求利润最大化的理性意识形态，它是资本主义社会个人主义价值观的根基和工业文明的内核。经济理性与资本逻辑结成同谋，一起鼓吹人的无限物欲和消费欲的正当性，促使整个社会趋向片面追求高速度、高增长、高积累的运行模式，从而陷入唯发展主义困境，使得社会发展深陷于欲望的无限性与资源的有限性矛盾泥潭之中无法自拔。总之，受资本追求最大化增殖逻辑的驱使，资本主义生产方式以尽可能地利用和榨取自然资源为根本目标取向，必然会导致人与自然的严重对立，带来诸多生态危机问题。

生态文明以生态理性和生态优先原则去消解严重依赖和破坏自然资源的文明即工业文明的资本逻辑。与工业文明坚持经济理性截然相反，生态文明信奉生态理性，在经济发展和环境保护发生矛盾之时坚持生态优先。“生态理性指的是人基于对自然环境的认识和自身生产活动所产生的生态效果对比，意识到人的活动具有生态边界并加以自我约束，从而避免生态崩溃危及人自身的生存和发展。它的目标是建立一个人们在其中生活得更好、劳动和消费更少的社会，其动机是生态保护、追求生态利益的最大化。”[①] 经济理性背后隐藏的是利润动机，而生态理性以生态保护为动机，奉行生态优先原则即生态规律优先、生态资本优先和生态效益优先三个原则。具体来说，就是“优先遵循生态系统的动态平衡规律和自然资源的再生循环规律，从而满足必要的资源供给条件，维护基本的发展空间；优先修复生态环境、维护生态功能，从而保证生态资本的保值增值；优先保护长远的生态效益，从而通过绿色、循环和低碳发展等手段带来‘经济结构优化、生态环境改善、民生建设提升’等长远的生态红利，实现对短期经济效益和社会效益损失的抵补”[②]。生态优先并不是摒弃经济发展，而是强调两者发生矛盾冲突之时，生态保护优先于经济发展。实际上，生态环境保护与经济发展并不是完全对立的关系，绿水青山完全可转化为金山银山。生态优先原则也并不是强调绝对以生态利益为中心，为了保护生态环境而制约一切经济活动；而是对“协调发展原则”的统筹运用，是对可持续发展

① 郑湘萍．从经济理性走向生态理性：高兹的经济理性批判理论述评［J］．理论导刊，2012（11）：93-95，98.

② 庄贵阳，薄凡．生态优先绿色发展的理论内涵和实现机制［J］．城市与环境研究，2017（1）：12-24.

原则的深化。

三、生活方式的绿色化

生产与生活紧密联系，两者不可分割。马克思在《政治经济学批判》序言中把生产方式表述为人们“物质生活的生产方式”或“生活的社会生产”。① 生产方式指向物质生活，人们按照物质生活的需要来安排社会生产。“有什么样的物质生产实践便会有什么样的社会生活，从而也就会有什么样的社会结构和社会面貌。”② 与社会生产一样，人们日常社会生活也应遵循自然资源有限性约束。随着经济发展进程的快速推进，科学技术进步日新月异，人们的物质生活越来越富裕，生活方式对周边环境所产生的影响越来越显著和深刻。在当今时代，失去自然资源极限性约束和日常生活伦理约束的生活方式对生态环境产生了越来越大且难以逆转的破坏性影响。改革开放以来，受经济快速发展、个体意识苏醒以及西方消费主义等因素的影响，我国长期以来形成的勤俭节约美德受到强烈冲击，炫耀消费、奢侈消费、盲目消费、猎奇消费等不合理消费现象突出，尤其是青年人群体随意性、无节制的生活方式和消费习惯在使自身失去自我、失去精神信仰的同时，也极大地破坏了生态环境，急需从价值观、制度和法律等层面加以规约。

社会主义生态文明建设不断促进生活方式和消费方式绿色化的实现。20 世纪 90 年代，我国提出“绿色消费”概念，强调人类在消费过程中要尽可能地减少资源消耗，避免污染和破坏环境。③2016 年，国家十部委联合印发《关于促进绿色消费的指导意见》，将绿色消费定义为以节约资源和保护环境为特征的消费行为。④ 公众要树立绿色低碳的消费观念，自觉践行绿色低碳的生活方式，做到知行合一，与政府、企业等合力建构绿色生活之美。整个社会一致坚决抵制高污染、高能耗产品，积极购买绿色环保产品，摒弃超出人类合理需求范围的过度消费、铺张浪费的

① 马克思，恩格斯．马克思恩格斯全集：第 13 卷［M］．中共中央马克思恩格斯列宁斯大林著作编译局，编译．北京：人民出版社，1962：8.

② 肖前．马克思主义哲学原理：上［M］．北京：中国人民大学出版社，1994：319.

③ 潘家华，庄贵阳，等．中国生态建设与环境保护：1978—2018［M］．北京：社会科学文献出版社，2018：278.

④ 发展改革委 中宣部 科技部 财政部 环境保护部 住房城乡建设部 商务部 质检总局 旅游局 国管局印发关于促进绿色消费的指导意见的通知［J］．中华人民共和国国务院公报，2016（16）：60-64.

生活习惯，营造“节约光荣、浪费可耻”的社会氛围，在衣、食、住、行等各方面全面践行绿色生活方式，有效促进无废城市、绿色社区和绿色家庭的建设。具体来说，在服装选择上，可选择服装材料生态环保，生产加工中资源能源消耗少、能够可回收处理和可再生利用的绿色材质服饰；在饮食上，践行“光盘行动”，杜绝舌尖上的浪费，开展厨余垃圾分类，坚决不买不食用珍稀动植物；在日常居住上，注意节水节电，对生活垃圾进行分类收拣；在出行上，尽量选择乘坐公共交通工具、骑自行车或步行等方式出行，购车时选择新能源车，开车时做到文明驾驶等。当前中国特色社会主义生态文明建设进入关键期，促进日常生活消费往深度绿色低碳转型升级，使绿色消费成为推动绿色发展的重要推手，在时间节日、空间结构上大力推行绿色生活方式，切实满足人民不断增长的美好生态环境需要。

生态文明的价值观基础

北京大学哲学系　徐　春

摘　要： 尊重自然、顺应自然，保护自然，是生态文明价值观的核心内容，其中包含着对自然生态系统内在价值的承认，并由此确立人对自然的伦理责任和道德规范。这一价值观是对东西方传统自然价值观的批判、继承和创新，有着深厚的历史文化基础。生态价值观的确立，是在应对现代生态环境危机挑战和学术传承双重背景下完成的，它对生态文明建设具有重要而深远的理论意义和现实意义。

关键词： 生态文明；价值观；传统文化；西方生态伦理学

生态文明价值观的核心内容是：尊重自然、顺应自然，保护自然，承认自然生态系统具有内在价值，以此确立人对自然的伦理责任和道德规范。它是对东西方传统自然价值观的批判、继承和创新，有着深厚的历史文化基础，其中既有对中国古代“天人合一”自然伦理思想的吸收，也有对西方近代人类中心主义价值观的反思和批判，更有在现代有机论自然观基础上对自然价值的重新建构。从康德到史怀哲、利奥波德，再到罗尔斯顿，从“人是目的”到生命价值，再到自然内在价值，价值体系在不断扩大，从人际伦理到自然伦理，道德义务范畴也在不断延伸。生态伦理学家把伦理关注的焦点，从人类社会扩展到整个生态系统，表明人类对自然价值认识的升华，也为现代社会重新审视人与自然关系提供了价值参照。应该说生态伦理价值观的确立，是在应对现代生态环境危机挑战和学术传承双重背景下完成的。

一、中国传统文化和佛教文化中的生态伦理观念

事实上，在中国古代农学思想和哲学思想中，在天人合一的自然观中，就包含着丰富的自然伦理观念和行为准则。在农业社会，自然是直接的存在，是直接的生存资源，比较容易建立起直观质朴的自然责任伦理。在儒家的宇宙哲学中，蕴含着人与天地万物相通的精神。人不能把自己看作世界上万事万物的主宰，不能以自然为奴仆，相反，他应视天地为父母，视所有生命都有与自己相通的精神。儒家生态伦理自然观是在贵人而不唯人，尽物而亦爱物的两极之间形成的。道家生态伦理的支持精神主要是“道法自然”，它以天人合一的哲思玄想为基础提出了道法自然、无为而治的生态伦理原则，主张建立起万物平等自化的生态伦理理想世界，由此引导出了一系列节制物欲的生态伦理规范。中国古代“天人合一”自然伦理思想经过否定之否定的文化超越，与现代生态环境伦理对接，将会为建立一种健全的生态环境伦理学作出重要贡献。

佛教中的善待生命戒律把对生命的平等尊重扩展到了生物界中的一切有情生物类，倡导的是每一种生灵都有生存权力的生命观，同样也是生态伦理的精神资源。佛教对于宇宙中生命本质的认识，集中表现在佛法生命观中。“法”是宇宙万物的本源，也是佛教的最高真理。根据佛法，宇宙本身就是一个巨大的生命之法的体系，生命不仅存在于生物体之中，还以潜在的状态存在于无生物之中，宇宙的变化具有产生生命的力量。无论是无生物、生物，还是人，都存在于普遍的生命之法的体系内，生物和人的生命只不过是宇宙生命的个体化和个性化的表现。佛教关于生命之法的观点，以曲折的方式表达了生物界和无机界的内在联系，以及生态系统相互依存的复杂性。在佛教对自然和生命的神秘解释中，蕴含着丰富的热爱自然、珍惜生命的伦理思想。其自然观包含了自然万物共生、共存和万物皆有佛性的思想；其生命观强调生命主体与自然环境的整体性，蕴含了人类与万物平等、万物皆有其价值的朴素的生态伦理思想；佛教教义所提倡的戒杀、素食以及放生等思想为当代正确处理人与自然的关系提供了极有启发性意义的思想资源，人类应该遵循生命之法，维护生态环境，促进自然的和谐，多做保护自然和拯救众生的善事。

佛教生命观是佛教关于如何对待自然界生命体的一种态度，强调对生命的仁慈和关爱。佛家常言“慈悲为怀”“普度众生”。“慈”为施予众生快乐，“悲”为拔除

众生痛苦，意味着人们应以慈悲的心肠关怀、爱护生命，助其解脱痛苦。《华严经》云："慈悲甚弥广，安乐诸群生。"佛教将动物和其他生命形态都纳入其解救的范围，也体现了"大慈大悲"中"大"字的含义。佛教保存生命相关的道德实践是：戒杀、素食、放生等护生善行。护生善行以慈悲观贯彻始终，慈悲既是起点又是终点。佛教教义中"众生"一词具有极为宽泛的含义和所指，它不单单指人，也包括动、植物甚至包括宇宙中一切事物。从而，这一涵盖性极为广泛的佛教教义充满博爱精神，昭示着佛教具有强烈的"众生平等"意识以及深厚的生命关怀精神。

原始佛教时期，佛陀就强烈反对杀生，《增一阿含经》言："若有人亲近恶人，好喜杀生，种地狱之罪。"故原始佛教形成了以"戒杀"为核心的生命观，体现了佛教生命观中的慈悲、尊重生命、普度众生的根本宗旨。与原始佛教以"戒杀"为核心的生命观相比，大乘佛教的生命观更加全面而深刻。大乘佛教认为万法都有佛性，此万法既包括有生命、有情识的动物，也包括无情识的植物和无生命的无机物。所谓"无情有性"说，指不但有情众生，人、动物、植物皆有佛性，皆可成佛，而且连墙壁瓦石等无情之物也悉有佛性。这种将人与宇宙万物"一视同仁"的态度具有博大的涵盖精神和生命关怀的生态价值。大乘佛教以其宗教的视野看到了大自然的每一事物都有其价值，这与当今环境伦理学中的自然价值论有着某种内在关联。

《佛说十善业道经》是佛教最重要的经典之一。在这部经典中，佛特别强调人对待生命的态度。所谓十善，就是人之为人所应有的十项道德。其中第一条就是不杀生。在佛教看来，世界是由众缘和合而生，所有的生命都有着同等的意义，每一种生命，都有其存在的理由，各种生命的相互衍生，正所谓"此有则彼有，此生则彼生"。从这个意义来说，佛教宣扬广泛的众生平等，不仅人与人之间，人与万物之间也是平等的。这是佛教对自然界生物和无生物尊严的确认，是对自然界的敬重、悲切和摄护，这对我们今天关爱生命、关爱自然，以及可持续发展都有着极大的启示。《佛说十善业道经》中，佛在讲十善业的同时，又举十恶业，十恶业以杀生为首恶。由此可见，一切以种种方式夺取人类及其他众生生命的行为，都应该被认为是最大的恶。佛教把对生命的平等尊重扩展到了生物界中的一切有情生物类，倡导的是每一种生灵都有生存权力的生命观。

南传佛教的生命观认为天地同根，众生平等，万物一体，依正不二。也就是说，宇宙中的一切生命都是相互联系、互依共存的一个整体，人类只是大自然的一分子。南传佛教的戒律有“五戒”“八戒”“十戒”之分，体现了对不同修行层次的僧众的伦理道德要求，是内在的自我约束和外在规范的统一，不仅是止恶的约束，还是行善的督约。不论“五戒”“八戒”，还是“十戒”，戒杀生都是首戒。佛教诸罪当中，杀生最重；诸功德中，不杀生为第一。不杀生是指不杀人、不杀鸟兽虫蚁，还指不乱折草木，也就是善待一切有生命的东西。佛教规定佛弟子不能断绝人、动物等有情众生的性命。这一戒律从珍爱生命的角度而言，考虑到凡是生命都有感受苦乐的能力，并以珍爱自己的生命为头等大事，劝导人们不要杀生。同时又从杀生有罪过和报应的角度指出，断绝众生的生命是最大的恶。根据业报因果的学说，杀生的恶，会导致杀生者流转轮回、自尝其果，招致不吉祥、恶劣的生存环境和生命形态这样的后果，这其中蕴含着佛教戒杀护生、尊重生命、善待生命的伦理观。

佛教的“戒杀”以及反对“食肉”的主张，其思想基础就在于“众生同根”“梵我合一”。既然众生在根本上是无二区别，那么尽管有“万物灵长”之称的人类，其在根本上也是与万物平等的，并没有对万物“生杀予夺”的特权，哪怕是小到昆虫，其“性”也是与人不相区别的，因而也应当享有与人一样的生存权利。素食是最彻底的戒杀，一日三餐是人最基本的需求，如果餐餐食肉必会导致大量动物被屠杀，放弃食肉则能从根源上断除对动物的伤害。与作恶相反的是行善，与杀害生命相反的是救护生命。如果说不杀生、食素是对生命的消极保护，那么，让生命从死亡的边缘解脱，放生就是对生命的积极保护。所谓放生，就是用钱赎买被捕的鱼、鸟等动物，将其放回江河、山野，使其重获生命自由。佛教通过宣传放生的行为是善的，能感召福德，劝导和鼓励人们救护生命、多行放生。今天，野生动物资源日益受到破坏，物种多样性正以前所未有的速度消亡，其中很重要的一个原因就是被人类当作食物吃掉了，因此，素食、放生对于保护动物的多样性具有直接的积极作用。

二、现代西方生态伦理学的兴起

在西方传统哲学和伦理学中，“价值”是属人的，只有人才有价值（内在价值），自然界的事物只有在与人的主观目的相关时才有意义，只有具备满足人类需要的用途和功能才有价值（工具价值）。基于这种传统价值观，人们看到的只是自然界的工具价值和短期的效用价值，产生无限制地征服自然的恶果。深重的生态环境危机迫使人类价值取向发生深刻转换，思考自然的内在价值对人类的深刻意义。20 世纪最具有代表性的生态伦理学家史怀哲、利奥波德、罗尔斯顿等人，他们从提出生命伦理拓展到提出土地伦理，以至系统论证自然的内在价值，使伦理范围逐步扩大，生态伦理价值观不断体系化。

20 世纪初，史怀哲通过提出“敬畏生命”的思想，拓展了传统伦理学的对象范围，这种拓展同时也是对思想史上固有的“人类中心主义”的超越。史怀哲将一切生命纳入伦理学的范畴，试图构建一种人与其他生命和谐相处的伦理观，也就是敬畏生命的伦理观。按照敬畏生命的原则，人不是其他生命体的主宰，也没有资格去伤害其他生命，人不仅不能以自身的尺度去衡量其他物种，而且要主动感受生命、救助生命。史怀哲指出的自然法则说明，我们所处的自然状态是所有物种相互参与、相互影响的动态平衡。比起其他物种，人类显然是强有力的，这意味着人既能对自然造成极大的破坏，也能在最大程度上保护自然。如果人能够承担起对其他生命的责任，那么所有的生命都能在最大程度上得以保存，因此，与自然和谐相处的生态伦理就具有了实现的可能。史怀哲所开创的敬畏生命伦理成为当代生态伦理学重要思想渊源。

20 世纪中期，美国著名生态学家利奥波德提出的土地伦理思想突破了传统伦理界限，直接将人与自然看作一个整体的伦理世界。利奥波德的土地伦理指出，地球上的人、人之外的有机生命体和无机生命体共同组成了新的土地共同体，共同体之内各个成员紧密联系、互为因果。虽然人类具有理性能力，但是物种之间的依赖性让人类不能站在个人利益的基础上继续享有掠夺土地资源的特权，而不尽任何义务，人类要从土地征服者的角色转变为土地共同体中的普通一员。保护土地共同体的完整、稳定和美丽是人类活动的基本道德原则。利奥波德的土地伦理开启了环境伦理转变的关键期，他首次从伦理学角度出发，将道德意识延展到了整个自然领域，被称为“生态伦理之父”。

20 世纪 80 年代，罗尔斯顿继承发展了康德的自然目的论，史怀哲、利奥波德的生态伦理思想，系统论述了自然的内在价值，成为现代环境伦理学的奠基者。他指出“自然的内在价值是某些自然情景中所固有的价值，不需要以人类作为参照”。所有生物都把“自己的种类看成是好的”，这意味着一切生物都主动地捍卫自身生命，奋力传播自己的物种。在自然生态系统中不同物种之间发生着工具价值与内在价值的转化与融合，每个生物都有一种内在的生命目的性。罗尔斯顿阐发自然的内在价值，并非否定自然的工具价值，而是为了明确两个问题：第一，自然的内在价值是指生态系统自身的内在目的性，它对于维护整个生态系统稳定、完整、有序具有价值和意义；第二，以人为主体与作为客体的自然物所形成的价值关系只是价值关系中的一种形式，不是唯一的价值关系，更不是整个生态系统中最主要的价值形式。人类不是价值关系中的唯一主体，人的尺度也不是价值评价的最终根据，相反在某种意义上人要服从于自然的尺度。

生态伦理的价值观转向应该在保持人的主体地位的大前提下，赋予人对自然的道德责任，从而构建出人与自然的和谐关系。从理论上论证自然的内在价值还有很多问题需要澄清，但是在实践上如果不能证明和确认自然具有内在价值，就难以获得有效的自然伦理，难以确立人对自然、对其他生命物种的责任和义务，就不能把生态环境保护建立在对人类以外的所有生命都珍视的基础上。确认自然具有内在价值的伦理意义有助于限定被夸大了的人的主体性，有助于养成敬畏生命、尊重自然的伦理品质，避免随意地、粗心大意地、麻木不仁地，极其功利地伤害和毁灭其他生命。我们需要建立保护环境的伦理基础，从而确定保护环境、保护生态系统的完整性具有终极价值，并在此基础上制定一些具有可操作性的原则。这个伦理基础首先应建立在经验事实和科学依据之上，而不是纯粹的哲学演绎。罗尔斯顿对自然具有内在价值的证明，要求人类承担对自然的义务，也就为环境保护运动提供了理论依据。

从理论上而言，生态伦理的核心任务在于，为确立人对自然的道德责任提供伦理基础。从现实角度讲，伦理道德作为人的一种存在方式，必然随人类活动空间的扩展而拓展自己的作用范围。生态伦理学对伦理学的拓展不同于以往人际范围内的伦理扩展，它是将道德关怀的对象拓展至动物、植物、物种、生态系统和自然景观，它更强调伦理的全球性和生态性，而非伦理的亲缘性和人文性，正因此生态伦理成为生态文明的价值观基础。

共同富裕视域下生态正义的理论逻辑与实现路径*

北京大学马克思主义学院助理研究员　曹得宝
北京大学马克思主义学院教授　孙熙国

摘　要：实现生态正义是推动共同富裕的必然要求，在共同富裕视域下探究生态正义的理论逻辑与实现路径具有重要意义。研究生态正义理论需要分析生态正义理论的时代化观照，将生态正义理论纳入新时代中国发展的实践中去考察。在理论逻辑层面，在共同富裕视域下考察生态正义问题具有强烈的现实必要性和深刻的逻辑必然性，生态正义理论的具体内涵包括种际生态正义、代内生态正义、代际生态正义和全球生态正义。在共同富裕视域下探寻生态正义的实现路径则需要坚持共同富裕的全面性，以人与自然和谐共生的现代化维护种际生态正义；坚持共同富裕的全民性，以实现全民富裕推动发展成果的代内生态正义共享；坚持共同富裕的长远性，以循序渐进的手段构建代际生态正义共同体；坚持共同富裕的国际性，以共谋全人类发展蓝图凝聚全球生态正义共识。

关键词：共同富裕；生态正义；人与自然和谐共生的现代化；人类文明新形态

生态正义是关乎自然与生态的正义理论，指向的是生态环境权益和责任分配的

* 本文系国家社科基金重大项目（项目编号：19ZDA006）、中国博士后科学基金项目（项目编号：2023M730069）、东湖高新区国家智能社会治理实验综合基地项目（项目编号：8410103374）阶段性研究成果。本文原文发表于《南开学报（哲学社会科学版）》2024年第1期。

问题，是处理人与自然以及人与人之间关系的正义期待，更是实现人与自然和谐共生的重要理论和实践命题。在建设中国式现代化的新征程中，追求公平正义是共同富裕的首要目标，共同富裕不仅意味着物质上的富足，还包含着生态环境等领域的共同发展，因此，在共同富裕的视域下探究生态正义的理论逻辑和实现路径有着重要的意义。

一、生态正义理论的时代化观照

（一）生态正义理论以中华传统生态智慧为价值底色

生态正义理论是以中华传统生态智慧为价值底色的，“绵延 5000 多年的中华文明孕育着丰富的生态文化”[①]。在人与自然关系的处理问题上，中华优秀传统生态智慧蕴含着“天人合一”“道法自然”的价值观，还在国家管理的实践中设立了“谨其时禁”的制度，为人与自然的和谐相处指明了方向。

“天人合一”是中华传统文化中关于天人关系阐释问题的最高境界和最高理想，其基本意涵指向的就是人与自然的和谐共生。孔子有云：“天何言哉？四时行焉，百物生焉，天何言哉？”四季的更替、万物的生长，都是客观存在的自然规律。在国家管理的实践方面，中华传统生态智慧坚持“谨其时禁”，如征兵服役等国家需要应坚持“罕兴力役，无夺农时”，制定了“草木以时伐焉，禽兽以时杀焉”的规约。

（二）生态正义理论以马克思恩格斯的生态正义思想为理论内核

马克思恩格斯虽然没有在著作中直接提出“生态正义”这一专业术语，但马克思恩格斯的思想中蕴含着丰富的生态正义意蕴。[②]首先，马克思恩格斯分析了生态非正义问题产生的根源，即资本主义生产方式。资本主义生产方式对工人的剥削造成了人与人之间关系的异化，即“使一部分工人回到野蛮的劳动，并使另一部分工人变成机器”[③]，造成了人与人之间非正义的问题。而人与人之间关系的异化又导致了

① 习近平．推动我国生态文明建设迈上新台阶［J］．求是，2019（3）：4.

② 郎廷建．论马克思的生态正义思想［J］．马克思主义哲学研究，2012（1）：38-45.

③ 马克思，恩格斯．马克思恩格斯选集：第 1 卷［M］．中共中央马克思恩格斯列宁斯大林著作编译局，编译．北京：人民出版社，2012：53.

人与自然关系的异化，从而造成人与自然之间的非正义问题。

同时，马克思恩格斯还剖析了实现生态正义的理论基础，马克思恩格斯分析指出："共产主义，作为完成了的自然主义，等于人道主义，而作为完成了的人道主义，等于自然主义，它是人和自然界之间、人和人之间的矛盾的真正解决。"[①] 也就是说只有消灭资本主义生产方式，通过共产主义实现"两个和解"，才能实现生态正义。[②]

（三）生态正义理论以"生态兴则文明兴"的生态史观为历史参考

2018 年 5 月，习近平总书记在全国生态环境保护大会上的重要讲话中指出："生态兴则文明兴，生态衰则文明衰。"[③] 这一重要论断指向的是生态环境变化与人类文明兴衰更替和代际永续发展的问题，是一种重要的生态史观。生态正义理论应以"生态兴则文明兴"为历史观照，这是因为，"生态兴则文明兴"的生态史观体现了生态环境在人类文明代际持续发展的重要意义。人类文明发展的历史就是一部人与自然的关系史，世界历史上的四大文明古国均诞生于水草丰美、生态良好的地区。但如果人类不注重保护环境，过度开垦、过度放牧等不良生产生活方式蔓延开来的话，人类文明发达的地区就会衰落，甚至毁灭。

（四）生态正义理论以构建人类命运共同体为奋斗目标

伴随着经济全球化的发展，发达资本主义国家凭借其经济和技术优势以及在国际政治经济秩序中的霸主地位，对发展中国家的生态资源进行无限的掠夺和占有，造成生态非正义问题的全球化蔓延。面对这种情况，习近平总书记提出了构建人类命运共同体的伟大倡议，号召共建清洁美丽世界，为在全球维度思考生态正义问题提供了价值遵循。

对生态正义理论的时代化观照的分析有助于将生态正义理论与当代中国社会现实对接，深入思考将生态正义理论纳入 21 世纪马克思主义、当代中国马克思主义的宏观视野和整体性学术体系的问题。党的十八大以来，习近平总书记立足共产党

① 马克思，恩格斯．马克思恩格斯文集：第 1 卷［M］．中共中央马克思恩格斯列宁斯大林著作编译局，编译．北京：人民出版社，2009：185.

② 李包庚．走向生态正义的人类命运共同体［J］．马克思主义研究，2023（3）：130-140.

③ 习近平．推动我国生态文明建设迈上新台阶［J］．求是，2019（3）：4.

执政规律、社会主义建设规律和人类社会发展规律的高度，在多个重要场合深入阐述了扎实推动共同富裕的重要意义、目标安排和重大举措。我们应将生态正义理论置于共同富裕这一极具中国色彩的话语体系之中来考察，这一方面将推进生态正义理论与新时代中国发展实践的相遇，另一方面，我国扎实推动共同富裕的伟大实践也丰富了生态正义的理论逻辑和时代意涵。[①]

二、共同富裕视域下生态正义的理论逻辑

（一）从共同富裕出发考察生态正义：现实必要与逻辑必然

从现实必要性方面来看，习近平总书记在《扎实推动共同富裕》一文中指出："必须清醒认识到，我国发展不平衡不充分问题仍然突出……"[②] 推进共同富裕面临的首要任务就是解决我国发展不平衡和不充分的问题。[③] 具体来讲，之所以要从共同富裕出发来考察生态正义问题，主要是因为我国经济社会发展在不平衡和不充分维度还面临着"五位一体"总体布局层面的不平衡发展等现实挑战。

党的十八大明确提出中国特色社会主义事业总布局是"五位一体"，即坚持经济、政治、文化、社会和生态文明建设五位一体，全面推进。改革开放以来，我国经济取得了长足的发展，我国经济总量已经稳居世界第二位，但我国在政治、文化、社会和生态文明等领域的建设水平仍有待提升，总体发展格局呈现不平衡的态势。尤其是在生态文明建设领域，我国在空气质量改善、水污染治理、生物多样性维护等方面仍然面临较大挑战。这就意味着我们在追求共同富裕的同时，仍然要着重处理好生态环境保护和经济社会发展的关系，即人与自然之间的正义关系。

从逻辑必然性方面来看，之所以要在生态正义研究方面引入共同富裕的视域，还在于扎实推动共同富裕可以彰显生态正义的理论坐标，促进生态正义的实现。推动共同富裕主要需要实现两个层面的目标：一是经济社会的发展，即把"蛋糕"做大；二是发展成果的公正分配，即把"蛋糕"分好。从把"蛋糕"做大层面来看，发展是富裕的前提，只有实现了经济社会的发展，才能为生态正义的实现提供物质

① 魏传光，罗宁．马克思主义正义思想中国化的深层思索［J］．理论探索，2023（3）：66.

② 习近平．扎实推动共同富裕［J］．求是，2021（20）：4.

③ 罗健．习近平关于共同富裕重要论述的三重逻辑［J］．马克思主义研究，2023（4）：73.

基础；从把“蛋糕”分好层面来看，共同富裕的实现强调对经济社会发展中的各种权利、资源和利益的合理分配，这其中很重要的就是生态权益和生态资源的分配问题。

（二）共同富裕视域下生态正义的多维内涵

一是种际生态正义。学界对于种际生态正义是否应纳入生态正义内涵尚未有定论，但笔者认为，种际生态正义也应是生态正义理论的重要组成部分。但需要明确的是，我们讨论种际生态正义不能诉诸非人存在物的道德伦理层面，这就偏离了考察正义问题应该立足人与人之间关系的轨道。我们理解种际生态正义应该立足于人与自然和谐共生的维度上，正如习近平总书记在党的二十大报告中指出的，应“站在人与自然和谐共生的高度谋划发展”①。具体来讲，种际生态正义指向的是人和其他物种之间应该秉持一种和谐共生的价值关系②。

二是代内生态正义。代内生态正义主张同代之间的人们在享受生态权益和承担生态风险方面应该实现公平正义。习近平总书记指出推动共同富裕要“提高发展的平衡性、协调性、包容性”③。在共同富裕视域下，实现代内生态正义就要重点关注部分弱势群体因为地区发展水平和个人发展起点的差异而在生态环境权益上受损或承担过多生态环境风险的情况。

三是代际生态正义。代际生态正义指的是当代人和后代人公正分配生态资源的问题，强调的是我们对于生态资源的开发和利用不能损害后代人所应享有的发展权。在共同富裕的视角下，推动代际生态正义实现应坚持三大原则：平等利用原则，即不同世代的人之间享有平等获取生态资源的权利；保护原则，即保护地球生态资源的可持续性和生物多样性；修复原则，即如果某一代人对生态环境造成了破坏，当代和后代人都有义务去修复生态环境。④

四是全球生态正义。随着全球化的发展，生态非正义问题不仅存在于某一国或地区，还蔓延到全球范围内。发达资本主义国家的污染转移和掠夺资源的行径，让发展中国家不得不承受过多的生态环境风险。在共同富裕的背景下，实现全球生态

① 习近平．高举中国特色社会主义伟大旗帜 为全面建设社会主义现代化国家而团结奋斗：在中国共产党第二十次全国代表大会上的报告［M］．北京：人民出版社，2022：49-50.

② 张云飞．面向后疫情时代的生态文明抉择［J］．东岳论丛，2020，41（8）：23.

③ 习近平．扎实推动共同富裕［J］．求是，2021（20）：7.

④ 汤剑波．多元的生态正义［J］．贵州社会科学，2022（2）：47.

正义应坚持“共同但有区别的责任”的全球生态治理原则，在全球范围内实现“绿色”与“富裕”同行。

三、共同富裕视域下生态正义的实现路径

在共同富裕视域下讨论生态正义问题不仅要剖析其理论逻辑，更重要的是找寻到生态正义的实现路径。我们应坚持共同富裕的全面性、全民性、长远性和国际性，在种际、代内、代际和全球生态正义方面探索推进生态正义实现的可行之路。

（一）坚持共同富裕的全面性，以人与自然和谐共生的现代化维护种际生态正义

一是以高质量发展推进经济社会的绿色转型，为种际生态正义的实现奠定产业基础。推动种际生态正义的实现不能诉诸“荒野”，其核心仍然关乎经济社会发展方式的问题。以高质量发展促进共同富裕就是推动经济社会发展要从“有没有”转向“好不好”，彻底改变以往高污染和高消耗的生产与消费模式，推动我国经济社会发展的绿色化转型，进而实现生态效益与经济效益的辩证统一，实现人与自然的和谐共生。

二是构建系统完整的生态文明制度体系，为种际生态正义奠定制度保障。党的十八大以来，我国将生态文明建设和“绿水青山就是金山银山”理念写入了党章，将绿色发展理念列入“十四五”规划的重要指导性原则，出台了《生态文明体制改革总体方案》，修订施行了“史上最严”的《环境保护法》，实行中央生态环境保护督察制度等。这些制度化和法治化的努力意味着实现生态正义的关键在于将生态优先、绿色发展理念融入整个国家最严格的制度和最严密的法治体系中。

（二）坚持共同富裕的全民性，以实现全民富裕推动发展成果的代内生态正义共享

一是要积极推进共享发展，推进发展成果的代内共享。习近平总书记指出：“共享理念实质就是坚持以人民为中心的发展思想，体现的是逐步实现共同富裕的

要求。”[①]共享发展理念的目标就是让代内的广大民众共享改革发展的成果，最终实现共同富裕。同时，共享发展是实现共同富裕的重要实践路径。“共享发展注重的是解决社会公平正义问题”[②]，促进代内民众共享发展成果不仅涉及个人的权利和利益的分配问题，也包含着与人们生活息息相关的生态环境，这是因为生态环境为人们开展生活与生产提供了最基本的物质基础，同时，良好的生态环境也是广大民众可以共享的最基本和最广泛的公共产品。

二是要积极健全生态保护补偿制度，推进区域生态正义的实现。新时代以来，我国不断完善生态文明制度体系，搭建起了推进生态正义的“四梁八柱”。生态保护补偿制度是生态文明制度体系的重要组成部分，生态保护补偿制度作为一种公共性政策，指向的是政府应对某一地区在生态环境上所作出的牺牲或贡献给予一定的物质或其他形式的补偿。具体来讲，某一区域经济社会的发展不能以其他区域生态环境受到污染和损害为代价，其指向的是生态保护权责分配的区域生态正义问题。健全生态保护补偿制度应根据“谁受益、谁补偿”的原则，科学界定生态保护补偿的主体和客体。首先要完善重点生态功能区转移支付制度，维护国家生态安全；其次是织牢区域间生态补偿合作网，支持引导建立长江、黄河全流域横向补偿机制，发挥浙江省和安徽省建立的新安江—千岛湖生态保护补偿样板区的示范作用，鼓励地方积极探索建立流域横向生态保护补偿机制。

（三）坚持共同富裕的长远性，以循序渐进的手段构建代际生态正义共同体

一是实现社会的普遍富裕，为后代储备更多的物质条件和自然资源。通过推进共同富裕实现社会的普遍富裕，可以为后代人开展生产和生活储备更为丰富的物质条件，但同时也应避免在推进共同富裕的过程中对自然资源产生过度的消耗，要保证为后代人留下充足的自然资源和生态环境质量。能否公平地获取生产和生活所需的资源决定了后代人能否自由地选择其所追求的美好生活，在维护后代人自由选择物质资源基础方面，还应积极秉持“保证选择、保证质量和保证获取”的原则[③]，只

① 习近平 . 深入理解新发展理念［J］. 求是，2019（10）：15.

② 中共中央宣传部，中华人民共和国生态环境部 . 习近平生态文明思想学习纲要［M］. 北京：学习出版社，人民出版社，2022：51.

③ 魏伊丝 . 公平地对待未来人类：国际法、共同遗产与世代间衡平［M］. 汪劲，于方，王鑫海，译 . 北京：法律出版社，2000：41-42.

有这样才能为代际生态正义共同体的构建奠定物质基础。

二是以家庭为单位构建代际生态正义共同体，实现绿色生活方式和生态文明理念的代际合作与传承。代际生态正义不仅要思考当代人和未来世代人的关系，还要关注现存世代家庭中的代际关系，即处理老年人、中年人和青年人之间的关系。因此，应积极推动构建绿色家庭，以家庭为单位实现生态文化和生态文明理念的代际传承，在实践上要通过“大手牵小手，小手拉大手”，培养家庭成员共同养成绿色低碳的生活方式。

（四）坚持共同富裕的国际性，以共谋全人类发展蓝图凝聚全球生态正义共识

一是在发展方式上，我国坚持以人与自然和谐共生的现代化推进共同富裕和全球生态正义的实现，摒弃了资本增殖的全球化路向。全球性生态非正义问题的根源就在于资本增殖的全球化发展路向，资本主义国家在全球政治和经济体系中处于优势地位，其往往借助这一优势地位向发展中国家转嫁生态风险，逃避生态责任。我国坚持以人与自然和谐共生的现代化推进共同富裕，构筑起了可持续的经济社会发展模式，绘就了共同富裕的绿色底色，坚持“共同但有区别的责任”的原则，推进全球在生态环境领域的命运与共、利益共享和责任同担。

二是在发展布局上，我国积极推动共建地球生命共同体，打造了促进全球生态正义实现的立体化格局。在《生物多样性公约》第十五次缔约方大会领导人峰会上，习近平主席指出：“国际社会要加强合作，心往一处想，劲往一处使，共建地球生命共同体。”[①] 共建地球生命共同体是一项系统性工程，涉及建设生物多样繁荣的地球家园，推进经济发展与环境保护协同共进和推进全球各国协作创造高质量的绿色发展成果等多个方面[②]，指向的是构建“共商、共建、共享”的全球性发展秩序和共建清洁美丽世界的宏伟目标，打造了促进全球生态正义实现的立体化格局。

① 习近平．共同构建地球生命共同体［N］．人民日报，2021-10-13（2）．

② 王茹俊，王丹．共建地球生命共同体：内涵、价值与路向［J］．石河子大学学报（哲学社会科学版），2023，37（3）：20-22.

生态文明观变革的逻辑演进和实践意义

东北林业大学马克思主义学院　于　冰

摘　要：“人与自然是生命共同体”，这既是对人与自然关系的新概括，又是关于生态文明的新理念。“生命共同体”理念的显著特点，就在于它在对待人与自然关系问题上实现了从生产视界到生命视界再到生活视界的逻辑转换，并将生产、生命、生活有机地融为一体，从而实现了生态文明观的深刻变革。“生产→生命→生活”的逻辑演进，既遵循了生态文明发展的客观规律，又蕴涵人类文明进步的价值指向，因而充分体现了生态文明的合规律性和合目的性的统一。要使生态文明的新理念变为现实，客观上要求处理好环境保护与经济发展的关系，推动形成绿色发展方式、生活方式、消费方式。

关键词：生命共同体；生态文明观；绿色发展

“人与自然是生命共同体”，这是习近平总书记在党的十九大报告中提出的一个新命题，既是对人与自然关系的新概括，又是关于生态文明的新理念。“生命共同体”作为一种新理念，其中一个显著特点是它实现了从生产视界到生命视界再到生活视界的逻辑转换，并将生产、生命、生活有机地融为一体，从而实现了生态文明观的深刻变革。全面理解这一深刻变革，对于深化对人与自然关系的认识，推进生态文明建设具有重要的理论与现实意义。

一、生态文明观变革的逻辑演进

生态文明观作为一种对生态环境及其地位和作用的自觉意识，在我国是逐渐形成和发展起来的。

（一）“生产→生命→生活”视界的逻辑转换

党的十九大对生态文明问题提出了新的认识和概括，明确提出“人与自然是生命共同体”，要求“人类必须尊重自然、顺应自然、保护自然”①。“生命共同体”的提出之所以具有重要意义，不仅是因为它是一种新的表述和提法，更重要的原因在于它是一种关于生态文明的新理念，是生态文明观的重大创新。它使人与自然的关系和对生态文明的认识达到了一个新高度，开辟了建设生态文明的新境界。

“生命共同体”理念的提出，其创造性贡献就在于，把人与自然的关系从“生产”视界推进到“生命”视界，从“生命”的意义和价值来理解和把握人与自然的关系。在通常的研究中，自然一般是作为“对象性”活动和关系中的客体来看待的，主要是用“生产”的范式来解释的。人类正是通过劳动生产实践走出动物界、走出野蛮状态迈向文明的，而人类文明从根本上也是由人的实践创造的。对待自然界不仅从对象性关系来理解，尤为重要的是从生命关系来理解。无论是人还是自然，都是“生命共同体”的有机组成部分；二者的关系不是一般的外在联系，而是生命体中的内在联系。在这种生命共同体中，人与共同体的关系不仅仅是部分与整体的关系，实质上是“器官”与“肌体”的关系。尤其需要指出的是，人与自然不仅同属于“生命共同体”，而且在这种共同体中，自然又是“生命之母”。这样一来，人与自然的关系就不仅仅是一般的生命关系，而是一种更为亲近的“母子关系”。所以，人与自然的关系远不是单纯的对象性关系或“生产”关系所能涵盖的，必须作出更为深刻的理解。

“生命共同体”理念不仅把人与自然的关系从“生产”视界推进到“生命”视界，而且更进一步，从“生命”视界推向“生活”视界。这是一种内在的联系和逻辑发展的必然，生命和生活是不可分割的，生命总是通过生活而得以存在并延续、

① 习近平．决胜全面建成小康社会 夺取新时代中国特色社会主义伟大胜利：在中国共产党第十九次全国代表大会上的报告［M］．北京：人民出版社，2017：50.

发展，尤其是人的生命更是如此。在现实发展过程中，人的生命是通过生活来维系并通过生活来展现的。正是基于生命与生活的这种内在联系，“生命共同体”理念在强调生命维度的同时，自然引导出对生活维度的强调。习近平总书记在党的十九大报告谈到人与自然是“生命共同体”时，总是与建立“美好生活”连在一起并作为重点来阐述。也就是说，现在我们之所以要强调人与自然是生命共同体，要建设生态文明，目的就是满足人民群众日益增长的美好生活需要。生态文明就是要通过美好生活体现出来，通过对良好生态环境和良好生态产品的享有体现出来。也只有这样的生态文明，才能保证人的生命安全，才能体现人的生命价值。

（二）“生产、生命、生活”的内在联系及其现实基础

在生态文明观上，“生产 → 生命 → 生活”的逻辑演进并不是一种取代关系，而是包含式的递进关系。在这种演进序列中，不是确立了“生命”的理念，就要取代“生产”的理念，也不是突出“生活”的理念，就会淡化“生命”的理念，而是要在原有“生产”视界的基础上，进一步扩展生态文明的视野，从“生命”视界对人与自然关系加以审视，进而将“生命”进一步具体落实到“生活”上。也就是说，在这一演进序列中，总是后面的理念包含着前面的理念，而不是取代前面的理念。强调“生命”的理念，并不是要排斥乃至否定生产的作用，而是要在坚持生产满足需要的前提下，进一步提升文明的境界，摆脱功利的局限，从生命的角度来看待人与自然的关系。强调“生活”也不是要淡化“生命”，而恰恰是为了更好地维护和发展生命，因为只有实现美好生活，才能使生命的理念落到实处。因此，完整的生态文明，应当是包含生产、生命、生活在内的整体文明，是三者融为一体的文明。值得注意的是，在生产、生命、生活三者中，最为核心的还是“生命共同体”理念或“生命”视界，因为真正标示生态文明深刻变革的正是“生命共同体”的理念，“生活”的理念和视界也是从“生命共同体”中的“生命”引申出来的，是“生命”存在和发展的必然要求。从“生命”出发，从逻辑上必然过渡到“生活”。

二、生态文明观变革的基本规律与价值导向

“生产 → 生命 → 生活”的逻辑演进之所以具有重大的历史进步意义，是因为它反映了生态文明发展的客观规律，体现了人类文明进步的价值导向。这正是以

“生命共同体”为核心的新型生态文明观的独特魅力和重大价值所在。

（一）生态文明观变革遵循了客观规律

生态文明观的逻辑演进和深刻变革是遵循客观规律而形成的，背离任何一种规律，都有可能造成生态环境问题，带来生态困境与危机。

一是遵循自然规律。“生命共同体”理念充分体现了对自然规律的尊重，要求人们必须尊重自然、顺应自然、保护自然。习近平总书记指出：“人类只有遵循自然规律才能有效防止在开发利用自然上走弯路，人类对大自然的伤害最终会伤及人类自身，这是无法抗拒的规律。”[①] 正是在尊重自然规律的基础上，“生命共同体”的理念重新端正了对自然的态度。“生命共同体”理念的确立，使人们对自然生态重新回到敬畏的意识，当然，这种回归不是简单的原始回归，而是在认识和把握自然规律基础上的理性回归。

二是遵循经济规律。生态环境状况是与经济发展密切关联的。生态问题的出现主要不是来自生态本身，而是来自人的经济行为。所以，生态文明建设客观上要求尊重经济规律。马克思认为，“资本主义农业的任何进步，都不仅是掠夺劳动者的技巧的进步，而且是掠夺土地的技巧的进步，在一定时期内提高土地肥力的任何进步，同时也是破坏土地肥力持久源泉的进步”[②]。在这里，马克思实际上揭示了自然规律与经济规律的内在联系。生态文明观的变革就在于要求经济发展必须遵循经济规律，从而形成经济建设与环境保护的良性循环，切实加强生态文明建设。

三是遵循社会发展规律。社会是由各个领域组成的，每个领域都有其自身的发展规律，而社会作为一个总体，又有其总体运行规律。既然是总体运行，就必然要求各方面协调、和谐。在生态文明建设上，特别需要强调协调，大到社会与自然的协调、人与自然的协调、人与社会的协调，小到社会各个领域之间、各领域内部的协调等。正是基于这样的考虑，我们在生态文明建设的具体推进上，突出强调“五位一体”，将生态文明建设纳入总体布局，使“生命共同体”与“五位一体”融为一体。

四是遵循人类文明发展规律。生态文明建设既要遵循自身发展的特殊规律，也

① 习近平 . 决胜全面建成小康社会 夺取新时代中国特色社会主义伟大胜利：在中国共产党第十九次全国代表大会上的报告［M］. 北京：人民出版社，2017 ：50.

② 马克思，恩格斯 . 马克思恩格斯文集：第 5 卷［M］. 中共中央马克思恩格斯列宁斯大林著作编译局，编译 . 北京：人民出版社，2009：579-580.

要遵循人类文明发展的一般规律。人类文明与生态的关系密切，正如习近平总书记所说："生态兴则文明兴，生态衰则文明衰。"[①] 生态文明建设必须遵循人类文明发展规律，按照人类文明发展的基本要求和原则来推进，按照人类文明通行的规范、准则来行事。"生命共同体"理念是在遵循人类文明发展的规律、总结人类文明发展经验教训的基础上提出的，并且是从人类文明发展的高度来看待生态环境的。

（二）生态文明观变革体现了"以人民为中心"的鲜明价值导向

在对自然生态的认识上，"生产 → 生命 → 生活"视界的逻辑演进，突出的一个特点就是人民至上、以人民为中心。这正是生态文明观变革最为"文明"的体现。

首先是突出"生命至上"。"生命共同体"的理念把人与自然从"生产"推向"生命"视界，其"深刻寓意和主要着眼点不在于对自然也赋予生命的内涵，将其看作生命共同体的一部分，而是在于对人的生命的真正关切，关注自然是为人的生存发展服务的，关注自然的生命是为了更好保护好人的生命。因此，'生命共同体'的着眼点和落脚点是在人自身"[②]。关注生态，就是关注人的生命、关注人的生存发展。保护生态环境的最终目的，是保护和改善人的生存发展条件。

其次是突出人民"美好生活需要"的满足。生态文明观的变革就是着眼于满足人民美好生活需要而形成的。从生产到生命再到生活的逻辑演进，一是顺应了新时代社会主要矛盾转化的要求。满足人民日益增长的美好生活需要，是其追求的目标。二是顺应了新发展阶段发展的需要。生态文明观的变革，就是顺应新时代、新发展阶段发展的需要形成和发展起来的。关注生命、关注生活，就是要关注人的需要。

最后是突出人类命运共同体的维护和保障。在生态文明观的变革中，"生命共同体"理念与"人类命运共同体"理念，相互依存、相互促进。一方面，增强生命共同体意识，有利于促进人类命运共同体的构建。不管哪个国家、哪个民族，都是共同体的一部分，其生命是维系在一起的，这是建立人类命运共同体的自然基础。另一方面，构建人类命运共同体，有利于人与自然生命共同体的构建。人与自然关系的解决必须依赖人与人关系的解决，只有形成和谐的国家关系、民族关系，合理的

① 习近平．习近平谈治国理政：第 3 卷［M］．北京：外文出版社，2020：374.

② 丰子义．马克思主义理论主题的当代彰显［J］．马克思主义理论教学与研究，2021（1）：26-33.

国际经济政治秩序和有效的国际治理，才能形成真正全人类意义上的生命共同体。

三、贯彻落实生态文明观的现实要求

要使生态文明的新理念变为现实，必须有相应的对策和行动。生态文明新理念“新”之所在，实际上昭示了生态文明建设努力的方向和要求。

（一）处理好环境保护与经济发展的关系，推行绿色发展方式

对于社会发展和人的发展来说，生态和生产都必不可少，都是人的生活不可或缺的重要组成部分，二者不可偏废。在现实发展过程中，生态和生产并不是相互对立的，而是可以相互协调、相互促进的。讲生态保护，并不是要轻视乃至排斥经济发展，而只是强调生产和开发应注意合理限度，防止置生态环境于不顾，任意地开发、改造。讲经济发展，也不是无视生态保护，经济发展必须以生态的自然循环能够顺利进行为前提，而不是搞掠夺式的经营。在经济发展与生态保护关系问题上，应当坚持在发展中保护，在保护中发展。习近平总书记反复强调，经济发展不应是对资源和生态环境的竭泽而渔，生态环境保护也不应是舍弃经济发展的缘木求鱼，而是要在发展中保护，在保护中发展，实现经济社会发展与人口、资源、环境相协调。

要解决好生态环境与经济发展的关系，重要的是推动形成绿色发展方式。绿色是生命的象征、大自然的底色。贯彻绿色发展理念，加快形成绿色发展方式，是解决生态环境问题的根本所在。绿色发展就是要坚决改变那种损害乃至破坏生态环境的发展模式，加快形成节约资源和保护环境的空间格局、产业结构、生产方式，把各种经济活动控制在自然资源和生态环境能够承受的限度内，给自然生态留下“休养生息”的机会。与此同时，要培育壮大节能环保产业、清洁生产产业、清洁能源产业，发展高效农业、先进制造业、现代服务业，推进资源全面节约和循环利用，实现循环发展。

（二）处理好生态和生活的关系，推行绿色生活方式

生态和生活密切相关。环境直接涉及民生，或者说，环境就是民生。良好的生

态环境不仅是人的生存家园，而且是最公平的公共产品，是最普惠的民生福祉。对人的生存来说，绿水青山就是金山银山。正因为生态环境对于人的生存如此重要，所以要“把解决突出生态环境问题作为民生优先领域。有利于百姓的事再小也要做，危害百姓的事再小也要除。打好污染防治攻坚战，就要打几场标志性的重大战役，集中力量攻克老百姓身边的突出生态环境问题”[①]。

要解决好生态环境问题，必须加快形成绿色生活方式。这就是要在全社会范围内牢固树立生态文明理念，增强全民节约意识、环保意识、生态意识，培养良好的生活习惯和行为方式。倡导低碳、健康、简约、适度的生活方式，形成绿色饮食、绿色出行、绿色居住的生活习惯，把广泛开展创建节约型机关、绿色家庭、绿色学校、绿色社区等活动变为全社会行动。通过绿色生活方式的推行，倒逼生产方式绿色转型，促进生态文明建设。

（三）解决好生产、生活与消费的关系，推行绿色消费方式

生产、生活与消费是相互关联的，消费在其中发挥着引导和拉动的作用。一般来说，生产决定消费，无论是消费的对象、方式，还是消费的质量、水平，都是受生产制约的。但是，消费又不是简单地附属于生产，而是对生产的发展起着重要的反作用。消费是生产的目的，是生产的动力，能够促进生产的调整与变革。消费与生活的关系也是如此。在一定历史阶段，生活的需要决定着消费，但消费的质量、水平和方式又会对生活产生重大影响。此外，消费还会通过对生态环境的影响而对生产和生活产生重大影响。随着经济社会的快速发展，超前消费、过度消费、奢侈消费等现象屡见不鲜，给生态环境带来巨大压力乃至严重伤害。如果不合理的消费不能得到有效遏制，那么生态环境问题就不会得到切实解决。

要使消费合理化，一方面，必须在全社会树立正确的消费意识。这就要求人们端正对生态环境的看法，树立明确的节约意识、环保意识，形成理性消费、文明消费的理念。只有形成了这样的意识和理念，才会有消费行为上的自觉。另一方面，要推进绿色消费方式。加快提升食品消费绿色化水平、鼓励推行绿色衣着消费、积极推广绿色居住消费、大力发展绿色交通消费、全面促进绿色用品消费、有序引导文化和旅游绿色消费等。绿色消费方式的推行，无疑是一场重要的“消费革命”，

① 习近平．习近平谈治国理政：第 3 卷［M］．北京：外文出版社，2020：368.

必将带来生态环境的明显变化，同时带来生产、生活的转变。

总体来说，生态文明观的深刻变革要求生产方式、生活方式、消费方式必须进行相应的变革，而这些变革共同作用，必将有力推动生态文明和“美丽中国”建设。

中国式现代化的文明意蕴

济南大学马克思主义学院　李　霞

摘　要：文明有两层含义，一是指处理人与自然关系的人类的实践活动成果，二是处理人与人关系的促进人的发展的行为模式。中国式现代化体现物质文明和精神文明的统一，实现人与自身和谐；中国式现代化体现发展文明与生态文明的统一，实现人与自然和谐；中国式现代化体现政治文明和社会文明的统一，实现人与人和谐；中国式现代化体现和平与发展的统一，实现中国与世界和谐。

关键词：中国式现代化；文明；和谐

文明在最广泛的意义上是指人类的实践活动成果，是人类在对自然界和人自身认识基础上，通过实践改造人类生存世界所形成的物质成果、精神成果和制度成果的总和。在人类发展的意义上，人类的文明是一种与纯粹自然相对的力量，体现的是人改造自然和改造自身的本质力量。文明还有另外一层含义，即人为了人的发展意义上的行为模式，也就是人把人当作人，而不是一部分人把另一部分人当作工具。这种文明是与阶级文明相对的文明，体现的是人与人关系上的文明。在这个意义上，无论是建立在剥削基础上的把其他人的劳动作为满足自己贪欲的工具，还是不尊重人的行为，都是不文明的行为，只有把人当作人去尊重并促进人的发展的行为才是文明行为。人与自然关系意义上的人类文明代表的是人类改造自然能力的提高，人与人关系上的文明代表的是人类对自身认识的水平。前者代表着生产力的发展程度，主要体现的是物的文明，后者代表着人的文明程度。而中国式现代化不仅体现了物的文明，也体现了人的文明。

一、中国式现代化体现物质文明和精神文明的统一，实现人与自身和谐

党的二十大报告指出："中国式现代化是物质文明和精神文明相协调的现代化。物质富足、精神富有是社会主义现代化的根本要求。"① 文明是人的实践活动的结果，既表现为认识自然改造自然的物质成果，也表现为认识自身改造自身的精神成果。在阶级社会，统治阶级支配着物质生产和生产成果，同样支配着精神生产及精神成果，而被统治阶级，劳动被剥削，物质生活是贫乏的，建立在贫乏的物质生活和简单的交往之上的精神生活也是贫乏的。在发达的资本主义国家，生产的普遍发展使民众的物质和精神生活有了普遍的提高，但是资本的统治使得物质生活和精神生活出现了两极分化。劳动者劳动行为和物质生活的被控制，决定了其精神生活也没有独立性。统治阶级的思想在每一时代都是占统治地位的思想，"那些没有精神生产资料的人的思想，一般地是隶属于这个阶级的"。② 同时，现实社会中物质生活以及生活方式的差别，一方面展示着资本家阶层的特权与富有，另一方面是在向人们显示，我们现在的景象正是你们将来的样子。这样的对比在社会上产生了畸形的价值引导，即人们所奋斗的一切仅仅是为了获得富人们已经获得的生活。这样的社会，没有对劳动者的尊重，没有对劳动的尊重，只有对金钱和物质的崇拜，是对欲望的推崇，金钱和物质成为硬通货，成为衡量价值的最高的标准。身体被欲望和物质生活控制，精神生活也不可能获得独立性。

党的二十大报告指出："物质贫困不是社会主义，精神贫乏也不是社会主义。"③ 这句话指出，物质富有和精神富足都是社会主义的内在要求。为什么说"物质贫困不是社会主义"？因为社会主义是消灭阶级对立和阶级差别的社会，消灭阶级对立和阶级差别，实际上是要消灭阶级本身存在的条件。阶级存在的条件是什么呢？阶级的本质是一个集团能够占有另一个集团的劳动。一个集团占有另一个集团劳动的可能性和必要性，一方面是物质产品有了剩余，有了私有制，这是阶级产生的可能性；另一方面是物质产品还不丰富，还需要有对产品的差别对待，才能维持一部分

① 习近平．习近平著作选读：第 1 卷［M］．北京：人民出版社，2023：19.

② 马克思，恩格斯．马克思恩格斯文集：第 1 卷［M］．中共中央马克思恩格斯列宁斯大林著作编译局，编译．北京：人民出版社，2009：550.

③ 习近平．习近平著作选读：第 1 卷［M］．北京：人民出版社，2023：19.

群体对剩余物质产品的控制权，并以这种对物质产品的控制作为对其他人剥削的条件。这是阶级存在的条件。而社会主义要消灭阶级，要消灭阶级存在的条件，就需要生产力的高度发展，只有生产力的高度发展，才能使维持丰富的物质生活条件不需要建立在对他人劳动剥削的基础上，社会才可以为所有的人提供丰富的物质生活条件。如果没有生产力的高度发展，“那就只会有贫穷、极端贫困的普遍化；而在极端贫困的情况下，必须重新开始争取必需品的斗争，全部陈腐污浊的东西又要死灰复燃”①。生产力的这种发展之所以是绝对必需的实际前提，还因为，只有随着生产力的普遍发展，人们的普遍交往才能建立起来。只有交往的普遍化，才能建立全面的社会关系，而社会关系的丰富是精神丰富的条件，就像马克思恩格斯指出：“精神关系的丰富建立在现实的物质关系基础之上。”②

为什么说“精神贫乏也不是社会主义”？精神成果是人对自然和人自身以及人与自然关系认识的成果。而精神贫乏就是人对自然和人自身以及人与自然的关系缺乏认知，就是被必然支配的状态。只有建立在对人和世界关系的全面认知基础上的精神富足，人才能“以一种全面的方式，就是说，作为一个完整的人，占有自己的全面的本质”③。人才会在全面的意义上发展自己，而不是将自身的价值完全建立在物质追求上。而人的精神反映了自由和必然的关系。恩格斯在《反杜林论》中指出：“自由不在于在幻想中摆脱自然规律而独立，而在于认识这些规律，从而能够有计划地使自然规律为一定的目的服务……因此，自由就在于根据对自然界的必然性的认识来支配我们自己和外部自然；因此它必然是历史发展的产物。”④这里的自然既包括自然界，也包括人自身。因此，自由和必然的关系表现为以下四个方面。首先，自由不在于摆脱自然规律而独立，而是恰恰相反，是以自然界和社会的客观必然性为前提。其次，自由是对必然的认识，自由的大小取决于对客观必然性认识的深浅。再次，自由是依据对必然性的认识去支配外部世界，即有效地改造世界，因此，实践是自由和必然相互转化的基础和条件。最后，自由是历史发展的产物，

① 马克思，恩格斯．马克思恩格斯文集：第 1 卷［M］．中共中央马克思恩格斯列宁斯大林著作编译局，编译．北京：人民出版社，2009：538.

② 马克思，恩格斯．马克思恩格斯文集：第 1 卷［M］．中共中央马克思恩格斯列宁斯大林著作编译局，编译．北京：人民出版社，2009：541.

③ 马克思，恩格斯．马克思恩格斯文集：第 1 卷［M］．中共中央马克思恩格斯列宁斯大林著作编译局，编译．北京：人民出版社，2009：189.

④ 马克思，恩格斯．马克思恩格斯文集：第 1 卷［M］．中共中央马克思恩格斯列宁斯大林著作编译局，编译．北京：人民出版社，2009：120.

人类的发展过程是从必然王国走向自由王国的过程。在认识和改造自然的基础上，能够在“合乎人性的需要”[①]基础上自由地对待人和自然的关系以及人和人的关系，这是精神丰富的内涵，也是物质丰富与精神富足统一的基础。

二、中国式现代化体现发展文明与生态文明的统一，实现人与自然和谐

党的二十大报告指出：“中国式现代化是人与自然和谐共生的现代化。”[②]这体现了发展文明与生态文明的统一。现代化的核心是高度发达的工业化和人的现代化。发达的工业化就是物的现代化，资本主义与社会主义是现代化的两种模式，但它们具有共同的基础，即工业化，也就是物的现代化。物的现代化是人类文明的重要表现方式，而物的现代化即生产力处理的是人与自然的关系。文明反映的是与纯粹的自然相对的，通过人的实践活动创造的物质成果和精神成果的综合，也可以说，文明就是人的所有活动的结果。人的所有实践活动都是为了人的生活，但是在不同的历史阶段，由于人的活动水平不同，可利用的自然范围不同，人与自然的关系也会处于不同的状态。在人类的最初时期，由于人的劳动能力有限，人类所有的活动都是在依附于自然的基础上进行的，人们所用的劳动资料、劳动工具、生活资料，几乎都是来自天然的自然，之后随着生产工具的改进，才有了人的更多的劳动剩余产品，才有了私有制。私有制下的贪欲，剥削者对于被剥削者劳动的剥削，成为社会发展的动力。在前资本主义社会，无论采取哪种社会制度，对于自然、土地以及人的自然能力的依赖都是一种现实。到资本主义社会，资本的目的是利润，它的生存方式就是不断地生产商品、销售商品，所以，资本统治的世界是一个商品世界，商品销售得越多，资本就越有活力。所以资本的统治和资源的消耗是一致的。为了无尽地获取利润，资本倡导奢侈的生活以及浪费的价值导向，这是维持资本运转的动力，只有这种生活方式才能让资本在运转中获取利润。而人们穷奢极欲以及浪费的生活方式，对于奢侈品以及所谓高档生活品质的推崇，导致的是对自然的无尽的攫取，是对自然环境的破坏。对自然的破坏就是对人自身环境的破坏，就是对人自身

① 马克思，恩格斯．马克思恩格斯文集：第 1 卷［M］．中共中央马克思恩格斯列宁斯大林著作编译局，编译．北京：人民出版社，2009：185.

② 习近平．习近平著作选读：第 1 卷［M］．北京：人民出版社，2023：19.

生命的毁坏，因为自然是“人的无机的身体”[①]。

中国式现代化，现代化是基础，没有现代化就没有人民群众的美好生活。现代化主要是指建立在生产力发展基础上的物的现代化，生产力的不断发展，尤其是高质量的经济发展是实现社会主义现代化的基础。高质量发展不是量的扩张，而是建立技术创新基础上的节省资源消耗的经济发展，高质量发展体现在发展的全面性、发展的技术性、发展的水平性等方面，只有建立在高质量发展的基础上，人民群众的生活水平和生活质量才会有质的改善。例如我们的高铁技术，大大方便了人们的出行，节省了出行时间，提高了出行效率，这就是高质量发展的代表。再就是人们的生活环境，生活在脏乱差的环境中，即便生活水平提升了，生活的品质也没有多大的提升。而生活在风景优美、行为文明的环境中，就是人们生活品质的质的提升。党的二十大报告指出：“坚定不移走生产发展、生活富裕、生态良好的文明发展道路。”[②]建立在科技创新基础上的高质量发展，才能最大限度地节省资源，同时又能实现国家的发展和人民的生活富裕。走节省资源、保护环境的生态发展之路，建立节省资源的绿色低碳生活方式才能更好地提升民众的生活品质和生命品质，才能建立生态文明。文明发展只有建立在高质量发展文明和节约自然资源的生态文明的基础上，才能上实现人和自然的和谐。

三、中国式现代化体现政治文明和社会文明的统一，实现人与人和谐

党的二十大报告指出：“中国式现代化是全体人民共同富裕的现代化。”[③]这体现了中国式现代化政治文明和社会文明的统一。现代化不仅仅体现在工业化、市场经济这些要素上，人民的民主权利、法律权利的平等性，以及社会领域的公平正义，都是现代化的要素。但是，在资本主义社会现代化的政治文明，主要体现为民主选举、三权分立、平等权利等制度内容。中国式现代化在政治文明方面的建设，除了法治文明，最主要的是政治民主文明。民主权利不仅体现在民主选举的过程中，更

① 马克思，恩格斯．马克思恩格斯文集：第 1 卷［M］．中共中央马克思恩格斯列宁斯大林著作编译局，编译．北京：人民出版社，2009：161.

②《党的二十大报告学习辅导百问》编写组．党的二十大报告学习辅导百问［M］．北京：党建读物出版社，学习出版社，2022：17.

③ 习近平．习近平著作选读：第 1 卷［M］．北京：人民出版社，2023：19.

体现在执政过程中，我们实行的全过程人民民主，包括选举民主、政策制定过程中的协商民主以及执政过程中监督民主等。这种全过程民主保证人民的监督权利贯穿在权力产生、行使的全过程，真正体现人民民主。这也是执政党跳出治乱兴衰历史周期率的第一个答案。现代政治文明还体现在政党建设上，列宁说："群众是划分为阶级的……在通常情况下，在多数场合，至少在现代的文明国家内，阶级是由政党来领导的。"① 执政党的执政能力不是必然的，必须加强执政党的自我建设，才能不断提高执政能力。无产阶级执政党的执政合法性，一方面来自领导人民进行国家建设，不断发展生产力为人民创造美好生活的结果；另一方面来自执政党自身的作风建设，保持党的初心使命。马克思恩格斯指出，共产党"没有任何同整个无产阶级的利益不同的利益"②。共产党的利益和历史使命就是无产阶级的解放，为了完成这一历史使命必须保持党的纯洁性，使所有的共产党人时刻保持对历史使命的责任感。因此，加强共产党的初心使命教育，反腐倡廉，是共产党一直不能停歇的工作。党的二十大报告指出，"党找到了自我革命这一跳出治乱兴衰历史周期率的第二个答案"③。无论是民主文明的发展还是政党建设文明，体现的都是人民历史主体地位的提高，人民群众作为历史的创造者，是物质文明和精神文明成果的创造者，还是自我解放的主体力量。

中国式现代化在社会文明方面的建设体现为，"坚持把实现人民对美好生活的向往作为现代化建设的出发点和落脚点，着力维护和促进社会公平正义，着力促进全体人民共同富裕，坚决防止两极分化"④。社会文明是物质文明、精神文明以及政治文明成果在社会生活领域的体现，是文明成果在民众中的合理分配，是人的社会解放的体现。人民群众创造的物质成果和精神成果是由少数人主宰还是由多数人享有，是阶级社会和无阶级社会的根本区别。在资本主义社会中，生产力得到了高度发展，但是资本主义私有制使得社会资源的分配集中于资本一方，两极分化是一种必然。而中国式现代化建立在生产力高度发展基础上，通过按劳分配为主体、多种分配方式并存的分配方式，一方面在市场经济条件下激励各种资源发挥各自在经济

① 中共中央马克思恩格斯列宁斯大林著作编译局．列宁选集：第 4 卷［M］．北京：人民出版社，2012：151.

② 马克思，恩格斯．马克思恩格斯文集：第 2 卷［M］．中共中央马克思恩格斯列宁斯大林著作编译局，编译．北京：人民出版社，2009：44.

③ 习近平．习近平著作选读：第 1 卷［M］．北京：人民出版社，2023：12.

④ 习近平．习近平著作选读：第 1 卷［M］．北京：人民出版社，2023：19.

发展中的作用，另一方面是保证社会财富主要由人民群众享有，通过法律、治理等多种方式制约资本在社会发展中的作用。社会主义市场经济可以利用资本，但是不能让资本在社会运行中起主导作用，就是要保证社会资源由人民群众共享，避免特权阶层的出现。只有人民群众美好生活的向往才是中国式现代化建设的落脚点和出发点。

政治文明保障人民群众在现代化建设中的当家作主地位，社会文明保障人民群众对于文明成果的共建共享，政治文明和社会文明的统一保障人与人的和谐。

四、中国式现代化体现和平与发展的统一，实现中国与世界和谐

党的二十大报告指出：“中国式现代化是走和平发展道路的现代化。”[①] 现代文明始于资本主义，但是资本主义的发展最初是通过赤裸裸的战争、殖民、掠夺等方式获得原始资本积累，通过将资本主义生产方式在世界各个地方的建立，形成了整个世界从属于资本主义的现代文明方式。即便在今天，战争、殖民、掠夺仍然是资本主义国家获取利益的显性或者隐性形式。资本的逐利本性主张的是阶级剥削的价值观念和行为方式，这种价值观念对内是剥削本国的人民，对外也成为国家与国家之间的交往方式，所以对外赤裸的或者隐蔽的战争、掠夺就成为资本获取利益的重要方式。这是私有制的本性，即便是现代文明条件下，资本的掠夺行为披上了法律的外衣，但它表现的依然是资本的掠夺本性。

而中国式现代化的发展离不开资本的助力，但是资本不能成为中国现代化发展的主导力量。马克思主义的人类情怀和中华文明的包容特质使得中国愿意吸收人类文明和资本主义现代文化的优秀成果，尊重世界文明多样性，以文明交流互鉴超越文明隔阂冲突。价值上坚守和平、发展、公平、正义、民主、自由的全人类共同价值，成为引导人类发展的精神力量。实践上只有以推动构建人类命运共同体为目标，才能超越文明冲突，促进人类的共同发展，形成中国与世界的新型关系。这种新型关系以构建人类命运共同体为目标，尊重其他国家的发展模式和发展经验，相互吸取有利于自身的因素。中国和世界的发展是一种对立统一的关系：一方面，各国之间的发展存在着竞争关系，另一方面又可以互相学习、互相借鉴文明成果，只

① 习近平 . 习近平著作选读：第 1 卷［M］. 北京：人民出版社，2023：19.

有通过文明交流互鉴，才能推动世界各国的发展，世界各国的发展又成为本国发展的动力。本国的发展是基础，世界的和平是本国发展的条件，只有建立在和平发展的基础上，世界各国的共同发展才是可能的。中国式现代化坚持和平与发展的统一，实现中国与世界的和谐。

发展精神生产对于中国式现代化和生态文明的意义

中央党史和文献研究院　武锡申

摘　要：从党的十六大报告到二十大报告，党在生态文明建设问题上不断取得新的认识，在党的十八大报告中明确了生态文明是现代化的内在部分。建设生态文明和中国式现代化面临的时代背景之一是精神生产的扩大。精神生产相对于物质生产的独立性表现在：精神生产者在不同程度上从物质生产领域游离出来；精神生产的发展表现出自己的规律性和超越于物质生产之外的意义；精神生产反过来对物质生产领域进行改造，精神生产领域生产关系的原则向整个社会生产领域渗透；人类生产力的储备大量采取虚拟生产的形式。精神生产的扩大有助于生态文明建设，可能成为中国式现代化的有力推动。为了促进精神生产的发展，需要把精神生产理解为中国式现代化的内容，需要把精神生产理解为生产劳动，需要拓展精神生产的价值确证方式，需要区别对待不同形式的精神生产和精神活动。

关键词：生态文明；中国式现代化；精神生产

党的二十大报告中再次重申："中国式现代化是人与自然和谐共生的现代化。"①党的二十大报告中多处表达了中国在经济发展和现代化建设中保护生态环境、建设生态文明的愿景和规划。

推动绿色发展，促进人与自然和谐共生，需要转变生产方式、生活方式。

① 胡锦涛．坚定不移沿着中国特色社会主义道路前进　为全面建成小康社会而奋斗：在中国共产党第十八次全国代表大会上的报告［M］．北京：人民出版社，2012：9.

精神生产在当代生产和经济发展中所占的比重日益增长，影响也越来越大。精神生产的发展对于生态文明建设的作用，应当成为我们关注的对象。

一、中国共产党对生态文明的认识不断推进

如果我们把自党的十六大以来的多次代表大会的报告对比分析，能够更清晰地看到，生态文明建设的重要性得到了越来越多的关注。

根据本文的考察，在党的十六大报告中，生态问题的相关论述只有不到200字，主要是围绕可持续发展进行阐述。在党的十七大报告中，生态问题的相关论述达500多字，而且提出了生态文明的概念。在党的十八大、十九大和二十大报告中，不仅相关论述的字数都在1500字左右，最为重要的是，在这三个报告中，关于生态文明建设都有专门的一节来进行论述，而且提出的措施也日益切实和具体。更具有标志性意义的是，在《中共中央关于党的百年奋斗重大成就和历史经验的决议》中，生态文明建设成为浓墨重彩的一部分。

而生态文明建设作为现代化的内在部分，也是早在党的十八大报告中就已经要求，“全面落实经济建设、政治建设、文化建设、社会建设、生态文明建设五位一体总体布局，促进现代化建设各方面相协调”①，并且要求“把生态文明建设放在突出地位，融入经济建设、政治建设、文化建设、社会建设各方面和全过程”。在党的十九大报告中的要求则是“我们要建设的现代化是人与自然和谐共生的现代化，既要创造更多物质财富和精神财富以满足人民日益增长的美好生活需要，也要提供更多优质生态产品以满足人民日益增长的优美生态环境需要”。②党的二十大报告中，除了继续强调人与自然的和谐共生，由于党的理论创新，提出了中国式现代化的概念，人与自然和谐共生因此成为中国式现代化的要求。

转变生产方式、生活方式，是建设生态文明、实现人与自然和谐共生的必经之路。党的十七大报告中要求，“基本形成节约能源资源和保护生态环境的产业结构、

① 胡锦涛.坚定不移沿着中国特色社会主义道路前进 为全面建成小康社会而奋斗：在中国共产党第十八次全国代表大会上的报告［M］.北京：人民出版社，2012：39.

② 习近平.决胜全面建成小康社会 夺取新时代中国特色社会主义伟大胜利：在中国共产党第十九次全国代表大会上的报告［M］.北京：人民出版社，2017：50.

增长方式、消费模式”。[①] 在经济发展方式上，要求“推动产业结构优化升级……由主要依靠第二产业带动向依靠第一、第二、第三产业协同带动转变，由主要依靠增加物质资源消耗向主要依靠科技进步、劳动者素质提高、管理创新转变”。[②] 在党的十八大报告中，“着力推进绿色发展、循环发展、低碳发展，形成节约资源和保护环境的空间格局、产业结构、生产方式、生活方式”[③]，成为推动生态文明建设的基本原则。在党的十九大报告中，不仅发展方式和生活方式被加上了“绿色”这样的限定词，而且用了 200 多字对绿色发展做了充分的阐述。党的二十大报告中，关于绿色发展的论述将绿色和低碳联合到了一起，绿色低碳的要求已经扩展到了生产方式和生活方式两个方面。

关注未来和创造未来是社会主义的基本主题。中国式现代化是在创造未来的社会实践中实现的，生态文明建设是放眼未来、造福后人的具体行动。习近平总书记在 2016 年 5 月 17 日的哲学社会科学工作座谈会上的重要讲话提出，中国社会科学要“立足中国、借鉴国外，挖掘历史、把握当代，关怀人类、面向未来”，“既向内看、深入研究关系国计民生的重大课题，又向外看、积极探索关系人类前途命运的重大问题，既向前看、准确判断中国特色社会主义发展趋势，又向后看、善于继承和弘扬中华优秀传统文化精华”[④]。其中蕴含的关于未来的方法论无疑也在党的二十大报告中关于中国式现代化和生态文明的论述中得到了反映。

二、精神生产的扩大已经成为中国式现代化和生态文明建设的时代背景

精神生产的产品需要物质载体或者物质支托，但其属性及其价值主要体现在精神方面，精神生产的目的在于：为物质生产提供精神支持；提供精神消费品，满足人的精神需要；为人们的各种精神活动提供平台，丰富人类精神世界，拓展人的存在空间。

---

① 胡锦涛．高举中国特色社会主义伟大旗帜 为夺取全面建设小康社会新胜利而奋斗：在中国共产党第十七次全国代表大会上的报告［M］．北京：人民出版社，2007：20.

② 胡锦涛．高举中国特色社会主义伟大旗帜 为夺取全面建设小康社会新胜利而奋斗：在中国共产党第十七次全国代表大会上的报告［M］．北京：人民出版社，2007：22-23.

③ 胡锦涛．坚定不移沿着中国特色社会主义道路前进 为全面建成小康社会而奋斗：在中国共产党第十八次全国代表大会上的报告［M］．北京：人民出版社，2012：39.

④ 习近平．在哲学社会科学工作座谈会上的讲话［M］．北京：人民出版社，2016：15，16.

随着信息技术、网络技术和虚拟技术的发展，精神生产日益表现出相对于物质生产的独立性。

首先是精神生产者在不同程度上从物质生产领域游离出来，例如，在计算机和各种自动化设备、智能设备的软件开发领域，出现了专门的研发部门和研发人员，甚至出现了完全独立的研发企业；各种网络上的文化产品的生产者，由于对物质载体的依赖性降低，因而远离了物质生产；随着网络上精神文化活动日益活跃，出现了专门从事发布博客、论坛发帖和论坛秩序维护等工作的人员；在游戏的虚拟生产中，有些人成为职业玩家，依靠出售游戏中获得的虚拟货币和虚拟物品谋生。

其次是精神生产的发展表现出自己的规律性和超越于物质生产之外的意义，不再完全立足于物质生产，具体表现：在物质生产和精神生产的互动关系中，科学越来越领先于生产，科学研究超前于物质生产带来的不确定性和多维性必然使得科学研究成果向现实生产转化的概率降低，而这种概率的降低需要以科研成果的数量增加来弥补；计算机信息处理能力的增强和存储容量的增大，使得网络世界和虚拟世界中可以容纳大量的精神生产活动和庞大的参与人群，同时，大量的精神生产活动和庞大的参与人群使得信息技术、网络技术和虚拟技术的潜力得到充分发挥，形成规模效益，并为这些高新技术的进一步发展提供动力；物质生产本身的局限性也要求精神生产的扩大，人们的需求是不断发展的，但物质生产力的发展却必然面临各种各样的资源瓶颈，物质需求的无节制满足在资源和环境两方面都无法得到支持，因此，需要节制人们的物质需要，推进人们的精神需要，并以精神需要的满足来抑制不合理的物质需要；充分高比例的就业人口是社会保持稳定的刚性需要，物质生产扩大的受限性导致了物质生产领域就业的有限性，精神生产的发展则将带来非常广阔的就业空间，可以容纳大量具有较高文化水平的人员，并能在吸纳就业人口的同时提升整个社会的人口素质。

再次，物质生产是精神生产的基础，但精神生产的发展将具有自身的逻辑，不受物质生产领域的控制，并反过来对物质生产领域进行改造，不仅是为物质生产领域提供传统的科学技术等精神支持，而且将从精神生产的立场理解物质生产，精神生产领域生产关系的原则将向整个社会生产领域渗透，进而影响社会生活的方方面面。社会意识的精神生产不再仅仅是反映或者认识功能，其生产和消费本身成为一种特殊的社会存在，并独立发挥自身的作用，这种特殊的社会存在将按照自身的逻辑，自我维护，自我发展，并反过来主导物质文化的发展，使得所谓的“高级文化”与物质文化仍然保持一致，只不过是从被动的反映、反思转变为主动的改造。

最后，现代社会较之以往复杂多变，风险增加，需要进行生产力储备以保障社会进步，缓冲各种社会风险。某些存在缺陷的技术或者生产力，如技术不够成熟，或者经济不合理，或者存在价值观和伦理问题；某些过时的技术或者生产力，但存在技术进步空间或者可能；都可能需要进入生产力储备。由于现代生产的复杂性，人力资源培训或者储备可能是一个长期问题。在这些生产力储备规模较小的时候，可以只是作为现实生产的附属，但规模足够庞大而且事关社会全局的时候，也将获得独立性，我们或许可以将之理解为一种特殊的精神生产——虚拟生产。

三、生态文明建设应当从精神生产的发展中获得支持

生活方式的核心是生产方式，生产方式的改变将导致整个社会生活方式的根本变革。人们的享受需要的满足以精神产品的消费和享受而得到实现，而非物质享受的愉悦性和独特性，人们的发展需要的满足应当主要通过精神实践的方式，尽可能减少对物质条件的依赖。促进精神生产、推动精神消费，有助于抑制人们对于物质的不必要欲求，有助于减少物质资源的奢侈浪费。精神生产的发展将为人们建立各种体验和实践的精神性平台，为人的自由、全面发展提供近乎无限的空间和可能性。同时，精神产品的消费将促进社会整体知识水平和文化素质的提高，这将一方面引起人们的精神需要的增长，另一方面将促使社会精神生产力的提高。

精神生产不受自然资源的制约，不受环境制约，不会造成物质资源浪费，因而可以无限制生产，因此有利于在建设生态文明的条件下扩大就业。精神生产可能成为市场经济的新领域，为资本提供新的竞技场，因此可能得到资本和市场的支持。精神生产的扩大必然在科技方面得到反应，社会将在科学技术方面投入更多的人力、物力，也将促进科学技术的发展，从而为物质生产提供更好的精神支持。作为精神生产的一种特殊形式，现实物质生产力的虚拟生产可以为现实的物质生产提供实验机会，也为现实物质生产中出现的动荡提供缓冲，而虚拟的物质生产力则将为现实物质生产力提供后备支持。

为了促进精神生产的发展，我们有必要做到以下几点。

第一，观念的变革。首先，从现代化概念的发展来看，现代化并不是一个一成不变的概念，而是随着历史的发展被不断赋予新的内涵。我们今天的中国式现代

化当然不能仅限于传统的“四个现代化”，而是也应当包括信息化（数字化实际是信息化的另一种表述）、网络化、虚拟化，还应当包括精神生产的现代化，在当前，主要是把精神生产与信息化、网络化以及虚拟化充分结合起来。其次，对于人口问题的理解。人不应当仅仅被视为“消费人”和“工作人”，考虑人口问题时，不应当主要从物质生活水平的提高和传统就业的实现这两个方面来考量，而更多应当从文明创造和人力资源掌控的角度来思考，不仅应当考虑现实需要和条件，更应当放眼未来。

第二，精神生产劳动应当被理解为生产劳动。传统是把生产力等同于物质生产力，现在必须把生产力理解为包括精神生产力，将社会产品理解为包括精神产品在内的总和。同样，生产劳动也应当被理解为包括精神生产领域的劳动，在当代精神生产中，劳动相当大程度上是结合电脑进行的，甚至是和人的娱乐活动联系在一起的，如游戏作为人的娱乐方式，具有生产性的一面，离开了参与者，游戏将无意义，因此游戏经营者把玩家分层分级，对于高级玩家，游戏更多是娱乐，而各种免费玩家，实际上具有生产的意义，因为他们的参与使得游戏获得增值，带来了更好的体验。

精神生产劳动被视为生产劳动也意味着整个社会应当为之作出更多的投入，从而增进精神生产领域的就业。就业不仅是生存问题，而且也是精神问题和尊严问题，通过工作，个人建立起与他人、社会的联系，通过自己的活动，成为一个人们眼中有用的人，他的需求的满足是通过自己的劳动挣得的。因而不再有受施舍和朝不保夕的感觉，由于工作给予他的必要的束缚，他能感受到自由时间的意义，使其生活充实有规律，而不至于陷于他人眼中的无目的、无意义。

第三，拓展精神生产的价值确证方式。在工业主义环境中，精神生产的价值确证高度依赖于物质手段和物质环境，这不仅导致相当大部分传统精神生产无法实现其价值确证，更不能适应信息技术和互联网时代的精神生产的特点。而且，确立精神劳动为生产劳动，也需要根据精神生产的特点，使其价值评估不受物质手段和物质环境的影响。为此，必须大力推进虚拟技术的发展，提供多种多样的虚拟环境，既为传统的精神生产提供价值确证的机会，又为新的精神生产形式提供平台。此外，必须建立有效的中介系统，使精神产品相对于生产者的异化成为常态，从而保证精神生产价值确证的必然性。

创造性的精神生产，尤其是科学研究，个人的成功有着相当的偶然性，这种偶然性的背后是整个社会的许多失败。对于成功者个人来说，付出成本可能相当少，这一点和抽奖类似，实际上个人的成本更多是风险成本。对于社会有闲阶级中的个人来说，这种风险无关紧要，科学研究的成果不过是无所事事娱乐之余的副产品，而对于以科研为职业的人来说，这种风险可能危及个人的生存，因此科学研究的特点决定了科学研究成为经营性事业的难度。评估精神生产的价值，其背后的社会成本、风险成本理应得到充分的反映。

第四，根据精神生产活动中生产劳动的成分或者比重，区别对待不同种类的精神生产活动。首先，传统的精神产品，如纸质的书籍、杂志、报纸虽然仍有发展的余地，但这些精神产品对物质载体的依赖性较大，而且其物质载体的信息承载量很小，不应当成为主要发展方向，当代精神生产的发展应当立足于信息技术、互联网技术，使精神产品尽可能少依附于物质载体。其次，精神生产的发展应当是人类精神财富的不断增加，满足精神需要的服务产品相对于劳动者个人的异化和对象化，使得生产者与消费者之间的关系简单化或者标准化，这种服务业如果不能进行工业化和信息化的改造，则难以面向大众，只能成为少数人的奢侈品，这种服务业因而缺乏生命力，严重依赖某些特定人群，在经济繁荣时期，这些服务业能够吸收就业，与其他产业形成对劳动力的竞争，而在经济萧条时期，这种服务业也随着其他产业的萧条而冷清，同样造成失业问题，因此这种服务业不能成为就业的缓冲。因此，不能实现精神产品相对于精神生产者异化的精神活动，只能属于服务业，不应成为精神生产的发展方向。最后，精神生产的生命力在于创新，因此，对于某些已经失去生命力、失去市场的精神活动形式，原有的从业者则应当从精神服务业观念转变为精神生产观念，利用当代信息技术将其内容和信息保存下来，以达到保护文化或者人类记忆的目的。

论中国式现代化生态观的生成逻辑和三重意蕴*

四川师范大学马克思主义学院　董朝霞

摘　要：中国式现代化蕴含的独特生态观，中国式现代化生态观有其基于自身历史逻辑、理论逻辑与现实逻辑基础上的生成逻辑。从中国式现代化蕴含的独特生态观来看，可以从人民、国家、世界三个层面剖析其深层的价值意蕴：第一，人民层面，基于人民主体论的生态发展意蕴；第二，国家层面，基于系统存在论的生态治理意蕴；第三，世界层面，基于人类共同价值论的全球生态意蕴。梳理和阐释中国式现代化生态观的内生性的生成逻辑，有助于从理论上深化理解中国式现代化所蕴含的独特生态观的学理哲理道理，从实践上推进和拓展中国式现代化的生态文明实践。

关键词：中国式现代化；生态观；生成逻辑；三重意蕴

自从党的二十大报告明确提出“中国式现代化是人与自然和谐共生的现代化”[①]以及习近平总书记明确指出中国式现代化蕴含的独特“六观”，即“世界观、价值观、历史观、文明观、民主观、生态观”[②]以来，“人与自然和谐共生的中国式现代

* 本文系国家社科基金年度项目“文化自信自强的内生逻辑及推进路径研究”（项目编号：23BKS065）阶段性研究成果。

① 习近平. 高举中国特色社会主义伟大旗帜　为全面建设社会主义现代化国家而团结奋斗：在中国共产党第二十次全国代表大会上的报告［M］. 北京：人民出版社，2022：23.

② 习近平. 正确理解和大力推进中国式现代化［N］. 人民日报，2023-02-08.

化”和“中国式现代化的生态观”逐渐成为学界研究热点。比如，郇庆治[①]、方世南[②]、叶海涛[③]等学者从不同层面和视角围绕中国式现代化所蕴含的独特生态观进行了热烈讨论，产生了丰富的研究成果。但是，立足于中国式现代化，着眼于中国式现代化内生性生态维度的历史纵向梳理和现实横向比较，对中国式现代化所蕴含的独特生态观背后的学理哲理道理及其深层次的生态意蕴的研究，还有待深化和拓展。以马克思主义人学和习近平生态文明思想为指导，以西方工业化进程中的生态文明为参照，在对中国式现代化内生性生成逻辑进行梳理，并围绕生态发展、生态治理和全球生态维度阐释其三重意蕴，对推进和拓展人与自然和谐共生的中国式现代化具有十分重要的现实意义。

一、中国式现代化生态观的生成逻辑

中国式现代化从中国历史深处走来，形成了独特的生态观。生态观（Ecology），就是人们在长期的生产生活实践中，在处理人类与自然之间物质变换等生态问题过程中形成的，基于生态科学所提供的基本概念、基本原理和基本规律的总的看法或观点。中国式现代化所蕴含的独特生态观，就是中国共产党领导中国人民的探索与实践中，以建设美丽中国为目标，在关于发展方式转型、生态治理保障、实现全球治理等处理人与自然、社会关系等生态实践中形成的观点和看法，它包括践行绿色发展方式的生态发展观、崇尚人与自然和谐共生的生态价值观、追求人与自然生命共同体的全球生态观在内的独特的生态观。从其生成逻辑来看，可以从历史、理论和现实三个维度来把握其内生性。

第一，中国式现代化生态观的历史逻辑。从毛泽东到习近平等历代中国共产党人，在处理和调整人与自然之间关系、保护生态环境和发展生产力方面作出了持续的努力。新中国成立初期，毛泽东就发出了“绿化祖国”的号召。改革开放时期，邓小平就将“国家保护环境和自然资源，防治污染和其他公害”载入宪法，使正确处理人与自然关系的工作走上法制化轨道。江泽民提出“可持续发展观”“保护环境的实质就是保护生产力”的重要论断。胡锦涛提出“科学发展观”、建设“两

① 郇庆治．“中国式现代化的生态观”析论［J］．人民论坛·学术前沿，2023（8）：59-71.

② 方世南．从四个共同体维度领悟人与自然和谐共生理念的深厚哲理［J］．三峡大学学报（人文社会科学版），2023，45（3）：1-7，115.

③ 叶海涛，沈利华．论中国式现代化的生态哲学基础［J］．中州学刊，2023（5）：5-11.

型”社会、“推动整个社会走上生产发展、生活富裕、生态良好”的文明发展道路和“建设生态文明”的命题。进入新时代以来，面对资源约束趋紧和人民群众对美好生态环境的需要日益增长，以习近平为代表的中国共产党人把生态文明纳入中国特色社会主义事业的总体布局。党的十九大将“美丽中国”纳入中国式现代化强国目标，党的二十大报告明确提出到2035年基本实现“美丽中国”的目标战略。回溯中国式现代化道路的探索历程，可见其中蕴含的独特生态观具有深厚的历史性。

第二，中国式现代化生态观的理论逻辑。中国式现代化之所以超越西方资本主义工业化基于“人类中心主义”和“二元对立”思维的文明进路，其根本原因在于中国式现代化遵循了马克思主义生态思想与中国的具体实际、与中华优秀传统生态哲学相结合的理论逻辑，在处理人与自然关系的生态问题上始终坚持了“两个结合”。马克思主义关于“自然界，就它自身不是人的身体而言，是人的无机的身体”[①]“人按照美的规律来建造”[②]等人与自然和谐的生态思想，与中华优秀传统文化中关于“人法地，地法天，天法道，道法自然”“天人合一，道法自然”等生态哲学相互联系。同时在中国特色社会主义伟大实践中，在五大文明协调发展中得到了充分的体现。为了解决人民对良好生态环境和生态产品日益增长的美好生活需要，提出了“创新、协调、绿色、开放、共享”五大发展理念。其中，“绿色”理念和习近平总书记指出的我国现代化“是人与自然和谐共生的现代化”[③]就是中国式现代化所蕴含的独特生态观的理论创新成果和集中表达。质言之，中国式现代化蕴含的独特生态观，自有其理论逻辑。

第三，中国式现代化生态观的现实逻辑。中国式现代化蕴含的独特生态观，完全是从“现实的”实际出发的。中国共产党在探索和开拓中国式现代化道路的历程中，一方面高度警惕西方资本主义现代化过程中人与自然的“异化”所带来的深刻教训，另一方面高度重视以人民为中心的生态实践导向和人口、资源、环境之间内在张力的国情。西方现代化受“资本逻辑”“二元对立”思维支配，采取“先污染，后治理”的生产方式，导致人口与资源环境之间的紧张和风险社会的降临。乌尔里

① 马克思，恩格斯．马克思恩格斯选集：第1卷［M］．中共中央马克思恩格斯列宁斯大林著作编译局，编译．北京：人民出版社，2012：55.

② 马克思，恩格斯．马克思恩格斯全集：第42卷［M］．中共中央马克思恩格斯列宁斯大林著作编译局，编译．北京：人民出版社，1979：197.

③ 习近平．论把握新发展阶段、贯彻新发展理念、构建新发展格局［M］．北京：中央文献出版社，2021：474.

希·贝克指出："生产力在现代化进程中的指数式增长，使风险和潜在自我威胁的释放达到了前所未有的程度。"[①]"世界八大公害事件"已经给人类敲响了警钟。习近平总书记指出："人类进入工业文明时代以来，传统工业化迅猛发展，在创造巨大物质财富的同时也加速了对自然资源的攫取，打破了地球生态系统原有的循环和平衡，造成人与自然关系紧张。"[②]正是基于对西方工业文明中的弊端保持高度的警惕，中国式现代化十分重视"保护生态环境就是保护生产力""良好的生态环境是最普惠的民生福祉"[③]等理念及其实践，植根于中国式现代化的人口、资源、环境之间的现实张力，成功超越了以资本为中心、物质主义膨胀的西方现代化道路。可见中国式现代化蕴含的独特生态观，彰显其现实逻辑。

二、人民层面：中国式现代化蕴含基于人民主体论的生态发展意蕴

"以人为本"而非"以物为本"的中国式现代化，具有鲜明的人民主体性。人民性是马克思主义的本质属性，"民为邦本"是中华优秀传统民本思想，"以人民为中心"是中国共产党的根本理念。党的二十大报告中把"必须坚持人民至上"纳入坚持好、运用好贯穿习近平新时代中国特色社会主义思想的立场、观点和方法。中国式现代化的生态观对生态发展"为了谁，依靠谁，谁享有"等问题的回答，必然指向人民。质言之，中国式现代化蕴含基于人民主体论的生态发展意蕴。

首先，中国式现代化的生态发展意蕴体现在对"为了谁，谁享有"的人民主体性回应。伴随生态问题日益凸显，中国式现代化在处理人与自然的关系问题上，始终坚持以人民为中心的导向。习近平总书记指出："人民群众对优美生态环境需要已经成为这一矛盾的重要方面……我们要积极回应人民群众所想、所盼、所急，大力推进生态文明建设，提供更多优质生态产品，不断满足人民日益增长的优美生态环境需要。"[④]此外，"良好的生态环境是最普惠的民生福祉""绿水青山就是金山银

① 贝克．风险社会：新的现代性之路［M］．张文杰，何博闻，译．南京：译林出版社，2018：3.

② 习近平．习近平谈治国理政：第3卷［M］．北京：外文出版社，2020：360.

③ 中共中央文献研究室．习近平关于社会主义生态文明建设论述摘编［M］．北京：中央文献出版社，2017：4，8.

④ 中共中央党史和文献研究院．习近平关于尊重和保障人权论述摘编［M］．北京：中央文献出版社，2021：102.

山”“环境就是民生，青山就是美丽，蓝天也是幸福”“绿水青山既是自然财富、生态财富，又是社会财富、经济财富”[①]等习近平生态文明思想及其重要论述，也诠释了中国式现代化生态发展观“为了谁，谁享有”的价值取向。

其次，中国式现代化的生态发展意蕴在“依靠谁”的问题上彰显出人民主体能动性和主体自觉。“人民”不仅是生态文明建设的价值旨归，同时也是实践主体。“江山就是人民，人民就是江山”等马克思主义群众史观和人学思想，在中国式现代化生态文明实践中也得到了充分的体现。美好生态环境的创造者、检验者无疑是具有生态文明自觉、生态文明素质和能力的劳动者。可以从以下两个维度来审视中国式现代化生态发展的人民主体自觉：第一，从实践主体的执行力和参与力上看，中国式现代化生态发展，充分发挥广大社会成员参与生态文明建设各领域、各方面、各环节的主观能动性、创新创造性；第二，从思想意识培育和教育上看，是把生态文明（观）教育、生态法治（观）教育融入国民教育、精神文明建设和中国式现代化建设的全过程各领域，引领广大公民把生态意识和绿色理念转化为生产生活方式。毕竟中国特色社会主义生态文明是超越工业文明的最先进的文明形态，需要具有文明觉悟的“现代化的人”，正如阿历克斯·英格尔斯指出：“在整个国家现代化发展的进程中，人是一个基本的因素。”[②]

简言之，在“为了谁，依靠谁，谁享有”的问题上，中国式现代化蕴含的生态观有着深刻的人民主体论哲理依据。

三、国家层面：中国式现代化蕴含基于系统存在论的生态治理意蕴

中国式现代化以“天蓝、地绿、水清”为价值目标，以人与自然和谐共生为现代化特征。无论从对“天人合一”的中华优秀传统生态智慧的传承，还是对马克思主义“人与自然和谐”生态思想的发展，中国式现代化蕴含的独特生态观，都彰显其基于系统存在论的独特生态治理意蕴。

首先，中国式现代化的生态文明实践，继承了中华优秀传统生态哲学的系统思维。在中华优秀传统文化中，天、人是一个有机系统，儒家倡导的“天人一

① 习近平．论坚持人与自然和谐共生［M］．北京：中央文献出版社，2022：10，11.

② 殷陆君．人的现代化：心理·思想·态度·行为［M］．成都：四川人民出版社，1985：8.

体”“天人合道”“天人合德”等体现出朴实的唯物主义系统论。以人与自然和谐共生为基本特征和本质要求的中国式现代化，在生态文明实践中，彰显出传承中华传统生态哲学的系统思维。其包括“天地人，万物之本也。天生之，地养之，人成之”[①]的“天人合一”说（董仲舒）、“天人相交”说（刘禹锡和柳宗元）、“天人同体”说（程颢）、“天人一气”说（张载）、“天人一理”说（朱熹）、“天人一心”说（王阳明）等古代生态哲学论说。改革开放和社会主义现代化建设以来至今的“科学发展观”“五大发展理念”正是对中华传统生态智慧的系统存在论的创造性转化和创新性发展。

其次，中国式现代化的生态文明实践，是对马克思主义人与自然和谐思想的创造性发展。马克思主义生态文明观倡导“人直接地是自然存在物”“所谓人的肉体生活和精神生活同自然界相联系、不外是说自然界同自身相联系，因为人是自然界的一部分”[②]。在中国式现代化的生态实践和“美丽中国”建设中，崇尚马克思主义人与自然和谐相处的生态价值观，摒弃了西方资本主义“人类中心主义”理念，践行科学的系统思维和明确的系统论工作要求。习近平总书记指出：“人的命脉在田，田的命脉在水，水的命脉在山，山的命脉在土，土的命脉在林和草，这个生命共同体是人类生存发展的物质基础。”[③]这些都体现出中国式现代化生态实践践行着马克思主义生态文明观。

由于自然界是一个大的生态系统，人类对某一区域、某一植被的破坏或过度开采，必然会产生一系列生态问题或其他方面的阵痛。习近平总书记不仅提出“山水林田湖是一个生命共同体”“地球生命共同体”等凸显系统性的理论，而且还强调“统筹山水林田湖草沙系统治理”[④]“从系统工程和全局角度寻求新的治理之道”[⑤]“全方位、全地域、全过程开展生态环境保护”[⑥]等实践要求。在生态资源开发利用和修

① 曾振宇，范学辉．天人衡中：《春秋繁露》与中国文化［M］．开封：河南大学出版社，1998：323.

② 马克思，恩格斯．马克思恩格斯全集：第3卷［M］．中共中央马克思恩格斯列宁斯大林著作编译局，编译．北京：人民出版社，2002：272.

③ 习近平．习近平谈治国理政：第3卷［M］．北京：外文出版社，2020：363.

④ 中共中央文献研究室．习近平关于社会主义生态文明建设论述摘编［M］．北京：中央文献出版社，2017：33.

⑤ 中共中央文献研究室．习近平关于社会主义生态文明建设论述摘编［M］．北京：中央文献出版社，2017：39.

⑥ 中共中央文献研究室．习近平关于社会主义生态文明建设论述摘编［M］．北京：中央文献出版社，2017：51.

复问题上，从天人合一的系统性、整体性的存在论出发，就不能采取“头痛医头，脚痛医脚”的形而上学做法，必须遵循系统思维，“坚持山水林田湖草沙一体化保护和系统治理，统筹产业结构调整、污染治理、生态保护、应对气候变化”①。这些生态文明思想和重要论述，充分体现了基于系统论的中国式现代化生态价值意蕴。

总之，中国式现代化坚持“人与自然和谐共生”的系统思维和方法论实践，蕴含基于系统存在论的生态治理意蕴，为人类社会的永续发展，特别是中华民族的伟大复兴和美丽中国目标的实现筑牢了坚实的生态屏障。

四、世界层面：中国式现代化蕴含基于人类共同价值论的全球生态意蕴

中国式现代化既遵循世界现代化的一般规律，又具有基于自己国情的“中国特色”。中国式现代化超越了西方工业文明的狭隘性，而富有天下情怀和世界眼光，中国式现代化以推动构建人类命运共同体为终极价值关怀，成功创造了人类文明新形态。因此，中国式现代化生态观蕴含基于人类共同价值论的全球生态意蕴。

中国式现代化生态文明实践兼有“天下大同”的中华传统文化基因和马克思主义的人类情怀。中国式现代化既摒弃了资本主义拜物教的价值观，又超越了美西方老牌大国单边主义、霸权主义及其在世界范围内践行的“丛林法则”，彰显出世界主义情怀。可以从两个层面来审视中国式现代化生态观的全球意蕴。第一，在处理人类与自然的关系问题上，习近平总书记指出：“自然是生命之母，人与自然是生命共同体，人类必须敬畏自然、尊重自然、顺应自然、保护自然。”②中国式现代化致力于构建人与自然之间的生命共同体。第二，在处理国与国之间的生态正义问题上，中国式现代化彰显出不同于西方霸权主义和强权政治的全球生态伦理。自近代工业化以来，资本主义国家在工业化生产的过程中导致全球性资源枯竭、环境污染、消费异化等人与自然互害式发展的同时，把污染性工业企业和有毒有害垃圾转移和转嫁到不发达国家和弱小民族，在全球范围内推行着生态殖民主义和霸凌行

① 习近平．高举中国特色社会主义伟大旗帜 为全面建设社会主义现代化国家而团结奋斗：在中国共产党第二十次全国代表大会上的报告［M］．北京：人民出版社，2022：50.

② 中共中央宣传部．习近平新时代中国特色社会主义思想学习纲要［M］．北京：学习出版社，人民出版社，2019：167.

径。有学者指出："所有环境问题中最为紧迫的是全球范围内缺乏社会公正。"[①] 在世界范围内的生态环境保护问题上，由于生态环境的共时空间边界难以确定、生态效应历时评估难以开展，加之长期以来国际社会不平等的国际政治经济秩序、霸权主义对全球生态资源的主导和掌控，导致"国家之间、国家内部不同地区和群体之间隐含着生态正义问题"[②]。世界现代化的历史进程表明，继续走西方现代化老路解决全球性生态正义的环境问题和生态危机问题是没有前途的，反观中国式现代化蕴含的独特生态观所彰显出的人类关切和世界情怀，为世界提供了生态智慧和全球生态治理方案。

中国式现代化不仅形成人与自然和谐共生的绿色发展理念，要求全体社会成员平等承担保护生态环境的责任，公平享用自然资源和生态福祉；还在实践上以积极主动的态度参与全球环境治理，呼吁各国"加强绿色国际合作，共享绿色发展成果"。[③]

综上，基于中国式现代化在生态维度的人类主体高度、国际观照和文明实践，可以得出中国式现代化蕴含独特的全球生态观，其理论与实践的背后有着追求人类文明进步的人类共同价值之学理、哲理和道理。

① 佩珀．生态社会主义：从深生态学到社会正义［M］．刘颖，译．济南：山东大学出版社，2005：375.

② 万俊人．美丽中国的哲学智慧与行动意义［J］．中国社会科学，2013（5）：5-11.

③ 习近平．习近平外交演讲集：第 2 卷［M］．北京：中央文献出版社，2022：386.

人与自然和谐共生的现代化的三重超越特质 *

江西财经大学马克思主义学院　李凤丹　魏　红

摘　要：中国式现代化是人与自然和谐共生的现代化，促进人与自然和谐共生是中国式现代化的本质要求之一。在吸收马克思恩格斯对于西方资本主义现代化的合理批判、立足各国现代化发展现状，深入剖析和思考西方资本主义现代化的弊端及不利影响后，可以发现人与自然和谐共生的现代化内蕴三重超越特质：在生态理路上具备克服异化对立的良性互动关系特质，在生态取向上具备规避资本逻辑凸显人民性的价值底色特质，在生态格局上具备避免生态霸权行为形成兼顾国内国际双赢的大局视野特质。

关键词：人与自然和谐共生的现代化；中国式现代化；西方现代化

人与自然能否实现和谐共生对于国家发展起着至关重要的作用。习近平总书记指出："从上世纪 30 年代开始，一些西方国家相继发生多起环境公害事件，损失巨大，震惊世界，引发了人们对资本主义发展模式的深刻反思。"[①] 日本政府宣布从 2023 年 8 月 24 日开始开展长达数十年的核废水排海行动，拉开了日本蓄意"加害"海洋环境的序幕。与此形成强烈对比的是，党的二十大报告阐明的人与自然和谐共生的现代化向全世界彰显了中国式现代化的生态意涵，展示了中国应对生态环境问题的科学思考。从比较视域出发，以中国式现代化为着眼点，深入剖析人与自然和

*　本文系国家社科基金一般项目"马克思恩格斯早年书信研究"（项目编号：21BKS104）阶段性研究成果。

①　习近平．推动我国生态文明建设迈上新台阶［J］．奋斗，2019（3）：1-16.

谐共生的现代化的超越特质具有十分重要的价值意蕴。

一、人与自然和谐共生的现代化以“人与自然良性互动”为生态理路，实现了对西方现代化“异化对立”的超越

纵观西方现代化发展历程，资本主义制度下的人与自然关系往往表现为异化状态，其实质是违背客观规律的不合理关系。而人与自然和谐共生的现代化凸显人与自然关系的有机统一，在发展观上坚持经济发展与生态保护的协调性。

（一）西方现代化：“异化对立”的不合理关系

一方面，西方现代化模式过于突出人类的“主宰性”，逐渐形成了人与自然的异化关系。生产力水平的大幅提高使得人们逐渐摆脱了对传统生产方式的依赖，顺利进入现代文明发展时代。然而，以破坏大自然、大量消耗自然资源为代价的资本主义现代化发展模式所带来的一系列不良生态反应及环境危机，使得众多西方学者开始思考这一现代化模式的弊端及其应对措施。其中，源于欧洲的人类中心主义最初被看作挣脱宗教和权势压迫的积极有效理论，但随着时代发展并在资本主义利益至上的观念影响下，成为资本主义破坏人与自然关系的思想工具。他们主张征服自然是一种理所应当的行为，自然的价值是一种服务于人的价值。正是由于这种价值论，使得陷入“资本之上”的资本家们丢失了理性思考，不断强化对自然界的无度索取，致使生态危机的产生。

另一方面，当代西方绿色生态运动中的“深绿”思潮过于强调自然界的“价值”，拒绝技术推动发展，忽视了人在自然界中的主体性和主动性。生态中心主义者站在自然界的立场上批评了人类中心主义把人置于自然之上的错误观点，期望构建一种不完全依靠人的生态伦理价值观，把人从万物尺度的神坛拉下来，推翻人类至上的观点。但是，这种将自然界赋予极高地位的片面观点实际上过分强调了自然界的重要作用，从而削弱了人类的价值。这种无视人的主动性的观点，从人以外的生命和地球生物圈角度出发去解释人与自然的关系，忽略甚至牺牲了人类的内在价值和利益，没有意识到人与自然是平等的，本质是推动人与自然关系走上另一个极端的言论。

（二）人与自然和谐共生的现代化："良性互动"的辩证关系

第一，人与自然和谐共生的现代化在自然观上摆脱了资本主义逻辑下人与自然绝对对立的错误理念，强调二者的共生共存。首先，人与自然和谐共生的现代化具有深厚的马克思主义理论基础。马克思指出："自然界，就它本身不是人的身体而言，是人的无机的身体。人靠自然界生活。"① 中国式现代化生态文明拒斥人与自然的机械性对立，强调人与自然是共同生存、共同发展的关系，自然不是人类发展自身的工具，也不是被统治的角色。其次，人与自然和谐共生的现代化还汲取了诸如"天人合一"等中国优秀传统生态理念，展现出人与自然是生命共同体的生态文化底蕴。其中，"人与自然是生命共同体"是习近平总书记在党的十九大所提出的原创性概念，是天人合一思想的本原之义。它以"生命共同体"为基础，强调人是自然界的产物，是从自然界中脱胎而生。今天我们所要推进的人与自然和谐共生的现代化是在贯彻"人和自然良性互动"的逻辑基础上形成的一条生态现代化新道路。

第二，人与自然和谐共生的现代化在发展观上实现了对西方现代化重经济轻生态对立论的超越。恩格斯在《自然辩证法》中写道："我们不要过分陶醉于我们人类对自然界的胜利。对于每一次这样的胜利，自然界都对我们进行报复。"② 马克思基于政治经济学角度多次批判西方资本主义长期是以牺牲生态资源来换取资本数量扩张的片面化生产方式，毋庸置疑，人与自然对立的生态问题在这种社会发展模式下是难以得到解决的。而人与自然和谐共生的现代化对此进行了深刻反思，强调"生态环境问题归根结底是发展方式和生活方式的问题"③，在推进现代化进程中必须加快发展方式绿色转型，推动经济社会发展绿色化、低碳化。故而，人与自然和谐共生的现代化辩证把握了经济发展与生态环境保护之间的关系，摒弃了西方生态理论在发展观上的对立性认识，实现了从对立论到互促论的跨越。

① 马克思，恩格斯．马克思恩格斯文集：第 1 卷［M］．中共中央马克思恩格斯列宁斯大林著作编译局，编译．北京：人民出版社，2009：161.

② 马克思，恩格斯．马克思恩格斯文集：第 9 卷［M］．中共中央马克思恩格斯列宁斯大林著作编译局，编译．北京：人民出版社，2009：559-560.

③ 习近平．论坚持人与自然和谐共生［M］．北京：中央文献出版社，2022：282.

二、人与自然和谐共生的现代化以“人民至上”为生态取向，实现了对西方现代化“资本至上”的超越

贯穿中国特色社会主义现代化建设的一条重要主线是坚持以人民为中心的发展思想，这也是中国特色社会主义现代化与西方现代化奉行以“资本至上”的价值立场的本质区别。我国在推进生态现代化的进程中具有鲜明的人民性价值底色，在实现人的自由全面发展方面实现了对西方现代化中人的单向度发展的超越。

（一）西方现代化：以物为本，困于资本逻辑

一方面，西方资本主义现代化坚持资本逻辑，将商品、货币、资本等一切物化力量置于现代化中心位置，产生了“见物不见人”的问题。资本作为拥有无限权力的“脱缰野马”势必会侵占社会中的各个方面、各个领域。生态领域也毫不例外地受到了资本黑暗面的侵袭。在资本增殖的逻辑下，资本家们为了能无限量地获取剩余价值，一边无情地压迫和剥削工人阶级，一边“控制自然”并采取残忍的手段肆意破坏自然。结果是他们只顾眼前资本利益额的攀升，却彻头彻尾地忽视了对自然环境乃至整个社会发展问题的长久考量。换言之，资本至上的底层逻辑决定了在资本主义社会中人与自然紧张对立的生态问题难以得到彻底解决，并使得生态问题呈世界性泛化趋势。

另一方面，西方资本主义现代化实质上是以物的增殖取代人的自由全面发展的现代化，人变成了“异化的人”。“作为他人辛勤劳动的制造者，作为剩余劳动的榨取者和劳动力的剥削者，资本在精力、贪婪和效率方面，远远超过了以往一切以直接强制劳动为基础的生产制度。”[①] 恩格斯曾在《英国工人阶级状况》一书中详尽描绘了资本主义社会初期下工人阶级的悲惨遭遇。其一在衣食住行方面，恩格斯指出当时的工人们都只能挤在漏雨的屋子内，也没有足够的钱去购买食物，基本上每天都处在食不果腹的悲惨状态，人们的生存状况堪忧。其二在身体健康方面，当时工人阶级每天呼吸的都是“臭烘烘”的气体，饮用的甚至是排放过工业污染试剂的水。除此之外，工人的劳作环境也差到令人窒息，恶劣的生活环境和劳作环境也使

① 马克思，恩格斯．马克思恩格斯文集：第 5 卷［M］．中共中央马克思恩格斯列宁斯大林著作编译局，编译．北京：人民出版社，2009：359.

工人区成为百病丛生的地方，工人们连最基本的生存环境都难以保障，更别说人的全面发展问题了。由此可见，西方现代化是以牺牲大多数工人的利益来实现的。在资本主义生产方式下，劳动成为使工人肉体与精神都受到压迫、没有自由的强制性活动，不断生产出劳动之外的资本家同劳动本身的关系，使人从类主体转化为占有式个体。[①]

（二）人与自然和谐共生的现代化：以人为本，坚持人民至上

一方面，人与自然和谐共生的现代化将实现人民对美好生活的向往作为出发点和落脚点，是马克思主义“人民至上”价值立场的具象化。在马克思主义视野下，人是一种兼具现实性和社会性的存在物，具有主体性地位。这种主体性地位表现在人不仅是社会价值的创造者，也是价值评价活动的参与者，更是价值利益的受众。习近平总书记指出：“良好的生态环境是最普惠的民生福祉。”[②]党的十八大以来，我国环境治理力度不断加大，环境问题得到了很大程度的改善。其中，据《2022 中国海洋生态环境状况公报》显示，2022 年我国海洋生态环境状况稳中趋好，海水环境质量总体保持稳定，不断满足人们对优美海洋环境的需求。由此，人与自然和谐共生的现代化是自觉将“现实中的人”置于最高位置，关注并满足人对绿水青山、清新空气等高质量生态环境的需求，真正地践行了人民至上的价值主题。

另一方面，人与自然和谐共生的现代化以实现人的全面发展为路径旨归。“现代化的本质是人的现代化”[③]，人是现代化建设过程中至关重要的主体因素。在旧式分工和私有制的限制下，脑力劳动和体力劳动逐渐由分离走向对立，人也陷入了片面化发展的单向度缺陷中。我国现代化建设立足马克思主义“两个和解”理论，坚持“人与自然和解”是为了“人与人和解”的价值立场，强调人的和谐发展。人们由此卸下了只顾埋头苦干形似“机器人”的外壳，积极主动参与生态现代化建设，在物我和谐的境界中获得愉悦与共鸣。人与自然和谐共生的现代化既满足自然的本性和保护生态的要求，更符合人的本性和实现全面发展的目标。

① 李永胜，黄丹丹．中国式现代化的生态观：核心内容、理论超越与实践指向［J］．思想教育研究，2023（11）：23-31.

② 习近平．习近平著作选读：第 1 卷［M］．北京：人民出版社，2023：113.

③ 中共中央文献研究室．习近平关于社会主义经济建设论述摘编［M］．北京：中央文献出版社，2017：164.

三、人与自然和谐共生的现代化以"互惠共赢"为生态格局，实现了对西方现代化"生态环境霸权"的超越

中华优秀传统文化自古以来就"尚和合"，推崇和谐，强调合作并追求和平。人与自然和谐共生的现代化坚持"地球生命共同体"理念，在应对国际生态环境问题中坚持共商共建共享。而以"西方中心主义"为原则的西方资本主义现代化通过借助绿色债务、外部转移等突破道德底线的方式来减轻本国环境承载压力，缓解环境污染问题，具有不可模仿性。

（一）西方现代化：利用霸权转嫁生态污染，破坏国际生态秩序

一方面，西方资本主义现代化国家存在着将资本主义生产体系导致的生态危机转移到发展中国家的霸权现象。纵观西方资本主义现代化发展历程，大多数发达国家很少愿意主动去改善生态环境，更多的是通过绿色生态债务的非正义性方式获得本国生态环境的好转。回溯历史，臭名昭著的"让他们吃下污染"的萨默斯备忘录一事深刻反映出了西方发达国家转嫁生态责任、漠视环境正义的真实面目。现如今，据瑞士空气质量技术公司发布的《2021 年全球空气质量报告》，中亚和南亚一些欠发达地区成为全球空气质量最差的地区。这与发达国家不受控制的资本增殖力量所主导的"污染出口"有着密切关联。[①] 不仅如此，西方资本主义国家一直奉行资本"丛林法则"，对利润的狂热偏执使许多发达资本主义国家打破道德底线，在全球范围内大面积设立"有毒工厂"，借以消耗发展中国家的自然资源。

另一方面，西方现代化模式在全球有泛化的态势。西方发达国家凭借强大的政治、经济、军事、文化实力，动用各种传媒手段，声称现代化只有西方唯一一种发展模式，并夸大西方现代化模式的经济价值和社会意义，试图掩盖其内在的矛盾。但客观事实却是在第二次世界大战以后，西方国家对外转移污染的次数越来越多。从 20 世纪 80 年代到 90 年代末，发达国家将巨量的有害垃圾转移至发展中国家，这种污染转嫁带来了极高的生态和经济利益，在不公平和不平等的交换中，西方资

① 程美东．论中国式现代化的中国个性特征［J］．马克思主义研究，2023（7）：20-32，42，155.

本主义国家用最小的污染成本换取了最大的资本收益。故而，西方国家的生态现代化始终立足于西方中心主义立场，凭借污染外部化转移等非正义的方式推进现代化建设，本质上具有不可模仿性。

（二）人与自然和谐共生的现代化：坚持互惠共赢，携手共治

一方面，人与自然和谐共生的现代化从“世界是普遍联系的”科学原理出发，在全球生态环境治理中坚持共商共建共享。辩证唯物论强调世界上的万事万物都是相互联系的，没有事物是孤立存在着的，彼此之间都处在一定的环境和条件中。立足当下，在生态环境治理问题上，一些西方资本主义国家否认生态问题是一个整体空间上的问题，而认为是单个有严格划分限制的个体难题。他们只专注于获取本国利益，强行将自身利益凌驾于别人利益之上，损害其他发展中国家的合法利益。而人与自然和谐共生的现代化始终秉持并坚持着“凡是民族作为民族所做的事情，都是他们为人类社会而做的事情”① 的马克思主义大局观。迈入新时期后，面对气候变化等生态挑战，我国承诺将实现碳达峰和碳中和目标，并敦促发达国家承担相应的国际治理责任。

另一方面，人与自然和谐共生的现代化摒弃以往对抗和非合作的“零和博弈”和“丛林法则”，以共赢发展超越“零和博弈”。长期以来，面对西方资本主义国家“零和博弈”思维下的极限施压，中国创造性地提出绿色“一带一路”和构建“地球生命共同体”。“地球生命共同体”这个极具生态正义性概念的提出，昭示着我国由全球治理参与者到引领者角色的转变。我国在推进人与自然的和谐共生的现代化过程中始终坚持追求人类的整体性和长远性利益，遵循从中国看世界，从世界看中国的大局视野。此外，在诸如“民胞物与”“天下为公”等传统文化理念的滋养下，在中国共产党的坚强领导下，我国始终坚持多边主义，参与多边组织、构建主导多边战略，与广大发展中国家一起共同抵抗帝国主义霸权，以多边合作为解决生态危机作出贡献，超越了西方国家在生态领域的单边霸权主义。

综上所述，人与自然和谐共生的现代化实现了对西方生态现代化的生发理论、价值取向以及生态格局三方面的超越，为破解西方生态危机提供了新思路新契机。

① 马克思，恩格斯．马克思恩格斯全集：第 42 卷［M］．中共中央马克思恩格斯列宁斯大林著作编译局，编译．北京：人民出版社，1979：257.

人与自然和谐共生的现代化的内蕴优势决定了我国在推进生态现代化实践过程中始终坚持以人民利益为导向，致力于为广大人民提供美好生活环境，守牢美丽中国建设发展底线、加快发展方式绿色低碳化。面对国际生态环境治理难题，中国积极提供中国智慧和中国方案，推动形成全球生态现代化新局面。

新时代人与自然和谐共生的核心要义、时代价值及路径选择

北京交通大学马克思主义学院　李海辰　杨　蔚

摘　要：党的十八大以来，“美丽”成为我国现代化建设的目标之一，凸显了生态文明建设在整个现代化建设中的突出地位。人与自然和谐共生成为中国特色社会主义在新时代发展中的基本方略。中国建设的现代化是人与自然和谐共生的现代化，这是中国共产党及中国政府长期以来进行生态文明建设的经验总结，为中国特色社会主义现代化建设明确了新方向。为解决全球环境治理提供中国智慧，为新时代新征程全面建设社会主义现代化国家、实现“第二个百年”奋斗目标提供理论与实践基础。因此，深入探索新时代人与自然和谐共生的核心要义、时代价值及路径选择，有利于化解我国新时代社会主要矛盾，实现人的全面永续发展。

关键词：人与自然和谐共生；核心要义；时代价值；路径选择

党的二十大报告强调“中国式现代化是人与自然和谐共生的现代化”[①]，并指出：“尊重自然、顺应自然、保护自然，是全面建设社会主义现代化国家的内在要求。必须牢固树立和践行绿水青山就是金山银山的理念，站在人与自然和谐共生的高度谋划发展。”[②] 由此可见，实现人与自然和谐共生，推动生态文明发展达到新高

① 习近平．高举中国特色社会主义伟大旗帜 为全面建设社会主义现代化国家而团结奋斗：在中国共产党第二十次全国代表大会上的报告［M］．北京：人民出版社，2022：23.

② 习近平．高举中国特色社会主义伟大旗帜 为全面建设社会主义现代化国家而团结奋斗：在中国共产党第二十次全国代表大会上的报告［M］．北京：人民出版社，2022：41.

度，是中国式现代化的新图景。我们必须坚持可持续发展，坚持节约优先、保护优先、自然恢复为主的方针，像保护眼睛一样保护自然和生态环境，坚定不移走生产发展、生活富裕、生态良好的文明发展道路，实现中华民族永续发展。

一、新时代人与自然和谐共生的核心要义

新时代伴随中国现代化进程的推进，我国生态环境面临更大的压力和挑战，要求我们在实践中更好地体现人与自然和谐共生的理念。习近平总书记指出："我们要建设的现代化是人与自然和谐共生的现代化，既要创造更多物质财富和精神财富以满足人民日益增长的美好生活需要，也要提供更多优质生态产品以满足人民日益增长的优美生态环境需要。"① 要以人与自然和谐共生理念为指导，以美丽中国和社会主义现代化为目标，以守护民生福祉为导向，建设符合中国国情和世界历史潮流的生态化现代化。

（一）以人与自然和谐共生理念为导向建设生态化现代化

从马克思主义哲学视角出发，人与自然的关系是对立统一的。人类社会发展过程中出现了生态危机，根源在于资本主义制度及其意识形态。解决生态危机需要坚持科学的生态文明理念。当前的现代化建设是建立在人与自然和谐共生的基础之上的，现代化建设必须以人与自然和谐共生的理念为指导，以生态文明建设为重点。

1. 人与自然是生命共同体

人与自然是生命共同体理念，是我们党在社会主义现代化建设和生态文明建设中始终坚持的理念，对人与自然和谐共生的现代化建设有着重要的指导意义。然而，随着社会经济的快速发展，在推动人类文明进步与繁荣的同时也给自然带来了巨大破坏和影响。因此，人类必须尊重自然规律，否则就会遭受大自然的报复。"人因自然而生，人与自然是一种共生关系，对自然的伤害最终会伤及人类自身。"② 人类虽然可以通过自己的意识活动能动地利用和改造自然，但只能按照自然规律办事，正如恩格斯在《论权威》中指出的："如果说人靠科学和创造性天才征服了自

① 习近平．习近平著作选读：第 2 卷［M］．北京：人民出版社，2023：172.

② 习近平．习近平著作选读：第 1 卷［M］．北京：人民出版社，2023：603.

然力，那么自然力也对人进行报复。”[①]

2. 绿水青山就是金山银山

习近平总书记提出“绿水青山就是金山银山”[②]，明确了生态环境与生产力之间的辩证关系，为人与自然和谐共生的现代化建设明确了方向。首先，绿水青山是自然财富、社会财富和经济财富之和。党的十八大以来，党中央把解决生态环境问题作为治国理政新举措。从世界经济的发展来看，中国经济和发达国家相比仍有较大差距。因此，首先，将绿水青山转化为金山银山，如何创造出巨大的经济财富是当前我国面临的重要问题；其次，绿水青山和金山银山绝不是对立的，两者是辩证统一的关系。只有正确处理好两者之间的关系，才能实现两者之间的共同发展；最后，绿水青山就是金山银山的理念为人与自然和谐共生现代化的建设提供了理论指导。这一理念的贯彻不仅有助于良好生产生活环境的创造，而且有助于实现经济社会的绿色转型。

（二）以美丽中国为目标统筹经济社会发展与生态环境保护

党的十九届五中全会提出：“促进经济社会发展全面绿色转型，建设人与自然和谐共生的现代化。”[③] 从本质上讲，就是要正确处理整体经济发展方向和生态环境保护之间的实际关系，着力推进美丽中国和现代化建设。

1. 生态优先绿色发展

人与自然和谐共生的现代化是在生态文明建设的基础上实现现代化的过程，这是我国正确处理生态环境保护和经济社会发展的新论断，为今后社会主义现代化建设提供了路径选择。首先，这是实现高质量发展的应有之义。绿色发展理念，是新阶段发展的新理念，为人类追求美好的幸福生活提供了更为有效的途径；其次，这是建设人与自然和谐共生现代化的基本原则。当前，生态文明建设正处在关键期，现代化建设进入解决突出生态环境问题的窗口期。党的二十大强调建设人与自然和谐共生的现代化，其实就是指在习近平生态文明思想的指导下，贯彻新发展理念，

① 马克思，恩格斯．马克思恩格斯选集：第 3 卷［M］．中共中央马克思恩格斯列宁斯大林著作编译局，编译．北京：人民出版社，2012：275.

② 习近平总书记系列重要讲话读本：绿水青山就是金山银山［N］．人民日报，2014-07-11.

③ 中国共产党第十九届中央委员会第五次全体会议公报［N］．人民日报，2020-10-30.

全面推进生态文明建设和现代化建设，在人与自然和谐共生的前提下建设社会主义现代化。

2. 经济效益与生态效益相统一

首先，经济效益和生态效益相统一是人与自然和谐共生现代化建设的必然要求。新时代建设社会主义现代化，实现高质量发展，必须将生态文明建设放在重要位置。建设人与自然和谐共生的现代化，简单来说，就是要在保护生态的基础上实现经济的发展，在实现经济发展的同时保护生态，从而实现经济效益和社会效益的统一，更好实现现代化建设。经济效益和生态效益的统一是解决新时代高质量发展、推动人与自然和谐共生现代化的关键。其次，经济效益和生态效益相统一是建设人与自然和谐共生现代化的目标所在。在我国的现代化建设实践中，要深刻认识到经济发展和生态保护协同发展的重要性。人与自然和谐共生的现代化建设，就是在实现现代化的进程中，注重人与自然之间的共生、共存。

3. 物质文明建设和生态文明建设相统一

在人与自然和谐共生的现代化建设中，推进物质文明建设和生态文明建设至关重要。必须加快构建完善的绿色低碳循环发展经济体系，从而实现物质文明和生态文明的统一。近年来，随着人与自然和谐共生现代化建设的提出，国家从多方面、多角度着力推进社会发展的全面绿色转型，加快产业、能源结构调整，以减污降碳为重点，加大生态环境保护力度，严守生态环境保护红线，通过科学规划与控制，全面提高资源环境的利用效率。

（三）以良好生态环境建设为指引守护人民生态福祉

习近平总书记指出："环境就是民生，青山就是美丽，蓝天也是幸福。"[①] 这深刻阐释了良好生态环境建设是经济社会发展全面绿色转型的主要目标，是人之所向，民之所往。加快建设良好生态环境，更好守护人民生态福祉，是"十四五"以及未来更长一段时间，我们党主要奋斗目标之一。

① 习近平．在省部级主要领导干部学习贯彻党的十八届五中全会精神专题研讨班上的讲话［N］．人民日报，2016-01-18.

1. 良好生态环境是人们最根本的需求

首先，良好生态环境建设直接关乎人民群众的生命安全和身体健康。作为优美生态环境基本需求的蓝天、绿水、青山、新鲜空气等，是建设人与自然和谐共生现代化的必然构成条件，与人民群众的生命安全和身体健康息息相关；其次，良好生态环境是当前人们的共同向往。随着人均收入水平的提升，人们不再仅仅满足于过去的吃饱穿暖问题，而是向往更高品质的生活，更加需要优美的生态环境来满足自身的发展。人与自然和谐共生的现代化正是我们党在长期的探索与实践中，始终坚持把人民的利益放在首位，最大限度满足人民群众需要的战略举措。因此，建设更加良好的生态环境，满足人们的向往，是我们党追求的目标之一。

2. 良好生态环境是最公平的公共产品

首先，生态环境具有公共产品属性。人与自然和谐共生的现代化建设，就是警示人们不能因为生态环境不费力气就能使用而过度消耗它，相反地要作出相应的保护，共同去创建良好的生态环境，只有这样才能保障民生，进而实现经济社会的进一步发展；其次，天蓝、地绿、水清是人民群众最基本的需求之一，也是构建人与自然和谐共生现代化的目标之一。解决环境污染问题，必须立足人民这个根本，让人民共享人与自然和谐共生现代化建设成果，不断提高人民幸福指数。

3. 良好生态环境是最普惠的民生福祉

首先，坚持在保护生态环境中增进民生福祉。良好生态环境本身就蕴含着巨大的综合效益，只有创造良好的生态环境，才能守护民生，实现经济社会的持续健康发展；其次，把生态文明建设放在现代化建设的重要位置。人与自然和谐共生现代化的实现，必须坚持绿色发展，全面提高资源利用效率，解决高消耗、高污染的环境问题，促进产业的绿色转型升级，共创良好生态环境，守护民生福祉。

二、新时代人与自然和谐共生的时代价值

当今世界正处于一个大发展大变革大调整的时代，世界各国人民正处于一个“你中有我，我中有你”的命运共同体。人与自然和谐共生理念的提出既立足于国内的生态文明建设，又具有宽广的国际视野面向世界生态文明建设，有助于我国积极参与和推进全球生态治理体系新变革，助力由我国倡导的绿色“一带一路”建设

深入开展，为全球生态治理贡献了中国智慧和中国方案。

（一）为全球生态治理贡献中国智慧和中国方案

随着全球化的日益推进，解决全球生态问题和生态治理困境已经迫在眉睫，在此背景下，人与自然和谐共生理念的提出恰逢其时，为推进全球生态治理和那些渴望解决生态环境问题、加强生态环境保护的发展中国家贡献了中国智慧和中国方案。一方面，人与自然和谐共生理念体现着命运共同体的价值理念，希望世界各国共同构建人类命运共同体。这一命运共同体的价值理念有助于加强世界不同国家之间的相互尊重与合作，增进在全球生态治理等问题上的共商共建共享，不断维护世界各国人民的生态利益，实现人类文明的永续发展。另一方面，人与自然和谐共生理念中关于经济发展和生态环境保护的关系而提出了“绿水青山就是金山银山”的发展理念对发展中国家具有重要的借鉴意义。

（二）助力绿色“一带一路”建设深入开展

“一带一路”建设并不是某些西方国家和媒体所宣称的向其他国家转移我国落后淘汰的生产企业，以此来实现我国经济社会的可持续发展；也不是他们所认为的中国版“马歇尔计划”。相反，“一带一路”建设是一条绿色发展之路，是一条中国与其他国家共商共建共享的发展之路，而习近平生态文明思想的提出也有利于推动绿色“一带一路”建设的深入开展。在“一带一路”建设过程中，我们要不断提升政策沟通、设施联通、贸易畅通、资金融通、民心相通的绿色化水平，推进基础设施建设不能以牺牲当地生态环境为代价，要尽量减少对生态环境的破坏，努力实现生态环境的可持续发展，同时也为当地的生态文明建设作出相应的贡献，而许多参与“一带一路”建设的沿线国家对中国贯穿的绿色发展理念也是有目共睹、连连称赞。

（三）推进全球生态治理体系新变革

面对全球生态治理的困境，为了有效应对气候变化带来的挑战，习近平总书记指出：“我们要不断加强和完善全球治理体系”[①]，以《巴黎协定》达成为契机，加强

① 习近平．论坚持人与自然和谐共生［M］．北京：中央文献出版社，2022：155.

世界各国之间的团结协作，凝聚世界各国人民的磅礴力量，坚持共同但有区别的责任，共同应对和努力解决全球生态治理问题。中国作为一个负责任的大国，也会继续肩负起大国的责任担当，在开展我国生态文明建设的同时，也加快推进和落实我国向世界承诺的生态环境治理措施和任务目标，积极参与全球生态治理体系改革和建设，坚持在全球生态治理过程中世界各国能够真正做到共商共建共享，不断为保护好人类赖以生存的地球家园而贡献自己的力量。

（四）构建人与自然和谐共生的命运共同体

人类命运共同体是中国面对当今世界各国联系日益紧密，为了更好地解决人类共同面临的风险挑战，在顺应时代主题和发展潮流的基础上提出的中国方案和中国智慧。人类命运共同体对全球生态治理和全球生态文明建设也提出了中国方案，要求我们"坚持绿色低碳，建设一个清洁美丽的世界"[①]。这就需要世界各国无论大小、贫富、强弱都应该深刻认识到我们是一个互相联系、互相依存、互相影响的命运共同体，世界上的每一个国家都不能置身事外、无动于衷，都应该积极参与全球生态治理和全球生态文明建设，共商共建共享，为构建清洁美丽的世界贡献各国的力量。

三、新时代实现人与自然和谐共生的实践路径

关于实现人与自然和谐共生，习近平总书记更加注重治理生态问题要进行多角度的全主体参与。习近平总书记早在建设"生态浙江"时就明确指出生态环境问题的综合性："总之，它是一种疑难杂症，这种病一天两天不能治愈，一副两副药也不能治愈，它需要多管齐下，综合治理，长期努力，精心调养。"[②] 因此，践行和实施人与自然和谐共生思想要从政治、经济、文化和社会多个角度考虑。

（一）完善生态文明制度体系

习近平总书记强调，要深化生态文明体制改革，尽快把生态文明制度的"四梁

① 习近平．习近平谈治国理政：第 2 卷［M］．北京：外文出版社，2017：544.
② 习近平．之江新语［M］．杭州：浙江人民出版社，2007：49.

八柱”建立起来，把生态文明建设纳入制度化、法治化轨道。[①] 首先，要加强党的领导，明确政府的生态责任。“要把资源损耗、环境损害、生态效应等体现生态文明建设状况的指标，纳入经济社会发展评价体系。” [②] 只有清楚反映出经济发展过程中对环境的影响程度、资源的消耗量，才能让这一评价体系为人与自然的关系发展助力。其次，要建立责任追究制度，用最严格的制度和最严密的法治保护生态环境。“只有实行最严格的制度、最严密的法治，才能为生态文明建设提供可靠保障。”[③] 建设生态文明，实现美丽中国梦，归根结底我们要实行最严格的制度，积极围绕全面依法治国层面，提升法律的层次，形成全面依法治理环境的约束。

（二）以绿色发展理念推动绿色发展方式转型

在正确处理环境保护和经济建设的关系上，习近平总书记已经作出了最明确的指示，我们必须秉持绿色的发展理念，加快转变经济发展方式，大力发展绿色低碳循环经济。首先，系统优化产业布局结构。要想从根本上转变经济发展方式，必须改变过去的发展模式。经济的发展过度依赖过高能耗的重工业，并且这些产业碳排放也过高，必须改变过度依赖这些产业的状况，减少物质资源消耗和粗放型产业完善产业结构。其次，发展绿色低碳循环经济。转变经济发展方式要发展绿色经济、低碳经济和循环经济。习近平总书记指出：“绿色发展注重的是解决人与自然和谐问题。” [④] 坚持绿色发展就是要发展绿色、低碳、循环的经济，坚持绿色发展理念，既可以成为我们经济发展的重大举措，又有利于实现人与自然和谐共生。

（三）激发公众参与，激发社会活力

生态文明建设是个系统工程，形成全社会共同加入对生态的保护工作中来的合力是达到和自然和谐发展的关键，把群众、社会组织拉入生态建设的大圈，让各个主体之间相互协助致力环保。首先，积极引导全民参与。建立有效的监督制度。这个监督制度的主体是谁？一定是我们的广大人民群众，民众最广泛的监督才是最有

① 中共中央文献研究室．习近平关于社会主义生态文明建设论述摘编［M］．北京：中央文献出版社，2017：109.

② 习近平．习近平谈治国理政：第 1 卷［M］．北京：外文出版社，2018：211.

③ 习近平．习近平谈治国理政：第 1 卷［M］．北京：外文出版社，2018：210.

④ 中共中央文献研究室．习近平关于社会主义生态文明建设论述摘编［M］．北京：中央文献出版社，2017：28.

力的监督。群众的最大的特点就是广泛而力量强大，但是这个力量强大的前提是我们万众一心能够干好一件事，发挥好这个长处就能起到最好的监督作用。其次，激发社会组织活力。社会组织的形式多种多样，企业、学校、社会团体，我们要尽可能地发动各个社会组织参与环保行动。全社会所有人都要行动起来，把党的二十大提出的生态文明建设要求、人与自然和谐共生理念贯彻起来，切实增强人民群众的生态意识，实实在在地对生态环境加强保护。

结　语

党的二十大报告提出，2035 年我国发展的总体目标之一是实现美丽中国建设。美丽中国不仅包括“天蓝、地绿、水清”的自然生态之美，还内在地蕴含着人与自然和谐之美。美丽中国建设不仅要创设优质生态环境，还要平衡好经济高质量发展与生态高标准保护的动态关系，持续为人民馈送更多优渥的生态产品。实现美丽中国目标就是要推进人与自然和谐共生，加快生态文明建设就应立足于人与自然和谐共生理念。要深刻领会习近平总书记提出的人与自然和谐共生理念的内涵意蕴、持续激发广大人民群众的积极性和创造性，以更加发奋有为的精神状态建设山清水秀、云净天蓝的美丽中国。

批判·建构·实践：人与自然和谐共生的现代化三重逻辑*

东北林业大学马克思主义学院
黑龙江生态文明建设与绿色发展智库　朱琳静

摘　要：现代化给人类社会带来了文明和进步，同时也隐藏着危机。超越传统现代化，建构人与自然和谐共生的现代化成为当今中国发展的重要任务。人与自然和谐共生的现代化，需要运用完整的理性来考察人类自身的发展，从而构建“生命共同体”和“人类命运共同体”，使人与自然之间和解、人与社会之间和解、人与人之间和解。人与自然和谐共生的现代化实践以生态文明理论为基本前提，以发展循环经济为物质基础，以健全环保法制为基本要求，以践行绿色生活方式为实践保证。

关键词：人与自然和谐共生；中国式现代化；生态文明

人类社会的发展离不开现代化建设，要摆脱人的生存和发展危机，就需要超越传统西方现代化发展模式，重新构建新的、符合现实发展需要的新型现代化——人与自然和谐共生的现代化。“中国式现代化是人与自然和谐共生的现代化。人与自然是生命共同体，无止境地向自然索取甚至破坏自然必然会遭到大自然的报复。”①

*　本文系黑龙江省哲学社会科学研究规划项目“中国式现代化新道路整体性研究”（项目编号：22KSC304）阶段性研究成果。

①　习近平 . 高举中国特色社会主义伟大旗帜 为全面建设社会主义现代化国家而团结奋斗：在中国共产党第二十次全国代表大会上的报告［M］. 北京：人民出版社，2022：23-24.

人与自然和谐共生的现代化提倡人与自然是生命共同体，人与人是人类命运共同体，达到人与自然的和解、人与社会的和解、人与他人的和解，以期超越传统现代化的困境，真正解决人的生存和发展危机。

一、批判逻辑：西方现代化中人与自然关系的错置

西方现代化对自然资源的掠夺性占有，对生态环境的大规模破坏，加之有些发达国家对发展中国家的生态殖民主义和生态帝国主义的霸凌行为。在西方现代化进程中出现的种种环境难题，其本质在于现代化所倡导的理性主体性急剧膨胀，导致对人与自然关系的理解错位。

（一）工具理性极端扩张导致人与自然关系恶化

启蒙时期的理性精神是多层次的，包括批判理性、工具理性、价值理性等，正是以全方位的理性思维战胜了宗教信仰，使人运用自己的理性，获得了独立人格，理性成为人们的生活准则。而后，多层次的理性经过修正，批判理性在完成了对封建专制、宗教愚昧的批判之后，逐渐“退场”。价值理性涉及对人的意义和价值的追问，不能给人们带来实际的利益，逐渐衰落。

现代人把理性作为一种手段、一种工具性的东西，运用各种技术手段，逐渐成为自然的主人。在认识和改造自然的过程中，人类作为主体，以科学技术作为手段，切实地获得了巨大利益，随着人类欲望和需求不断膨胀，企图征服自然。显然，在工具理性的控制下，人类盲目地陷入了技术乐观主义，不顾自身存在有限性，导致人与自然之间关系的恶化，导致生态环境的恶化。失去了价值规范的工具理性也使人与人之间的关系发生扭曲，在物质利益面前，道德伦理显得苍白无力。工具理性在物质上极大地满足了人类的需要，但在精神生活中，却压抑了人的情感，使人失去了生存的意义。

（二）启蒙主体性的确证形成了人与自然的表象关系

现代性追求一种人之为人的主体精神，运用这种精神将人从宗教信仰中解放出来，确立了人的主体地位，体现在主体性的征服逻辑上，体现在主体对客体的征服。

启蒙运动前，主体与客体之间是一种共生的关系；启蒙运动后，主体与客体不再是共生的关系，而是表象的关系。人作为主体，自然作为客体，人类征服、支配和控制自然界，自然界作为被改造的对象，一切的活动都由人类决定，以表象者（主体）为中心，自然作为客体越客观，人类作为主体就会越主观，主体（人类）的存在和表现变成完全的控制者，关于世界的学说就变成了关于人的学说。人对自然界的征服不仅包含对无机自然界的开发和利用，还包含对有机自然界的控制和支配。为了满足自己的欲望和需求，人将这种改造上升为对自然无尽的占有，人的小需求变成大需求，小生产就扩大为大生产，大生产发展为过度生产，需要从自然界中获得更多原料，这使生态环境遭到破坏，自然沦为了人类无偿占有的“材料储备库”。

（三）启蒙主体性的征服逻辑扩展至发达国家对发展中国家现代化模式的控制

启蒙主体性不仅确证了人对自然的表象关系，还表现在西方发达国家（主体）对发展中国家（客体）的征服逻辑，“使未开化和半开化的国家从属于文明的国家，使农民的民族从属于资产阶级的民族，使东方从属于西方”[①]，使大多数发展中国家依附或追赶西方现代化模式，以期实现本国的富裕和繁荣。

已经实现了现代化的国家，将西方现代化模式编织成为实现现代化的必经之路，虚构其现代化模式为发展的“神话”。凭借其强大的政治、经济、军事实力，广泛传播西方现代化模式的经济价值和社会意义，成为一种迎合资本主义国家的意识形态，具有全球泛化态势。人与自然的关系逐渐恶化，并且形成了人对自然的征服、统治和控制逻辑，“对世界作为被征服的世界的支配越是广泛和深入，客体之显现越是客观，则主体也就越主观地，亦即越迫切地突现出来，世界观和世界学说也就越无保留地变成一种关于人的学说，变成人类学”[②]。人类以科学技术为手段，不断从自然界索取，给自然界带来伤害，加之资本的自我扩张在本质上就是反生态的。

---

① 马克思，恩格斯．马克思恩格斯文集：第 2 卷［M］．中共中央马克思恩格斯列宁斯大林著作编译局，编译．北京：人民出版社，2009：36.

② 海德格尔．海德格尔选集：下卷［M］．孙周兴，选编．上海：生活·读书·新知上海三联书店，1996：902.

二、建构逻辑：人与自然和谐共生的现代化出场

批判传统现代化的生态危害，目的在于寻求化解危机。应对工具理性的过度膨胀导致的人与自然关系恶化，应诉诸价值理性的回归，为人与自然和谐共生的现代化奠定理论基础。应对启蒙主体性的征服逻辑扩展至发达国家对发展中国家现代化模式的控制，应重构人与人之间的生态伦理，以构建人类命运共同体为基点，建设符合全人类价值的现代化道路。

（一）复归价值理性

克服工具理性对人的异化和物化，要引入关怀人性世界的价值理性，使人们从特定的价值理念来看行为的合理性，强调人是目的。工具理性和价值理性是理性的两个维度，工具理性回答了人与世界的关系“是如何”的问题，表征着具有工具效应的手段，使人的活动脱离了生命的自在性，尊重客观规律，进行生产生活，这是一种“合规律”的类生活，式微的价值理性无法发挥自身在保护自然、尊重自然、维护生态整体性上的规范性作用。价值理性回答了人与世界的关系“应如何”的问题，追求人的价值和世界的意义，人的活动是自由的、有意识的活动，人们的生产可以是肉体需求的生产，也可以是精神文化的生产，这是一种“合目的”的类特征。

中国式现代化是人与自然和谐共生的现代化，围绕工具理性的生态学批判，建构以生态价值合理性为理论内核，关注人—自然—社会之间的生态关系的现代化。保持工具理性和价值理性之间的平衡和协调，强化生态理性，在国家发展中注重手段与目的的统一，从而实现人与自然和谐共生的发展。

（二）建构人与自然的生态伦理

主体性生成的过程经历了三个阶段，分别是自在的人、自为的人和自在自为的人，相对应人与自然的关系就体现在依赖、征服、和谐三个层面上。人类对自然的征服逻辑遭到了自然的无情报复，而人类又不可能返回原始的自然状态，因此只能开启一种全新的方式——人与自然和谐共生。没有自然界，没有感性的外部世界，

工人什么也不能创造。自然是工人的劳动得以实现、工人的劳动在其中活动、工人的劳动从中生产出和借以生产出自己的产品的材料。在“生命共同体”中，各要素有其特殊性，按照一定的顺序、层次、要求在整体中运动发展，使生态系统处于平衡状态。人类要放弃主客体对立的思维模式（将人看成主体，将自然看成客体，能动的主体改造被动的客体），这种思维必然会导致人类只注重自身的利益，而忽视自然的权益，引起自然对人类进行反击。

生态危机威胁着自然、人类社会的发展。马克思认为，人与自然之间矛盾的真正解决在于共产主义，而共产主义是自由人的联合体，这就从人与自然的关系转变为了人与人之间如何相处的问题。

（三）重构人与人的生态伦理

有关人与人之间的生态伦理思想大致可以分为两个流派，分别是“西方中心主义”和“人类命运共同体”，他们从各自的角度分析人类在生存和发展中对生态环境的态度。“西方中心主义”表现为西方世界对非西方世界征服，在现代性的进程中，西方发达资本主义国家关注自身利益，去改造和创造世界格局，他们强迫其他国家发展资本主义经济，将非西方发达国家作为自己的原料国、污染倾倒国。

马克思认为，真正解决人与自然、人与人之间的矛盾的方法只有一个，那就是消灭私有制，建立共产主义。解决矛盾就要求对人的异化进行扬弃，着眼于人对自己本质的真正占有，着眼于人的自身的发展。“人类命运共同体”是以“共同体”为基础而提出的范畴，是超越西方中心主义的自由人的联合。我国秉持“人类命运共同体”理念，与国际社会主动交流、展开合作，为维护世界安全作出了重大的贡献。中国用行动诠释了人类命运共同体的理念，也体现了构建人类命运共同体的必要性。“人类命运共同体”保持着文化的多元化，保持了人类思维的活力。人类命运共同体是中国式现代化的题中之义，体现了对西方资本主义的主体征服逻辑的超越。我国倡导共同体理念，在发展自身的同时兼顾世界的共同发展，为世界的全面发展贡献中国力量。

三、实践逻辑：人与自然和谐共生的现代化推进路径

摆脱现代性的危机，就要促进人与自然、人与人之间的和谐发展。避免悲剧再

度上演，要改变传统现代化的思维模式，将传统现代化转型为人与自然和谐共生的现代化。这种转型不是一蹴而就的，要从多个层面共同推进。

（一）培育完整理性的“生态人”

在现代化建设的过程中，人类创造了丰富的文明形式。随着工业文明的发展，同时带来了消极后果，人们逐渐重视生态问题，提出了新的文明形式——生态文明。培育生态意识，着重阐明了人与自然之间和谐相处才能使人类社会继续存在、人类文明持续发展。占有生态意识，从生态价值角度重新审视人与自然之间的关系，这是对人与自然关系的维护，也是人类存在状态的一种觉醒，在其发展中逐渐建立生态理性。

理性生态人追求一种符合生态规律的生产方式、生活方式和思维方式，用实际行动去做生态道德的践行者。单一的工具理性，或经济理性的人的发展，已经受到了普遍质疑，实现价值理性的复归，人的全面的发展和自我超越，建立具有生态理性的主体，进而以规范性的工具理性和创造性的价值理性的双重结合，理性经营，兼顾环境，谋求共同发展，才能从本质上克服生态危机。

（二）发展生态经济，构建绿色生产、消费体系

生态经济改变了传统的生产和消费方式，是以低消耗、高效率、低排放、高产出为原则的经济增长模式，是可持续的生态经济发展道路。生态经济强调经济系统与生态系统互相适应、互相协调，经济的增长必须要考虑到生态成本的投入，提倡将经济增长和环境保护结合起来。这就要求生产绿色化，改进和发展绿色技术，对废物进行循环利用，处理好生产污染问题。习近平总书记指出，“要解决好推进绿色低碳发展的科技支撑不足问题，加强碳捕集利用和封存技术、零碳工业流程再造技术等科技攻关，支持绿色低碳技术创新成果转化”[①]。绿色低碳发展是以生态文明为理论基础的，在自然观上提倡与自然和解，在社会观上提倡与他人和解，不仅注重当代生态利益的公平公正，而且要为子孙后代留下和谐的生态环境。

人与自然之间和谐共处促进人类社会的发展。生态经济要求我们不仅要注重绿色生产，还要注重绿色消费。消费的增长给资源环境带来了很大的压力，消费对

① 习近平．习近平谈治国理政：第 4 卷［M］．北京：外文出版社，2022：363.

资源的刚性需求不断提高，使资源紧张；不合理的消费方式也加剧了资源环境的压力。合理适度、资源节约、环境友好的绿色消费方式对生态环境具有重要作用，引导居民的消费方式绿色化，将绿色消费作为满足人民日益增长的美好生活需要的重要内容，鼓励居民购买具有环境标志的绿色产品，形成绿色供给与需求的良性循环。适当放宽绿色产品和服务准入的门槛，推进绿色生产者对绿色生产和绿色消费负责，实现生产者管理生产、流通、消费全过程。

（三）推行绿色生活理念，践行绿色生活方式

生活方式包括人们的物质消费方式、精神生活方式和闲暇生活方式等。人与自然和谐共生的现代化要求人们践行绿色的生活方式，绿色的生活方式是一种充分考虑自然承载力、提倡与自然共同发展的生活方式，这是一种注重环保、节约适度、高质量的生活方式。

从物质消费方式上看，工业社会中的人的社会价值在于生产，而现代社会已然成为消费社会，人的自我构成很大一部分是通过消费实现的，消费已经不再仅是满足人们的基本生活需求，商品社会把每个人变成了欲望的主体，消费可以制造欲望、分离欲望、更新欲望，支配人们的生活。通过生态思维批判消费社会的物的支配力量，将人们从消费主义日常生活中解放出来，这不是反对消费，而是要协调好经济建设与生态文明之间的关系。通过引导人们绿色消费来减轻消费给生态环境带来的压力，倡导低碳、循环、环保、科学的绿色消费方式，使绿色消费成为人们的自觉行为。

从精神生活方式上看，推行绿色生活理念，使其根植于大众内心。绿色生活理念为绿色生活方式提供理论指导，“倡导简约适度、绿色低碳、文明健康的生活方式，引导绿色低碳消费，鼓励绿色出行，开展绿色低碳社会行动示范创建，增强全民节约意识、生态环保意识”①。绿色生活理念是一种文化提倡，提倡低碳生活，简单地说，就是要减少碳排放。节约能源，大力发展清洁能源，尽量使用清洁能源，减少环境污染；珍惜资源，分类回收，提倡资源循环利用；拒绝奢侈浪费，提倡绿色饮食，鼓励大众购买绿色环保食品、有机食品。

从闲暇生活方式上看，应该合理利用闲暇时间创造绿色的物质和精神产品。闲

① 习近平．习近平谈治国理政：第 4 卷［M］．北京：外文出版社，2022：374.

暇时间是以时间形态存在的宝贵财富，闲暇时间利用好坏关系到人们科学艺术的创造，关系到个人的全面发展。社会发展水平越高，人们的闲暇时间就会越多，如何合理地度过闲暇时间就成为人与自然和谐共生的现代化应当关注的问题。当今社会，闲暇时间的各种活动不断丰富，要警惕闲暇时间的浪费，优化休闲的方式，呈现出绿色的休闲特征。

人与自然和谐共生的人学解读*

北京市习近平新时代中国特色社会主义思想研究中心　李　劲
中共北京市委党校马克思主义学院　杜　巍

摘　要：人与自然和谐共生是实现人的“自由全面发展”的必然途径。界定“共生”需要从共在、共存、共荣三个维度来建构人与自然整体性的要求，人与自然的共生在其解决的根本性上在于人与人之间社会关系的共生，这又维持主体、资源、约束条件三大要素的平衡。人与自然的共生不能止足于人的需要，更是包含着人的责任、人的参与。生态文明建设是实现人与自然和谐共生的必然要求。各种类生物互济共生、和谐共处、共存共荣，是生态文明建设的核心关键所在。

关键词：人与自然；共生；人学

人是自然界发展到一定阶段的产物，人与自然和谐共生是实现人“自由全面发展”的必然途径，也是人类社会得以发展进步的必然选择。自然界是人类社会存在和发展的基础，人类通过实践活动改造自然，同时忽视自然客观规律的实践活动又会导致自然的破坏进而威胁人类生存和发展。以往的研究大多关注建立在生产力之上的生产关系，尤其是社会政治、经济文化等制度的建构，即人与人之间上层建筑及其意识形态的建构，而对于自然界、生态民主、生态文明建设的系统性关注不够。从主体性思维来说，自然界或者说生态建设本身是不是也对人类主体有所反作用，这种反作用不仅仅是生态危机、环境破坏这些客观的自然现象，同时也对国际

*　本文系2020年度北京市习近平新时代中国特色社会主义思想研究中心重点项目“习近平总书记关于生命共同体重要论述研究”（项目编号：20LLZZB033）阶段性研究成果。

关系、人际关系以及人的心理健康产生潜移默化的影响。

一、人与自然和谐共生的三个维度

自然界之于人类社会的重要作用在人类历史中得到了无数次的证明，当人类尊重自然，按照自然界本身固有的客观规律行事时，人类与自然总能达成和谐，共同发展繁荣；而每当人类对自然缺乏敬畏之心，无视自然的优先性，忽视自然规律时，等待人类的往往是灾难、覆灭。正所谓“生态衰则文明衰”，生态环境和人类文明有着密切的关系，决定着人类文明的兴衰更替。

之所以要讲“共生”，不仅仅是共同生存，它实际上是一个有机联系的整体，包括共在、共存、共荣。共在意思是说人与自然是长期并存在一起的，虽然人是自然界的产物，人不能离开自然界而存在，但是自然界也不可能离开人类而存在，离开人类而存在的自然界也是不存在的（有些人可能想用地质年代来反驳，但在现存的宇宙环境中，只能确认人而且只有人才是这个世界的认识主体，地质年代的认定也是人的意识和知识作出的选择），自然界是先决性存在，这种先决性是建立在共在的基础上的。共存就体现为人类建设生态文明初衷是为了保持良好的生态环境，实现中华民族永续发展，建构人类命运共同体，但最终目的是实现人类的幸福生活，实现人类自身的根本利益，破坏了自然这一外在载体，也就破坏了人类社会自身。共荣表现为人类在促进自身发展的同时也必须进一步维护自然系统的多样性、丰富性、可持续性。近几百年来，地球上的生物以指数般的速率在递减，甚至有科学家预言，蜜蜂消失的那一天就是人类灭亡的那一天，这恰恰说明人类的发展不能建立在自然毁灭的基础之上，共荣实际上意味着共同的妥协，意味着任何一方不能无限制的索取。

人与自然的共生需要主体性的人参与到生态文明建设，而人与人之间的共生更要求主体性的人参与到生态文明建设。可以说，人与自然之间矛盾的解决最终要归因于人与人之间矛盾的解决，人与自然的共生最终要回到人与人之间的社会共生，“社会共生论在形式上借用了生物共生论的某些概念，实质是为研究社会共生现象而建立的一种社会哲学理论”①。社会共生就是说每一个人都是这个社会有机体的一分子，都在与其他分子之间互相斗争和妥协，在争夺资源的过程中互相存在、互相

① 胡守钧．社会共生论：第 2 版［M］．上海：复旦大学出版社，2012：3.

发展、互相繁荣。"社会共生关系的三大要素包括：主体、资源、约束条件。"① 主体围绕资源，在约束条件下为了各自的生存和发展产生矛盾和摩擦，在斗争中求团结，最终还是要实现和谐共生，人与自然之间冲突可能带来毁灭，人与人之间冲突更可能带来人类的毁灭。资源是主体之间联系的纽带，要保持这个纽带存在，就必须有合理的"度"，最基本的就是能够维持人与自然和谐共生的"度"。维系人与自然和谐共生的"度"就需要建构整体性的人与自然合作参与机制。

在哲学人类学的视域中，人与自然共生整体性建构涉及作为一种类存在物的人与自然的关系，以及贯穿于这种关系始终的人与人的关系。在《巴黎手稿》中，马克思指出，人作为自然界进化发展的产物，是自然的一部分，由于自然而成为有生命的存在，人必须与自然相互作用，并受自然的制约，一切都为了生命存在。马克思说："人靠自然界生活。这就是说，自然界是人为了不致死亡必须与之处于持续不断的交互作用过程的、人的身体。所谓人的肉体生活与精神生活同自然界相联系，不外是说自然界与自身相联系，因为人是自然界的一部分。"② 不过，人作为一种类存在物也有其特殊之处，即人通过有意识的实践活动来与自然发生关系。"动物与自己的生命活动是直接同一的……人则通过使自己的生命活动本身变成自己意志和自己意识的对象……有意识的生命活动把人同动物的生命活动直接区别开来……通过实践创造对象世界，改造无机界，人证明自己是有意识的类存在物。"③

从以上观点出发，我们看到，人与自然共生前提是：一方面，人作为自然存在物，是对象性的、感性的、肉体的，必须依赖自然而生存并受到自然的制约；另一方面，人必须在历史性的实践活动中不断改造自然，使自然成为"人的无机的身体"，满足人的各种需要，从而保证人自身的生存与发展。正是在这个意义上，马克思强调自然是"人化的自然"，具有社会——历史性质。④ 人的自然性前提，是马克思在《关于费尔巴哈的提纲》中所重点强调的，是人的先决条件，但马克思更为关注的是《关于费尔巴哈的提纲》中所说的人的主体性、人的实践性、"人的社会关系总和性"。马克思最早何时强调人的社会关系性，目前学术界也有争论，日本

---

① 胡守钧．社会共生论：第 2 版［M］．上海：复旦大学出版社，2012：6.

② 马克思，恩格斯．马克思恩格斯文集：第 1 卷［M］．中共中央马克思恩格斯列宁斯大林著作编译局，编译．北京：人民出版社，2009：161.

③ 马克思，恩格斯．马克思恩格斯文集：第 1 卷［M］．中共中央马克思恩格斯列宁斯大林著作编译局，编译．北京：人民出版社，2009：162.

④ 杨学功．如何理解马克思的自然观［J］．江汉论坛，2002（10）：45-48.

学者就认为马克思在《德意志意识形态》中就已经提出了社会关系的概念，这是生产关系概念的雏形，反映出在 1843 年下半年，马克思的思想就已经出现了转变。所以马克思强调的“自在自然”，目的是说明改造自然过程中“人化自然”的根本性。也就是说，人有意识地改造自然的过程，也是人通过对象化的活动确证自身类本质（在《1844 年经济学哲学手稿》中被界定为“自由自觉的活动”）的过程，即客体主体化和主体客体化的统一。换言之，人与自然共生符合人作为社会性存在的根本利益。也就是说，人是社会性的存在，并不是抽象孤立地面对自然，人与自然的关系必定为人与人的关系所中介。马克思说：“自然界的本质只有对社会中的人来说才是存在的；因为只有在社会中，自然界对人来说才是人与人联系的纽带，才是它为别人和别人为它的存在，才是人的现实的生活要素；只有在社会中，自然界才是人自己的人的存在的基础。只有在社会中，人的自然的存在对他来说才是他的人的存在，而自然界对他来说才成为人。”①

二、人与自然和谐共生的价值要义

生态的自然价值和人的生存价值孰轻孰重，也就是生态中心主义（自然中心主义）和人类中心主义之间的争执，重点就在于自然本身所具有的自我价值的先在性和主体性。价值反映的是主客体间的需要程度。需要指出的是，人与自然共生不仅包括人的需要，而且包括人的责任。至于自然的责任和价值，还是应该放在人的自我意识和实践能力之下，不能脱离人而谈自然。人是价值的主体和实践的主体。作为自然的一部分，是目前已知的具有理性和自觉能动性的唯一存在物，必须对自然担负最大的责任。对于人类整体而言的人，作为自然价值的拥有者，这种拥有必须和责任相匹配，没有承担责任的价值，必然会导致浪费和破坏，最后产生系统内部的崩溃。

在一般生产逻辑②的视域中，马克思认为最为直接也最为关键的是物质生产活动。人类历史的第一个前提就是物质生产，物质生产为人类提供可供分配和使用的

① 马克思，恩格斯．马克思恩格斯文集：第 1 卷［M］．中共中央马克思恩格斯列宁斯大林著作编译局，编译．北京：人民出版社，2009：187.

② 把历史唯物主义的双重逻辑理解为一般生产逻辑和资本逻辑，这两种区分目前在学界有一定的共识。当然，也有一些学者主张其中还应该有自然逻辑。详见仰海峰．历史唯物主义的双重逻辑［J］．哲学研究，2010（11）：11-18.

财富。马克思在《德意志意识形态》里指出：“一切人类生存的第一个前提，也就是一切历史的第一个前提，这个前提是：人们为了能够‘创造历史’，必须能够生活。但是为了生活，首先就需要吃喝住穿以及其他一些东西。因此第一个历史活动就是生产满足这些需要的资料，即生产物质生活本身，而且这是人们从几千年前直到今天单是为了维持生活就必须每日每时从事的历史活动，是一切历史的基本条件。”①

人与自然共生的整体性建构，先在就是自然界给予人类的自然资源。按照马克思的观点，人类在物质生产过程中，自然首先是作为客观对象和材料。人类进步的标志就是人类生产工具的进步程度，生产工具的使用必然依赖于自然资源使用的程度和效率。游牧、水磨石和机器大工业所使用的工具和所产生的效率必然是不同的，从而也带来了人类社会形态发展的不断跃迁。人类在改造自然的过程中不断地生成自我，正是在自然资源的改造和使用的基础上，人类才发展到了今天的文明形态。生态文明正是对人类过往使用资源形态的自我反思。

同时也带来另外一个问题，如果缺少人的参与，自然是否具有内在自我修复和发展的机制，一个缺少人类参与的自然，是否一定是生态的自然。马克思认为，人的物质生产应该看作人与自然之间的物质变换（Stoffwechsel，也有的学者翻译为“新陈代谢”），它属于自然循环的一部分。只有当人类活动打破了两种价值的平衡，进而超出自然界本身的自我净化和调节能力时，才会造成消极后果和反主体效应。从这可以看出来，马克思认为，人——包括人的物质生产——都仅仅是自然的一部分，人和人的社会活动、人的物质生产都是整个自然界自我循环的一部分，它反映的是自然界内部各要素之间熵增的扩大导致的系统崩溃的状态，没有超越自然之上的人及人类社会。

人与自然的关系从工业文明到生态文明已经有了极大的转变与发展。工业文明为了发展征服和改造自然，一味索取，无序利用、强制开发自然。而生态文明立足于人与自然的和谐这个基本点，共谋发展，人与自然是生命共同体，彼此促进，在发展的路途上是可以携手并进的。工业文明对待环境问题的解决措施是污染控制和生态恢复，生态文明修正工业文明弊端，走新型工业化发展道路，追求人与自然和谐的生产生活。随着人类文明的进步和人类需求的增加，人们要从自然界获取更多

① 马克思，恩格斯．马克思恩格斯选集：第1卷［M］．中共中央马克思恩格斯列宁斯大林著作编译局，编译．北京：人民出版社，2012：158.

的物质资料，人类对自然的依赖性越来越强烈。因此，"善待我们的生态环境，就是善待我们的生命，就是善待我们人类自身"。

三、人与自然和谐共生的实践路向

人与自然的关系是人类社会最基本的关系。自然界是人类社会产生、存在和发展的基础和前提，人类通过社会实践活动有目的地利用自然、改造自然，同时，人类的社会实践活动也必须要符合自然的发展规律。习近平总书记指出："人与自然是生命共同体，人类必须尊重自然、顺应自然、保护自然。"[①] 人与自然是相互依存、相互联系的整体。保护自然环境就是保护人类，建设生态文明就是造福人类。生态文明是人类社会进步的重大成果，是实现人与自然和谐共生的必然要求。宋儒周敦颐喜欢"绿满窗前草不除""观天地生物气象"，从窗前青草的生长体验到天地有一种"生意"，这种"生意"是我与万物所共有的。清代大画家郑板桥最反对"笼中养鸟"。他认为，人与万物一体，人不能把自己当作万物的主宰。天地生物，一蚁一虫，都心存爱念，这就是"天之心"，人应该"体天之心以为心"。万物都能够按照它们自己的自然本性获得生存，这样作为和万物同类的人，也才能得到真正的快乐，得到最大的美感。

生态环境没有替代品，用之不觉，失之难存。人类文明在发展过程中，人与自然的关系也在发生相应改变。从原始文明的崇拜、敬畏自然，到农业文明的模仿、学习自然，再到工业文明的改造、征服自然，人们认识到，当人类保护自然时，自然的回报常常是慷慨的。相反，当人类破坏自然时，自然的惩罚也必然是无情的。建设生态文明，首先要从改变自然、征服自然转向调整人的行为、纠正人的错误行为。人与自然是平等、友好的伙伴，绝不是主宰与被主宰、征服与被征服的关系。这一理念传承了古代"天人合一""民胞物与""道法自然"的思想，深刻体现了人与自然相互依存、共生共赢的本质特征。我们"要像保护眼睛一样保护生态环境，像对待生命一样对待生态环境……多干保护自然、修复生态的实事，多做治山理水、显山露水的好事……让自然生态美景永驻人间，还自然以宁静、和谐、美丽"。[②]

① 中共中央宣传部．习近平新时代中国特色社会主义思想三十讲［M］．北京：学习出版社，2018：243.

② 习近平．论坚持人与自然和谐共生［M］．北京：中央文献出版社，2022：10.

地球自然生态环境中的人类、动物、植物、微生物等，既是生态本身又是生态的创造者，其中任何一种的消亡都是无法估量的损失。各种类生物互济共生、和谐共处、共存共荣，是生态文明建设的核心关键所在。人类经由对自然的征服到注重人与自然和谐共生，从经济领域到全自然生态系统，是由点及面、由局部到环境系统的一次重大转变和跃升。只盯住环境具体问题，不注重研究其所处的现代化阶段和在全局中的位置，是不利于我们研究生态问题、解决生态问题的。不谋全局者，不足谋一域。面对复杂多变的经济社会现象和问题，我们既要谋全局也要思一域，才能把生态危机现象、环境保护问题看清楚、想明白，透过现象看本质，促进问题的解决。

建设生态文明，需要将人与自然和谐共生的核心价值贯穿于不同代际的公平正义之中。一般来说，自然资源的开发和利用所带来的经济效益会较快显现，而生态方面造成的伤害却是持久的。基于现代化的发展目前仍是人类社会文明的前进方向，发展必须是可持续的，既满足当代人的需求，又不对后代人满足需求构成威胁；现代化也是长期的过程，需要各方协同配合，形成合力。这要求我们必须在全党全社会范围内树立尊重自然、顺应自然、保护自然的生态价值观和生态审美观。努力构建各利益主体高效协同共治的绿色生态治理体系，形成以政府为主导、企业为主体、社会组织和公众参与的良好局面。此外，参与生态文明建设的各主体要拿出抓铁有痕、踏石留印的劲头，明确时间表、路线图、施工图，共同为促进人与自然和谐共生，实现人类文明可持续发展贡献力量。

马克思生态哲学与人的发展

云南省社会科学院　张兆民

摘　要：马克思从人与自然界的和谐关系和人与人的社会关系出发，创立了人与自然界和人与人关系双重并举的生态哲学。马克思生态哲学追求人与自然、人与人在历史进程中的双重和谐。马克思生态哲学主张，通过人与自然之间的物质变换关系，人与人矛盾关系在历史进程中解决并走向合理化，并从人类社会发展的经济生态入手，借助人与人之间社会生态问题的解决，最终解决人与自然界的生态问题，为人的合理化生存和全面发展提供哲学论证。

关键词：马克思生态哲学；生态正义

马克思生态哲学视野中，人是“自然界的人的本质”、“自然界的人道主义”与“人的自然本质”的统一。人类与自然环境是相互依存、相互影响的，人类在改造自然环境的同时，也受到自然环境的反作用和制约。人类社会是在一定的物质基础上形成的，而这个物质基础就是自然界。人类通过劳动和生产活动从自然界中获取物质生活资料，同时也在不断改变自然界的形态和规律。但是，这种改变不是单向的、强制的，而是与自然界相互作用、相互影响的。人类在改造自然环境的过程中，也改变了自己的本质和能力。人类通过劳动和生产活动不断提高自己的技能和智慧，从而使得人类能够更好地适应自然环境的变化，更好地利用自然资源，实现自己的生存和发展。同时，人类也在不断改变自己的社会关系和生产方式，从而使得人类社会不断地向前发展。施密特明确把这种双重关系定义为人与自然界的互为中介，或“自然的社会中介和社会的自然中介”。因此，马克思强调人类应该尊重自然、保护自然，与自然和谐共处，实现人与自然的可持续发展。

马克思生态哲学也体现深厚的历史观。他指出："历史本身是自然史的即自然界成为人这一过程的一个现实部分。"① 在《1844 年经济学哲学手稿》中，马克思不仅关注自然与人的关系，而且深入社会历史的发展过程中，揭示了资本主义社会中人与自然、人与人之间关系的异化现象。马克思通过对劳动、私有制、商品经济等概念的分析，提出了自然被人类社会历史进程改造的观点。他认为，人的实践活动，尤其是劳动，是自然历史过程的一部分，并在这个过程中不断改造自然和社会。私有制和商品经济导致了人与自然关系的异化，即人类通过劳动创造的物质财富反过来成为支配人的力量。

马克思认为，自然与人的关系是随着社会历史的发展而变化的。在共产主义社会，人类将达到一个更高的历史阶段，人与自然的关系将得到和谐发展，实现人的全面发展与自然的全面解放。马克思的生态哲学和历史观是紧密联系的，强调自然界与社会的相互作用，以及在这个过程中人的实践活动的作用。通过理解历史的发展，我们可以更好地理解人与自然的关系。

一、从马克思生态哲学看人的发展的双重目标

马克思生态哲学认为，人和自然界的关系是互相实现的关系，是自然界实现其人的本质同时人则实现其自然性的双重关系。人是自然界的一部分，人的生存和发展离不开自然界。人类通过劳动和实践改造自然界，创造出适合自己生存和发展的物质财富。同时，人也应该尊重自然、保护自然，实现人与自然的和谐共生。自然界为人类提供了丰富的资源和生存空间，人类应该合理利用这些资源，满足自身的需求。然而，在资本主义社会中，人们对自然的过度开发和剥削导致了自然界的破坏和生态危机。因此，马克思主张实现共产主义社会，消除私有制和商品经济，从而解决人与自然关系的异化问题。在共产主义社会中，人类将通过自由自觉的实践活动实现其自然性，即实现人的全面发展。人化自然是指人类通过实践活动改变自然，使自然成为人类意志驾驭的对象。在这个过程中，人类将不断发掘和实现自己的潜能，实现人与自然的直接统一。

① 马克思，恩格斯．马克思恩格斯全集：第 42 卷［M］．中共中央马克思恩格斯列宁斯大林著作编译局，编译．北京：人民出版社，1979：128.

马克思的生态哲学强调了人与自然以及人与人之间关系的辩证发展。他认为，人的实践活动是理解和研究人与自然、人与人之间关系的关键，因为，“自然界的属人的本质只有对社会的人来说才是存在着的；因为只有在社会中，自然界才对人说来是人与人间联系的纽带，才对别人说来是他的存在和对他说来是别人的存在，才是属人的现实的生命要素；只有在社会中，自然界才表现为他自己的属人的存在的基础。只有在社会中，人的自然的存在才成为人的属人的存在，而自然界对人说来才成为人。因此，社会是人同自然界的完成了的、本质的统一，是自然界的真正复活，是人的实现了的自然主义和自然界的实现了的人本主义”。① 在马克思看来，自然的异化是人与人关系异化的反映，解决生态问题需要从改善人与人之间的关系入手，只有人与人之间矛盾问题解决，人与自然的关系才能达到和谐，人的本质才能得到真正的实现，社会才能实现可持续发展。同时，马克思认为，这种和谐关系的实现不是一蹴而就的，而是在历史的发展过程中，通过人们的实践活动，不断调整、优化人与自然以及人与人之间的关系，逐步实现的。因此，马克思的生态哲学主张，我们需要从历史和实践的角度出发，理解和解决人与自然、人与人之间的关系问题。

二、从马克思生态哲学的正义诉求看人的发展

马克思生态哲学思想的双重历史架构，确立了马克思生态哲学思想的价值追求，即同时考虑人与自然界、人与人的双重和解。把这种双重价值追求融合到马克思主义经济学、社会学和政治学的建构当中，与对一切反生态现象批判相结合，催生了旨在社会实践的马克思生态正义思想。

马克思生态正义思想从人与自然的生存关系出发，揭示了人在自然界的合理生存，也即生态正义的自然依据。同时，人作为人的根本生存关系，是人与人的社会关系，是人在社会关系中的合理生存，是其生态正义的社会依据。所以，力图实现人与自然界和人与人的双重合理的生存关系，是马克思生态正义的精神实质，正如马克思所言，生态正义所处理的就是“人对自然的关系这一重要问题”，以及“人和人的关系”的哲学思考。而人的实践活动是理解和研究人与自然、人与人之间关系的关键，自然的异化是人与人关系异化的反映，解决生态问题需要从改善人与人

① 马克思 . 1844 年经济学—哲学手稿［M］. 刘丕坤，译 . 北京：人民出版社，1979：75.

之间的关系入手。在《1844年经济学哲学手稿》中，马克思提出，人的本质不是单向度的物质生产，而是全面的、和谐的和自由的全面发展。这种全面发展包括了人与自然的和谐共生，也包括了人与人之间的公平正义，要“理解人类与自然之间不断深化的物质关系”可以在马克思的人与自然的关系的“新陈代谢关系”中找到思路。[①] 在《资本论》中，马克思用“太阳”和“植物”的关系比喻人与自然的关系，他指出，“太阳是植物的对象，是植物所不可缺少的、保证它的生命的对象，正象植物作为太阳的唤醒生命的力量的表现、作为太阳的对象性的本质力量的表现而是太阳的对象一样”。[②] 马克思认为，太阳和植物之间的关系是一种相互依存、相互促进的关系。太阳是植物生长的能量源泉，植物通过光合作用吸收太阳能，转化为自身的生长能量，从而保证其生命活动的进行。同时，植物作为太阳的力量的表现，也成为太阳的对象性的本质力量的表现，从而成为太阳的对象。这种关系体现了自然界的物质交换和能量流动，是一种生态关系。将这一理论引申到人与自然的关系中，我们可以认为，人类和自然的关系也是一种相互依存、相互促进的关系。人类依赖自然环境生存，从自然中获取生活所需的各种资源，同时，人类通过实践活动改造自然，创造出适合自己生存的物质条件。在这个过程中，人类和自然形成了相互作用、相互影响的关系。所以，“一个在自身之外没有自己的自然界的存在物，就不是自然的存在物，就不参与自然界的生活”[③]。人类应该认识到自己与自然的关系是一种相互依存、相互促进的关系，而不是对立的、征服的关系。从生态学角度理解，这句话强调了任何生物体都不是孤立存在的，它们都与自然界有着千丝万缕的联系，无论是通过食物链、共生关系，或是环境互动等方式。人类作为自然的一部分，其生存与发展也必须与自然和谐共处，尊重自然规律，积极参与自然界的生活。在社会学和伦理学中，这句话也提醒我们，作为社会成员，我们应当承担起对自然环境的责任和义务，保护自然环境不仅是为了自然本身的可持续性，也是为了人类自身的福祉和未来的生存环境。因此，这段话鼓励我们从更广泛的角度去理解“存在”的意义，不仅要关注个体自身的生存状态，更要认识到个体与自然、社会和他人的关系，从而更好地融入自然界和社会生活中。人类应该尊重自然、保护自然，实现人与自然的和谐共生，而不是无节制地开发和破坏自然。马克思生态哲学

① 福斯特．马克思的生态学：唯物主义与自然［M］．刘仁胜，肖峰，译．北京：高等教育出版社，2006：12-13.

② 马克思．1844年经济学—哲学手稿［M］．刘丕坤，译．北京：人民出版社，1979：121.

③ 马克思．1844年经济学—哲学手稿［M］．刘丕坤，译．北京：人民出版社，1979：121.

的正义诉求，一开始就是人与自然界、人与人的双重生态生成关系，以及在这种双重生态生成关系中对人的生存合理性的双重追求中把握的，从而树立起自身的价值立场，这种价值立场也是一种价值理性的体现。

马克思生态正义思想是人的意义上的自然界和自然界的意义上的人的统一。马克思将自然看作人类生存和发展的基础。他强调了自然的客观实在性，认为自然不仅为人类提供了生活所需的资源，而且是人类社会存在和发展的物质基础。“在这种自然的、类的关系中，人同自然界的关系直接地包含着人与人之间的关系，而人与人之间的关系直接地就是人同自然界的关系，就是他自己的自然的规定。”[①] 因此，人类应当尊重自然、保护自然，与自然和谐相处。同时，马克思强调人的主体性，认为人是具有改造自然能力的实践主体。人的活动能够影响自然，同时自然界的规律和条件也制约和影响着人类社会的发展。所以，“被抽象地孤立地理解的、被固定为与人分离的自然界，对人来说也是无”。[②] 在这个意义上，人类应当通过实践活动，积极地认识和利用自然规律，以促进人类社会和自然的和谐发展。马克思的生态正义在现实基础上的体现，主要是通过社会主义制度的实践，实现人与自然的和谐共生。在社会主义建设中，应当坚持科学发展观，注重环境保护，推动可持续发展，确保自然资源的合理利用和生态平衡。总的来说，马克思的生态正义理论要求我们理解人与自然的关系是相互依存、相互作用的，我们需要在尊重自然、保护自然的同时，合理利用自然资源，促进人类社会的可持续发展。这不仅是一种理论上的阐述，也是实践中的要求和目标。

马克思这种生态正义双重一体的生态正义观的历史出发点始终是“有生命的个人的存在”。所以，马克思生态正义思想就是一种关注人类生命的理性精神，而人类生命的合理存在是人的全面发展和解放。

三、从马克思生态正义的实践维度看人的发展

马克思的生态哲学，或者说他对人与自然关系的思考，强调了人与自然界关系的社会性本质，“只有在社会中，人的自然的存在才成为人的属人的存在，而自然

① 马克思 . 1844 年经济学—哲学手稿［M］. 刘丕坤，译 . 北京：人民出版社，1979：72.

② 马克思，恩格斯 . 马克思恩格斯全集：第 42 卷［M］. 中共中央马克思恩格斯列宁斯大林著作编译局，编译 . 北京：人民出版社，1979：84.

界对人说来才成为人”。[①] 在《1844 年经济学哲学手稿》中，马克思详细论述了资本主义社会中工人与自然的关系是如何被异化的，以及这种异化如何体现了资本主义生产方式对人的全面发展的限制。马克思认为，人的本质是社会性的，而人的活动，包括对自然界的改造，都是在社会关系中进行的。在资本主义制度下，工人与生产资料的关系、与产品的关系，以及与自然界的关系都被异化了，这种异化导致了人的片面发展，并最终破坏了人与自然和谐共生的关系。他强调，只有通过改变社会关系，建立一个以公有制为基础的社会，才能实现人与自然的真正和谐，才能促进人的全面发展。在这个新的社会形态中，人的活动将不再是对自然的剥削，而是真正意义上的“实践”，即通过劳动来认识和改造自然，实现人与自然的共生共荣。因此，马克思的生态哲学并不是简单地主张保护自然环境，而是更深层次地探讨了人与自然的关系在社会结构中的位置，并以此为基础，提出了对资本主义社会批判和对未来社会主义社会的构想。

马克思生态哲学思想与政治经济学问题相关联，其更深层次的问题结构是人与自然、人与社会，以及人的全面发展等更为广泛和根本的问题。马克思认为，政治经济体制是社会的一部分，它和人与自然的关系紧密相连。政治经济体制是人的社会关系的体现，而这些社会关系又决定了人与自然的关系。在《1844 年经济学哲学手稿》中，马克思对资本主义经济体制进行了深刻的批判，揭示了资本主义生产方式对人的全面发展、对人与自然关系的破坏。资本主义经济体制下的生产活动是以利润为导向的，导致了人的异化，以及人对自然的剥削和破坏。因此，马克思生态哲学思想既关注政治经济问题，但更关注的是政治经济现象背后的社会关系和人的全面发展，只有改变资本主义的政治经济体制，建立一个以公有制为基础的社会，才能实现人与自然的和谐共生，促进人的全面发展。

总之，马克思生态正义思想的理论真谛在于其对人类生存前提和本质的理解。马克思生态哲学思想，从社会生态这个基础入手，为人类合理化生存的生态问题的解决开创了新思想和解决方案。

① 马克思 . 1844 年经济学—哲学手稿［M］. 刘丕坤，译 . 北京：人民出版社，1979：75.

马克思主义生态文明观在当代中国的新发展

桂林信息科技学院　赵永春

摘　要：新时代生态文明思想是社会文明和自然生态文明两个方面思想的统一。其创新性表现在：对马克思主义自然观、生态观有新阐释，对中华传统生态文化思想有新理解，对人类文明发展兴衰规律有新揭示，对国内外生态文明建设理论研究成果有新总结，对中国共产党在领导中国人民进行生态文明建设中形成的理性观点有新提升。新时代生态文明思想是马克思主义生态文明观在21世纪的新发展。新时代生态文明思想有其丰富的人本蕴义，饱含深厚的人民情怀和人类命运情怀，并通过人类生态文明思想所揭示的人与自然、人与社会的多种关系表现出来。新时代生态文明思想为我们的生态文明思想研究和进行生态文明建设，带来许多有益的理性启示。

关键词：新时代生态文明思想；人本蕴义；理性启示

习近平总书记指出："中国式现代化是人与自然和谐共生的现代化。人与自然是生命共同体……"[①] 这一思想深刻揭示出中国式现代化与自然生态的内在同体性、共生性、规律性，是新时代生态文明思想的核心要义。新时代生态文明思想具有重大理论创新性，有丰富深刻的人本蕴义，给我们带来许多有益的理性启示。

一、新时代生态文明思想的理论创新性

2018 年 5 月，在中央召开的全国生态环境保护大会上，习近平总书记正式提出

① 本书编写组 . 党的二十大报告辅导读本［M］. 北京：人民出版社，2022：21.

生态文明思想，在党的二十大对这一思想做了深刻系统阐述。其理论创新性表现在以下几个方面。

新时代生态文明思想，对马克思主义自然观、生态观做了新阐释，完成了马克思主义生态文明观向中国化马克思主义生态文明思想的转变。在马克思主义文本中，阐述自然观和生态文明观的著作主要有马克思的《1844 年经济学哲学手稿》、马克思恩格斯 1845—1846 年的《德意志意识形态》、恩格斯 1873—1886 年的《自然辩证法》三部著作。在这三部著作中，马克思和恩格斯分别从人的产生、人的意识、人的生活维度，阐述了人与自然的同体性。在人的产生上，马克思把人与自然的同体性表述为，“人直接是自然存在物”①，“人是自然界的一部分”②；在人的意识上，马克思把人与自然界的同体性表述为，自然界是人的“艺术的对象，都是人的意识的一部分，是人的精神的无机界，是人必须事先进行加工以便享用和消化的精神食粮”③；在人的生活上，马克思把人与自然界的同体性表述为：“人在肉体上只有靠这些自然产品才能生活……它把整个自然界——首先作为人的直接的生活资料，其次作为人的生命活动的对象（材料）和工具——变成人的无机身体。自然界，就它自身不是人的身体而言，是人的无机身体。”④到恩格斯写作《自然辩证法》时，形成了马克思主义生态文明观的基本观点，即保持人与自然界之间协调发展。恩格斯告诫我们：“不要过分陶醉于我们人类对自然界的胜利。对于每一次这样的胜利，自然界都对我们进行报复。每一次胜利，起初确实取得了我们预期的结果，但是往后和再往后却发生完全不同的、出乎预料的影响，常常把最初的结果又消除了。”⑤马克思主义生态文明观是习近平生态文明思想的理论源泉。习近平总书记把马克思揭示的人与自然界的共存关系，人对自然界的利用关系，人与自然界的对象性关系理论与中国生态文明建设相结合，以马克思主义理论家的高度领悟力，用中国人喜闻乐见的大众语言做了新阐释，言简意赅地涵盖了马克思主义生态文明观，并赋予

① 马克思．1844 年经济学哲学手稿［M］．中共中央马克思恩格斯列宁斯大林著作编译局，编译．北京：人民出版社，2008：105.

② 马克思．1844 年经济学哲学手稿［M］．中共中央马克思恩格斯列宁斯大林著作编译局，编译．北京：人民出版社，2008：57.

③ 马克思．1844 年经济学哲学手稿［M］．中共中央马克思恩格斯列宁斯大林著作编译局，编译．北京：人民出版社，2008：56.

④ 马克思．1844 年经济学哲学手稿［M］．中共中央马克思恩格斯列宁斯大林著作编译局，编译．北京：人民出版社，2008：56-57.

⑤ 马克思，恩格斯．马克思恩格斯选集：第 3 卷［M］．中共中央马克思恩格斯列宁斯大林著作编译局，编译．北京：人民出版社，2019：998.

马克思主义生态文明观新意，这是新发展、新高度。

新时代生态文明思想，对中华传统生态文化思想有了新理解，赋予中华传统生态文化思想鲜活的理论生命力，实现了马克思主义生态文明观与中华传统优秀生态文化思想的结合，使习近平生态文明思想有了新升华。在泱泱华夏五千多年的文明发展史中，有诸多中华思想文化精英谈天说地论人，留下诸多质朴睿智的自然观见解。其中有以自然变化为根据，决定治理社会的思想；有自然为人提供生活资料，人可取之而用的思想；有从自然获取生活资料要与自然的自生能力相适应，不可过度攫取，不可违反自然物生成时节的思想；有人与天同生同在同亡的思想。在这些思想中难免有对“天”“自然”神化的理解，视“天”为“百神之大君”。新时代对中华传统生态文化思想的新理解是：剔除以“天”为君，以“自然物”为神的思想糟粕，吸收其“观乎天文，以察时变；观乎人文，以化成天下”，“财成天地之道，辅相天地之宜”[①]的思想；吸收其“不违农时，谷不可胜食也；数罟不入洿池，鱼鳖不可胜食也；斧斤以时入山林，材木不可胜用也”，“草木荣华滋硕之时，则斧斤不入山林，不夭其生，不绝其长也”[②]的思想；吸收其“天地与我并生，而万物与我为一”的“天人合一”思想[③]。习近平总书记把马克思主义生态文明观与中华优秀传统生态文化相结合，赋予中华优秀传统生态文化鲜活的理论生命力，这是新时代生态文明思想中的大亮点。

新时代生态文明思想，对国内外生态文明建设的理论研究成果有新总结，实现了自然科学生态观和社会科学生态观的结合，拓宽了马克思主义生态文明观思想新视野。生态文明思想具有自然科学和社会科学二重理论属性。前者是从生态学和环境科学的维度，研究和回答什么是环境，什么是生态系统，生态环境与生态系统由哪些要素构成，生态要素之间保持怎样的平衡关系，才是最好的生态环境，采取什么样的管理体制和科学方法才能管理好生态环境等问题。后者是从社会科学治理自然和社会的维度，回答为什么建设生态文明、建设什么样的生态文明、怎样建设生态文明的重大理论和实践问题。纵观新时代生态文明思想，从“人与自然是生命

① 转引自中共中央宣传部，中华人民共和国生态环境部．习近平生态文明思想学习纲要［M］．北京：学习出版社，人民出版社，2022：18.

② 转引自中共中央宣传部，中华人民共和国生态环境部．习近平生态文明思想学习纲要［M］．北京：学习出版社，人民出版社，2022：18.

③ 转引自中共中央宣传部，中华人民共和国生态环境部．习近平生态文明思想学习纲要［M］．北京：学习出版社，人民出版社，2022：7.

共同体”重大理论命题的提出，到生态环境与中国式现代化建设的关系，从利用自然资源到发展方式绿色转型，从生态文明理念到深入推进环境污染治理，从推进碳达峰和碳中和到共建人类命运共同体等生态文明思想的提出，都是在总结自 19 世纪 40 年代以来，德国植物学家弗腊斯在《各个时代的气候和植物界》一书中关于“人类活动影响到植物界和气候的变化”[①]的理论研究成果，英国生物学家达尔文在《物种起源》一书中关于“生物进化与环境变化”[②]的理论研究成果，美国学者马什在《人与自然》一书中关于“人类活动对地理环境，特别是对森林、水、土壤的影响”[③]的理论研究成果的基础上，特别是科学总结了工业革命以来，特别是 20 世纪 80 年代以来，社会科学对自然环境的严重破坏给人类带来生存危机的理论研究成果的基础上，形成和发展起来的，升华了自然科学和社会科学关于生态文明研究成果的新认识，拓宽了马克思主义生态文明观思想的新视野。

新时代生态文明思想，对人类文明发展兴衰有了新认识，揭示了人类文明发展的客观规律，开辟了马克思主义生态文明思想新境界。新时代生态文明思想科学总结了人类文明发展史上的历史经验教训，特别是总结了“从上世纪 30 年代开始，一些西方国家相继发生多起环境公害事件，损失巨大，震惊世界”[④]的历史经验教训，得出“生态兴则文明兴，生态衰则文明衰”[⑤]的重大理论结论，揭示出生态与文明之间的内在本质联系，发现了人类文明发展的自然决定规律。这是对马克思主义生态文明思想的重大贡献，开拓了生态文明思想发展的新境界。

新时代生态文明思想，对中国共产党在不同时期领导中国人民进行生态文明建设中形成的生态文明思想进行了新综合，思想上有新提升，实现了马克思主义生态文明思想在 21 世纪的新飞跃。

新时代生态文明思想科学吸收了毛泽东那一代领导人提出的“全面规划、合理布局、综合利用、化害为利、依靠群众、大家动手、保护环境、造福人民”[⑥]，“绿化

① 方淑荣，姚红．环境科学概论：第 3 版［M］．北京：清华大学出版社，2021：12.

② 方淑荣，姚红．环境科学概论：第 3 版［M］．北京：清华大学出版社，2021：12.

③ 方淑荣，姚红．环境科学概论：第 3 版［M］．北京：清华大学出版社，2021：12.

④ 习近平．习近平著作选读：第 2 卷［M］．北京：人民出版社，2023：170.

⑤ 中共中央宣传部，中华人民共和国生态环境部．习近平生态文明思想学习纲要［M］．北京：学习出版社，人民出版社，2022：11.

⑥ 中共中央宣传部，中华人民共和国生态环境部．习近平生态文明思想学习纲要［M］．北京：学习出版社，人民出版社，2022：4.

祖国”等思想；科学吸收了邓小平同志提出的“将环境保护确立为基本国策”①，注重环境保护法制建设、政策制定、环境管理制度建设等思想；科学吸收了江泽民同志提出的把保护生态环境与可持续发展上升为国家发展战略，“将生态环境保护纳入国民经济和社会发展计划”②等思想，科学吸收胡锦涛同志提出的“科学发展观”，“建设以资源环境承载力为基础、以自然规律为准则、以可持续发展为目标的资源节约型、环境友好型社会”③等思想，在此基础上形成了习近平生态文明思想。这一思想围绕生态文明的本质、生态文明的实践，建设生态文明的领导机制方法措施等重大理论和实践问题展开，赋予生态文明建设理论新的时代内涵。

二、新时代生态文明思想的人本蕴义

生态是生命系统与环境系统之间相互作用呈现出来的生物和环境样态。前者称为生物形态，后者称为环境形态。环境形态又包括社会生态环境和自然生态环境两个方面。社会生态环境建设称为社会文明建设，自然生态环境建设称为自然生态文明建设。新时代生态文明思想是社会文明和自然生态文明思想的有机统一。前者表现为中国式现代化与自然和谐共生，后者表现为人与自然是生命共同体。新时代生态文明思想饱含着深厚的人民情怀和人类命运情怀，我们称为人本蕴义。

首先，新时代生态文明思想的人本蕴义，在“人与自然是命运共同体”方面，主要通过自然与人的产生、自然与社会生产、自然与人类生活、自然与人类文明、自然与人的存在、自然与人类命运六种关系反映出来。在这六种关系中，新时代生态文明思想强调的是保护自然环境，利用自然资源。其根本落脚点是通过保护环境，加快发展绿色生产，让国家发展得更好，让人民生活得更好、让人民全面发展得更好，让人们生活的环境更清洁美丽。

其次，新时代生态文明思想的人本蕴义，在“中国式现代化是人与自然和谐共生的现代化”方面，主要通过中国式现代化与自然的关系、中国式现代化与当代人

---

① 中共中央宣传部，中华人民共和国生态环境部．习近平生态文明思想学习纲要［M］．北京：学习出版社，人民出版社，2022：45.

② 中共中央宣传部，中华人民共和国生态环境部．习近平生态文明思想学习纲要［M］．北京：学习出版社，人民出版社，2022：5.

③ 中共中央宣传部，中华人民共和国生态环境部．习近平生态文明思想学习纲要［M］．北京：学习出版社，人民出版社，2022：5.

的关系、中国式现代化与后代人的关系反映出来。在这三种关系中，习近平总书记强调中国式现代化不同于西方以资本为轴心，以破坏自然环境为代价，以人民主体地位缺失为特征的现代化。中国式现代化是以保护自然生态环境，坚持绿色发展，确保“代际公平”，让十四亿多人口整体迈进现代化社会，全体人民共同富裕，物质文明和精神文明协调发展，人民享有全过程民主，人们有良好的社会生活环境和自然环境的现代化。这就是“中国式现代化是人与自然和谐共生的现代化”的人本之义。

再次，新时代生态文明思想的人本蕴义，在“全球生态文明建设”[①] 方面，通过全球生态文明建设与“人类未来”和“人类的共同梦想”的关系表现出来。对于这两方面的关系，习近平总书记主张“加快构筑尊崇自然、绿色发展的生态体系，共建清洁美丽的世界”[②]，只有构建人类命运共同体，共谋全球生态文明建设，人类才有更好的发展前途，才能实现美好的梦想。

由上可见，新时代生态文明思想的基本理论形态构成是：建设良好的生态环境——发展社会生产力，实现中国式现代化——提高人民生活水平达到共同富裕——生命与自然和谐共生永续发展，构建人类命运共同体。在这个理论形态中，良好的生态环境，是人类永续存在和发展的基础和条件；发展社会生产力实现中国式现代化，是中国人民过上好日子的前提和保障；提高人民生活水平达到共同富裕，是生态文明的人本标志；生命与自然和谐共生，是生态文明建设理论的终极目标和持久奋斗的永续过程，构建人类命运共同体是中国共产党人，在生态文明建设中坚持以人为本的世界情怀。以人为本是贯穿新时代生态文明思想的一条主线。

三、新时代生态文明思想的人本蕴义给人的理性启示

新时代生态文明思想的人本蕴义给人的理性启示之一是尊重自然就是尊重人本身，保护自然就是保护人本身，破坏自然就是伤害人本身。人与自然具有同源性，越往前追溯，越不难发现人与其他生物和植物源于同一物质，只是由于自然环境的各种变化，地球才逐渐分化成植物和动物。人之所以从类人猿分化出来，根本原因在于地壳和气候的变化，改变了类人猿的生活环境，一部分类人猿不得不从森林过

① 习近平 . 习近平著作选读：第 2 卷［M］. 北京：人民出版社，2023：174.

② 习近平 . 习近平著作选读：第 2 卷［M］. 北京：人民出版社，2023：175.

攀缘的生活，来到草原平地过行走生活，人逐渐完成由半直立到完全直立行走，由猿的活动转变人的劳动，由猿脑转变为人脑，由猿手转变为人手，由类人猿单音节直呼转化为多音节的人类语言，类人猿在自然环境和劳动的推动下完成了由猿到人的转变。可见，人是自然的一部分，自然是人类之母，人与自然是命运共同体。因此，尊重自然就是尊重人本身，保护自然就是保护人本身，破坏自然就是伤害人本身。

新时代生态文明思想的人本蕴义给人的理性启示之二是自然资源作为人类存在和发展的基本条件，利用自然资源是人类存在和发展的常态。但是，利用自然资源必须限制在自然生态自动恢复功能范围内。既要合理利用自然资源，促进人类文明发展，又要处理好利用自然资源与保护自然的关系，保持人与自然和谐发展，实现社会发展与环境保护良性循环。

新时代生态文明思想的人本蕴义给人的理性启示之三是生态文明建设要在党的领导下，把提高全民环保意识，采取最严格制度、最严密法治与保护生态环境结合起来，长期坚持不懈。坚持党对生态文明建设的领导，就是统筹谋划生态文明建设，全国一盘棋；就是用新时代生态文明思想统一认识，知行统一；就是形成正确的自然观和生态观；就是形成爱护自然、保护自然光荣，破坏自然、污染环境可耻的生态文明道德理念。

新时代生态文明思想的人本蕴义给人的理性启示之四是构建中国环境基准体系，把生态文明建设纳入科学管理轨道。中国环境标准体系是以国外发达国家的基准和标准为参照和借鉴，以新修订的《中华人民共和国环境保护法》《水污染防治行动计划》《中华人民共和国土壤污染防治法》为法律基础，结合我国区域特征和污染控制需要，形成的关于水环境标准、土壤环境标准、空气环境标准体系，以此作为我国环境质量评价、保护环境安全和人体健康、实施环境风险管理的科学依据和技术支撑。

新时代生态文明思想的人本蕴义给人的理性启示之五是实现碳达峰和碳中和目标，向世界提供生态文明建设的中国经验。实现碳达峰和碳中和目标，就是“打造生态文明发展新范式，走经济高质量发展之路”[①]，“维护全球气候安全，引领经济绿色复苏”[②]，为推动生态文明建设，构建人类命运共同体作出中国贡献。

① 庄贵阳，周宏春．碳达峰碳中和的中国之道［M］．北京：中国财政经济出版社，2022：5.

② 庄贵阳，周宏春．碳达峰碳中和的中国之道［M］．北京：中国财政经济出版社，2022：7.

中华文化的生态底层逻辑及其历史嬗变*

桂林电子科技大学马克思主义学院　汪建明

摘　要：在生态危机日益加深的时代大潮中，中国传统文化的生命力日益凸显，而中国传统文化的底蕴是生态文化。中国生态文化以生态底层逻辑贯通始终，它的基本内涵是“天人合一、知行合一”，“天人合一”与“知行合一”的矛盾运动、辩证统一，建构着中华文化底层逻辑的生态本质并推动其生生不息。生态底层逻辑在历史上的表达分为四个阶段：生态蒙昧时期、生态启蒙时期、生态异化时期、生态觉醒时期。生态底层逻辑在这四个历史阶段中开辟自己的道路，创造了中华民族五千多年生生不息的灿烂文明。基于华夏民族农耕时代生成的生态底层逻辑在今天遭遇到了现代困境，在中国共产党的领导下，必将延续以生态底层逻辑为内核的中国传统文化，走出困境，并在中国传统文化和世界优秀文化之间实现现代性超越。

关键词：中华文化；生态底层逻辑；历史嬗变；现代性超越

人类文明发展至今，生态文化在当今各文明形态中日渐式微，强权文化、中心文化、奢靡文化大行其道，并愈演愈烈，缺少生态文化内核支撑的人类文明正走向全面危机的边沿。然而，生态文化在各类型文明中的存续状况是不一样的，一些文明正在反思自身的生态底蕴，并试图彰显它，在强权文化、中心文化、奢靡文化泛滥的全球化大潮中，树立起对本民族文化的自信，中华文明作为全球唯一绵延五千

* 本文系2020年国家社科基金项目“改革开放前历史时期研究中的历史虚无主义评析及对策研究”（项目编号：20BDJ023）阶段性研究成果。

多年的文明自然当仁不让。2018 年 5 月习近平总书记在全国生态环境保护大会的讲话中谈道："中华民族向来尊重自然、热爱自然，绵延 5000 多年的中华文明孕育着丰富的生态文化。生态兴则文明兴，生态衰则文明衰。"[①] 这就提出了一系列问题：中华民族自古以来为什么会尊重自然？怎样尊重自然？尊重自然为什么能成就中华五千多年灿烂文明？挖掘中国传统文化中的生态文化成为当今时代主题，为此，需要对中国传统文化中的生态文化的生成、展开和演变进行探究，从而把握我国生态文化的本质和规律，揭示生态文化的生态底层逻辑结构，实现我国生态文化的现代性超越。

一、中华文化生态底层逻辑的基本内涵

中华文化中蕴含的生态底层逻辑既是中华民族特定社会条件下形成的一般生态运动规律，也是中华民族在这种特定社会历史条件下形成的思维逻辑，是中华传统文化生态意蕴的根本源泉和内在禀赋。概括地说就是天人合一、知行合一。天人合一是人与自然的关系、知行合一是人与人的关系，两者互为前提、互为因果，辩证统一，在不同历史阶段有不同表现。

第一，"天人合一"是中华民族五千多年来最基本的文化之"根与魂"，是中国人最基本的世界观和方法论。当代新儒家唐君毅说："天人合一是中国哲学的中心观念——这一观念直接支配中国哲学之发展，间接支配中国之一切社会政治文化的理想。"[②] "天"是个高度抽象的哲学范畴，具有多维度含义，在不同流派或思想家那里都有一些差异，要放到具体的社会历史背景下对其思想进行解读，但总体上它的意蕴指向于外在客观力量。"天人合一"意指"天"这种客观力量与"人"的主观力量存在本质和结构上的一致性，不同的思想体系中理解偏向不一样，有的强调"合于天"即"天命难违"，有的强调"合于人"即"人定胜天"，有的认为"天人本就相通，无所谓合"，历史总体趋势是从强调"天"的作用转向强调"人"的作用，或者说从"强合一"到"弱合一"的过程，这一直是中华民族的精神主流。

① 习近平出席全国生态环境保护大会并发表重要讲话［EB/OL］.（2018-05-19）［2024-05-06］. https://www.gov.cn/xinwen/2018-05/19/content_5292116.htm.

② 唐君毅 . 中西哲学思想之比较论文集［M］// 唐君毅全集：卷 11. 台北：台湾学生书局，1991：128.

"天人合一"思想，从西方话语体系来说，它接近于探讨"思维与存在的同一性"问题，或者"人与自然的对立统一性"问题，是自然本体论哲学的中国传统话语表达。

中华民族以农耕为本，农业社会的本质是"靠天吃饭"，无论把"天"当成自然界或其运行规律，还是人格化的神秘的超自然力量，或这"天"也要遵循更高更玄妙的所谓"道"，"天"都直接或间接地主导着"人"的命运。为什么孔子说"君子有三畏，畏天命，畏大人，畏圣人之言"？因为这三者代表了超越个人或群体的决定性力量，用现代学术话语来说，就是社会历史规律和人民群众的力量，这成为农耕社会内生的世界观和方法论，由此形成华夏民族敬天惜物、和合共生的生态文化传统。相较于西方"无法无天"的侵略性、野蛮性的文化传统，中华民族的这种传统也许显得太温和、谨慎、保守，但却具有生态性、生命力。

第二，"知行合一"是在"天人合一"基础上的人的主体性行为最高规范，是为人处世的基本准则。"知行合一"这个中国式哲学命题出现得比较晚，但其基本内涵却贯穿于中华文明史的始终。"中国历史指点我们要知行合一。五千年来，中国人始终用这四个字为我们保驾护航，勤奋、智慧、和平、脚踏实地、实事求是，这一切唯独中国人才具备的品质，其来源正是知行合一的力量。"[①]"知行合一"这个命题在中国哲学史中有其相对确定的内涵和外延，与今天的"不分层次、不分领域、不分场合"下的"知行合一"理解相差甚远。传统文化意蕴下的"知"在终极层面，就是"知天"，就是认识最高实体或最高行为准则。由于"天"这个范畴是中国哲学的核心范畴，在不同思想体系中的含义是不同的，在佛家那里是"空"，在道家是"道"，《易经》那里是"易"，在儒家那里叫"天"，王阳明又称之为"良知"等。"知天"就是发掘、领悟这个最高实体或最高准则，"知天"才能"知物""知性""知命"，才能"尽心"，反之，"尽心"是为了"知性""知命""知物"，最后达到"知天"，这个过程反映的是"天人合一"与"知行合一"状态。这种"知天"目的是"天人合一"。"行"是根据"天人合一"的规范和准则来行动，做到心神如一、表里如一。传统文化中的"知"和"行"并不能决然区分开，"知"和今天所谓的"认识""真理"内涵有所不同，"知"并不是个人主体对客体的一种感性经验或理性探求的逻辑性表达，更多时候是指主体内在固有的属性，或者是最高实体或最高行为准则赋予主体的属性，传统文化中通常用"领悟""觉悟""修

① 度阴山．知行合一五千年：度阴山讲中国史［M］．南京：江苏凤凰文艺出版社，2020：2.

行”等词语来表述人与其认知对象的实践关系，就是“行”。“知”的主体与对象并没有绝对区分开，而是“区别”之上的“统一”“合一”。“知”“行”也是同一过程的不同层面的逻辑表述，“知”中有“行”，“行”中有“知”。传统文化中有关这个思想的差异只在于“知”“行”的量的差异，而不在于质。现代学术话语中对应的范畴就是“实践”“人民群众的实践”。人们认知观念不是在个人和少数集体的头脑中建立起来的，而是在社会历史发展的现实中、在人民群众的历史实践中自然生成的。王阳明的“致良知”这个命题是标准的中国话语表达，既是一种本体论的表达，也是一种认识论、方法论和价值观的表达，准确地阐释了生态底层逻辑“天人合一”与“知行合一”的辩证统一。

如同“天人合一”一样，“知行合一”命题在不同的思想流派或先贤那里，也有着不同意蕴。从社会历史总体趋势来看，中国传统文化中的“知行合一”思想是从“知”到“行”的辩证转化过程，即从“客体性行为”向“主体性行为”的转化过程，这是随着生产力发展引起生产方式变迁的必然结果。与西方“主客二分”的文化传统不一样，中国的“客体性行为”与“主体性行为”并不是绝对对立的，而是“主体客体化、客体主体化”的过程，中国人的“勤劳、勇敢、独立、自强”等道德规范是以“天人合一”为前提的。因此不管历史上的思想注解差别多大、不管发生了怎样的转变，其基于社会现实而产生的基本内涵是一致的，即“知行”的目标和原则都是“天人合一”。

“知行合一”的行为规范和道德准则是中国传统文化的一贯追求，它使得中华民族在经济、政治、社会、文化等各个领域都打上了生态的烙印。儒家作为中国文化的“正统”，虽然政治上把它看成自己利用的“儒术”，但儒子们却从经典中培育出更高的追求，即从“天人合一”引申出“穷则独善其身，达则兼济天下”这样的志向。陶渊明能“采菊东篱下”，文天祥能“留取丹心照汗青”并不仅仅是个人志向，而是“天人合一”“知行合一”的共同价值取向在不同儒家心中的映照。佛家讲究“觉悟”和“证见”，有“觉悟”还需“证见”，而“证见”最终为了“觉悟”。“觉悟”需是“正知正觉正心正念”，这个“正知正觉正心正念”就是最根本的终极的真理，这个过程需要“证见”，最终达成“觉悟”。如果剥开佛家神秘的外衣，那么它和儒家“知行合一”的基本内涵是完全一致的。现代新儒家马一浮先生认为儒家讲究的“德福”，在佛家那里是“真俗二谛”，“德”就是追求“真谛”“本心本性”，德不具备则不可言福，“德福不二”是“知行合一”，“真俗双融”是“天人合一”，“德福关系问题更是一个反躬实践的问题”。道家所说的终极存在“道”是人们认识和追求的最高目标，这个追求过程就是“德”，“生而不有，为而不恃，长而不宰，是谓玄德”，即按“道”的规范和原则办事，就是“最神圣的德性”。道家理解的“知行合一”与佛家的“觉悟”“证见”，与儒家“知行合一”在底层逻辑上，是高度趋同的，这也就是为什么中国历史上能做到“三教合流”的根本原因。正是中国文化主流状态和精神追求都趋于生态化，这一条才构成了贯穿中国文化的生态底层逻辑。可以说，离开了“知行合一”，中国传统文化的全部（艺术的、道德的、科技的、政治的、经济的、社会的等）成就都无从谈起，其内在的生态性也就失去了传承的载体。

第三，“天人合一”“知行合一”两者互为前提、互为因果，构成内在矛盾的两个方面，建构着中华文化底层逻辑的生态本质并推动其生生不息。所谓“格物、致知、诚意、正心、修身、齐家、治国、平天下”，意在融合“天人”“知行”二分局面。“天人合一”是“知行合一”的逻辑前提，中国人的生态文化使命源自天命，通过“治国、平天下”表现出来，而“治国、平天下”又通过“格物、致知、诚意、正心、修身、齐家”等人生过程来实现，如此，达成中华文化“天命”与“人生”的内在统一，没有这个逻辑前提，“知行合一”的“知行”也就失去了中国人精神文化最核心的依据，也就谈不上“合一”。“知行合一”是“天人合一”的实践前提。“天人合一”强调精神境界，但若现实人生中缺乏贯通天人合一的物质条件，“天人合一”也就成为纯粹个人的精神修养，生命、人生、社会、自然就彼此分裂，“天”与“人”彼此对立，最终个人精神修养上的“天人合一”也不复存在。“超越的天道可以下贯于现实的人生，宇宙论与心性论亦可互释互诠，因而人必须敬德修业，才能尽‘人’以合‘天’，遂不能不有‘知行合一’说的提出，以圆成与‘天’一体通贯的生命本体的完整统一……只有以‘知’与‘行’的完整统一为前提，才能激活‘心’与‘天’一根而发的活泼创造生机。”①

“天人合一”与“知行合一”在历史变迁中产生矛盾运动。华夏民族的物种观、生命观、艺术观、科技观、政治观、经济观、社会观等无不是两者矛盾运动的产物，这促成了中华文化底层逻辑一直没有脱离生态本质。

两者辩证统一的观念，体现在中华文化上，以物种观、生命观和艺术观为例。

① 张新民．天命与人生的互贯互通及其实践取向：儒家“天人合一”观与“知行合一”说发微［J］．天府新论，2018（3）：31-53.

对于物种观，老子在《道德经》中说，“天地不仁，以万物为刍狗，圣人不仁，以百姓为刍狗”，认为“天地”“圣人”对待自然万物、各色人种，不是先验地下判断，而是持以包容、发展的眼光，任何物种、人种皆有其所用，皆是其所是，这是大道的运行法则，也是人类社会的运行法则，而中华文明史恰好印证了这点。在中华文化的生命观上，主张“形、气、神”的辩证统一。“大道生生不息，‘形舍’‘气充’‘神制’三融为一，道潜其中”①，形为万物皆自有，依靠气使“天”“人”贯通为一，而人独有“神”，即统御人的自然性的社会性内涵。动物，包括昆虫和爬虫，形气神没有分离，而使生命得以保存延续，人类五官各负其责、相对独立，但要都依靠气脉支撑、精神主宰，生命才能圆融统一，否则生命将陷入分裂状态。中华建筑、饮食、中医、武术等应用文化对此有深刻诠释。在艺术观上，与西方艺术的工具化、理性化或抽象不同的是，中国山水人物艺术形象的高度生活化、符号化、哲理化，强调境界、中庸、平和等气韵特征，中华艺术与西方艺术根本区别在于，中华艺术将自然与人的关系在本体论、认识论和价值观上统一起来。百姓生活本质上实践的，而中华文化背景下的中华民族生活本质上是生态实践的，这是中华传统文化延绵几千年的根源，也是当代中华文化理应赓续的深层根据。

中华文化的“天人合一”与“知行合一”的辩证统一状态，印征了历史上中华文明“天”与“人”、“人”与“人”的生态共同体状态。尽管生产力作为历史的根本决定力量，它不以人的意志为转移地发展着，从而引起了社会的整个生产方式发生变迁，进而引起社会历史的变迁，但华夏文明内生的两个基本思想构成的生态底层逻辑对整个社会形态发展、对生产力的发展起到梳理、重构的反作用，使得古代生产力的发展具有华夏民族独有的特征，即具有生态性。生态底层逻辑的作用和生产力的发展构成中华文明的一对基本矛盾。生态底层逻辑在具体社会历史背景下，表达形式不尽一致。

二、生态底层逻辑内涵的历史嬗变

按照生态文化的生态底层逻辑的生成、展开、演变过程，中国生态文化发展可分化四个阶段：生态蒙昧时期、生态启蒙时期、生态异化时期、生态觉醒时期。这四个时期的命名并没有得到学界的普遍认同，但并没有关系，它们只是用来描述一

① 纳日碧力戈，张梅胤．中华民族共同体的三元观［J］．广西民族研究，2022（2）：1-7.

定历史时期内生态文化相对稳定的状态。从这四个时期我们可以抽离出一条生态文化中生态底层逻辑的演进路径，正是因为这样一条演进路径才使中华文明延续五千多年。

（一）生态蒙昧时期是生态文化的生态底层逻辑生成时期

生态蒙昧时期是人类从原始混沌状态走向文明开化过程中必经的一个阶段。在人类文明的起点上，全人类站在了一条起跑线上，人生于自然，长于自然，吃喝拉撒、生老病死都依附于自然，所以都有着各自的生态底层逻辑。但各文明所处的跑道不一样，每个文明的生态底层逻辑都有其独特性。中华文明从一万年前开始到春秋战国时期止，中华民族的生态底层逻辑上的基本观念和方法渐成雏形，一万年前，中华先人走出洞穴，用手中的石头和木棒在大地上描画，开创了农耕文明。农耕文明以土地为根本，人被固定在有限的土地上休养生息，而土地以“天”为根本，中华先人近乎本能地发挥人的自然天性崇敬大自然，原始宗教图腾文化是他们的最高教义。后来出现了青铜器，建立了国家，有了正式的教育，但人们依然没有把自己与大自然区分开来，作为最反自然状态的人为设定国王、天子都要声称是自然、上天的代理人，法令制度要借天命之口才具有合法性。那时民风自然淳朴、统治者由圣贤担任，社会崇尚自然礼仪，各安本分。统治者若有违背自然秩序的，人民则可以替天行道、取而代之。“周虽旧邦，其命维新”，指的就是周虽然是商的旧邦，然取代商建立新朝，是依循自然天命而为。“礼乐”治国、敬天法祖本质上就是依据自然之道治国。孔子说，“天下有道，则礼乐征伐自天子出”，政治底层逻辑与生态底层逻辑未曾分化、有机融合。后来老子将其总结为“人法地、地法天、天法道、道法自然”。人们逐渐意识到自己与大自然的生态联系，那是在经历了一个相当漫长的蒙昧时期之后的事情。这个上古时期是中华文明的童年、田园牧歌时代，以至于孔子及后世诸多先贤“信而好古”，源出于此。

（二）生态启蒙时期是生态文化的生态底层逻辑展开时期，是启示人从蒙昧时代觉醒、明了自身在天地之间位置的时期

上古时期尽管满足了后人对生态社会的美好幻想，但实际上它并非真正的田园牧歌时代。当时的人们尽管尊重自然，但自然并非天然地与人类自身保持和谐。尤

其处于高层的统治者，他们需要更高层次的满足。随着生产力的提高，大自然的供给越来越无法满足他们的需要，于是国家、军队、各种利益集团、科技等逐渐从自然界中抽离出来，凌驾于大自然之上，成为向大自然、向平民索取的政治底层逻辑，“王道”为“霸道”所取代。自然也不天然就是生态（因为生态有了人的因素），而生态必须立足于自然。于是，中华文明经历过春秋战国“礼崩乐坏”的时代后，以“百家争鸣”为标志，中华文化开始探讨天、地、人、神、鬼之间的关系，一方面把人与自然区分开来，“务民之义，敬鬼神而远之，可谓知矣”，人不再被当成大自然的附庸，一方面指出社会纷乱的根源乃是违背天道自然的结果，“故失道而后德，失德而后仁，失仁而后义，失义而后礼”。“天人合一、知行合一”的内涵悄然发生了改变。自此，生态文化中的生态底层逻辑朝两个方向分化：一是从生态底层逻辑中变异出来政治底层逻辑，即产生出高居于大自然和平民之上的政治上层建筑；二是继续保持生态底层逻辑推进中国文化向更广更深处展开，形成了以生态底层逻辑为基础的哲学、道德、艺术、科技、饮食起居、社会伦理等思想文化上层建筑。这两个方向分化在西方也必然地发生了，但在中国大地上，却因受“天人合一、知行合一”的生态底层逻辑引导，两者相互制约、相互影响，达到辩证统一状态。先贤们把“自然”当成一种修养和最高理想追求，而平民百姓把它当成可以利用（只要善用）来维持自身持续发展的规律。荀子提出“制天命而用之”的理念，将天命与人命辩证统一起来了，这说明，生态文化意识已不同于春秋之前的时代。这个启蒙时期一直处于未完成态，直到近代鸦片战争试图打破中华文化生态底层逻辑的延续性，生态启蒙时期持续了两千多年。

（三）生态异化时期是生态文化的生态底层逻辑遭到资本主义文化破坏、转化时期

中华文明在 19 世纪初遭遇到反生态文化——资本主义文化的入侵，导致中华文明数度出现全盘西化的倾向，这一倾向一直持续到今天，并未根除。资本主义文化是属于强权文化、中心文化、奢靡文化主导的反生态的文化，其底层逻辑是自我、强权、自由、享乐，处处无不体现人与自然关系的断裂、人与人关系的断裂。反生态的资本主义文化与底蕴深厚的中国传统文化在这个时期碰撞出激烈的火花，中国传统文化的生态底层逻辑逐步转变。正如马克思在《共产党宣言》中指出，资

本主义挖掉了工业存在的民族基础，迫使那里的民族采用资本主义生产方式，民族的片面性和局限性被资本主义的世界性所取代，在那里推行它们的文明。但经受两千多年生态启蒙的中国传统文化并没有表面看起来那么不堪一击，而是展现出了传统文化“以柔克刚”的生态力量，一方面包容着外来文化积极因素，另一方面展现了生态文化的强大生命力。后来，马克思在考察印度、中国的状况后，表示“在印度，英国人曾经作为统治者和地租所有者，同时使用他们的直接的政治权力和经济权力，以图摧毁这种小规模的经济公社……但是就是在这里，对他们来说，这种解体进程也是进展得非常缓慢的。在中国，那就更缓慢了，因为在这里没有直接政治权力的帮助，因农业和手工制造业的直接结合而造成的巨大节约和时间上的节省，在这里对大工业的产品进行了最顽强的抵抗”①。事实上，在西方帝国主义的强权入侵下，中华传统文化中的生态底层逻辑唤醒了中华民族的文化自救机制，最后传统文化没有被西方资本主义的底层逻辑彻底异化。历史证明，强权、自我、贪婪、奢靡的逻辑与“天人合一、知行合一”的生态底层逻辑背道而驰，只要触碰到中国传统文化的生态底层逻辑这条底线，最终不是被中国传统文化所同化，就是被消灭，这就是中国传统文化生态底层逻辑的力量。

（四）生态觉醒时期是生态文化的生态底层逻辑从资本主义的生态异化中觉醒并进行创造性的现代性转化的时期

所谓的生态觉醒，就是提出了“生态本质是什么”，“什么阻碍了当代生态发展”“怎样开展生态建设”等一系列问题，并着手解决这些问题。社会主义新中国的成立是这样一个时期的开端，而习近平新时代中国特色社会主义时期则是一个全新阶段。这个时期，生态底层逻辑突破了地域和民族界限，把全人类命运联系起来。生态危机的到来加速了人们生态觉醒的进程，而生态觉醒又增强了我们对传统文化自信，为寻求解决危机的正确方案提供中国思路。时代际遇促使了生态觉醒，时代际遇也促进了生态创新。习近平总书记指出：“弘扬中华优秀传统文化，要处理好继承和创造性发展的关系，重点做好创造性转化和创新性发展。”②孔子崇尚宣扬“周礼”，但“周礼”作为自然人道，在西周前时代可行，之后则不可行，孔子

① 马克思，恩格斯．马克思恩格斯全集：第 46 卷［M］．中共中央马克思恩格斯列宁斯大林著作编译局，编译．北京：人民出版社，1995：372.

② 习近平．论党的宣传思想工作［M］．北京：中央文献出版社，2020：57.

没有意识到时代变了，没有适应时代进行超越性创新。生态文化的实践基础和社会环境变了，但生态底层逻辑却要慎终如始，这正在考验中国共产党的执政能力。“习近平新时代中国特色社会主义思想的世界观和方法论是在把马克思主义哲学与中华优秀传统文化特别是中国传统哲学智慧相结合的过程中形成的，是对中国传统哲学智慧的创造性转化和创新性发展。”① 需要再次指明的是，蕴含了生态底层逻辑的中国传统文化的创造性转化和创新性发展，就是生态文化的创造性转化和创新性发展。

三、生态底层逻辑的未来超越

基于农耕文明的生态底层逻辑生成、发展保存了生态的原动力，但是也同时保存了生态的约束力，这是事物发展的必然性决定的。约束力不是弊端，它暴露的人类实践的问题根源才是弊端。就像马克思对黑格尔辩证唯心主义的批判一样，对它的继承只能是超越性的继承。从生态本质来看，原初自然生态是生态本质的一个表现，而不是生态本质本身。生态本质是什么？并不能用其过去历史表现来说明一切，人民群众在历史上的实践是实践的一个层面，人民群众未来的实践是又一个层面，因此，生态本质也是在人民群众的未来实践中不断呈现出来的。“社会生活在本质上是实践的。凡是把理论导致神秘主义方面去的神秘东西，都能在人的实践中以及对这个实践的理解中得到合理的解决。”② 生态社会的本质也是如此，应该在未来人民的实践中去不断超越，求得适应每一个具体时代生态社会状况的本质理解。

那么，当代人类文明有哪些生态思维是需要超越的？以东西方文明这两个大类来做比较。西方文明形态的生态起源虽然与华夏文明处于一个起跑线，但方向和前景完全不同，尤其自文艺复兴以来，科学与人权的观念与生态底层逻辑越来越疏远，其底层逻辑是资本利润逻辑、自我中心逻辑、奢侈享乐逻辑，在这样的底层逻辑基础上，触发了自然的生态约束力机制，引发了今天全球性生态危机。人类文明不能陷入这种反生态的思维体系中。而东方相对落后大国，逐渐展现出古老文明的魅力，基于中华传统生态文化而重构的中华文明能为世界文明发展提供中国智慧、

① 汪信砚．习近平对中国传统哲学智慧的创造性转化和创新性发展［J］．武汉大学学报（哲学社会科学版），2023，76（3）：5-17.

② 马克思，恩格斯．马克思恩格斯选集：第 1 卷［M］．中共中央马克思恩格斯列宁斯大林著作编译局，编译．北京：人民出版社，1995：61.

中国力量、中国方案，根本原因是中华文明中贯穿了一条生态底层逻辑。

有三个因素威胁着我国传统生态文化中的生态底层逻辑的现代性超越。一是直面外来反生态的强权文化、中心文化和奢靡文化的冲击。这种文化与以“天人合一”“知行合一”的生态底层逻辑为核心建构起来的中国文化传统相悖，在这两种文化的较量中，必有一方要被消解。而当今的中国传统文化在生产方式敌强我弱的现实背景下，不能放弃生产方式的壮大，因而这个矛盾必须进行现代性超越。二是发端于农耕文明的中国传统生态文化模式根深蒂固而无法适应现代生产生活节奏，从而在当代面临你死我活的两难抉择。现代生产生活节奏的存在是历史的必然，不能从道德或政治上就宣判它的非存在，因此如何在现代生产生活与传统文化观念之间保持动态平衡、引导演化进程，这是一个现代性超越的难题。三是全球性生态危机时代的到来对传统文化生命力的叩问。传统文化生命力在局部意义上（中华民族）是有效的，但在全球、在人类整体意义上，能否也同样有效，这是一个“民族性”与“世界性”的超越性问题，在此无法给予理论解答，只能用未来人民的超越性实践来回答。总之，既要保存传统生态文化的生态底层逻辑，又要解决上述三个因素带来的威胁，这近乎是一个悖论。相信我们在中国共产党的领导下，一定能做好创新发展与传统继承的平衡，走出这个困境，为人类未来指明方向。

综上所述，中华民族开端于农耕文明的悠久历史告诉人们，只有尊重自然、与自然和谐相处，以新时代的“天人合一，知行合一”理念重铸中国文化生态底层逻辑，社会才能长治久安，文明才能永续发展。也只有把生态意识赋予“自然”的固有内涵中，“自然”才成为我们的追崇的最高目标。生态底层逻辑是中华文明进入生态文明的切入口，也是贯穿五千多年中华文明发展始终的基本力量。中华民族文脉不息、人脉不断的文化基因和精神“魂魄”就是中华生态文化中的生态底层逻辑，中华文化的自然历史逻辑与人们的辩证思维逻辑在生态底层逻辑的基础上实现了高度统一。未来，将在中国共产党的带领下，实现中华传统文化与世界优秀文化在生态底层逻辑基础上的超越，坚定不移地推进中国式现代化建设，推动中华文明持续灿烂下去。

生态节约而不仅仅资源节约

——一种自然哲学的初步框架*

湖南工业大学马克思主义学院　向汉庆　薛淳予

摘　要：生态节约是生态文明建设的重要哲学理念，能够为中国式现代化提供方法论引领。生态节约生成于生态资源稀缺性和人类需求多样性，是对资本主义现代化形成和发展中的生产方式、生活方式和消费方式的哲学反思。它内在要求自然的客观规定性与人类对象性活动的正当性，其价值取向在于生态正义和有序发展的深度融合，追求社会整体效益最大化和个体利益的正当性，强调实现人与自然和谐关系的手段正当和结果正义双重道德目标。

关键词：生态节约；生态正义；中国式现代化

党的二十大报告强调“中国式现代化是人与自然和谐共生的现代化”，应当“坚持节约优先”的发展方针，① “中国式现代化的独特性是建立在适应本国国情基础上，既充分彰显现代化普遍规律的科学性，又充分发挥中国共产党历史主动的结果”②。节约是实现现代化的重要条件。生态节约是节约的重要组成部分，它能够在

* 本文系国家社科基金青年项目“促进共同富裕的政治哲学研究”（项目编号：22CZX005）阶段性研究成果。

① 习近平．高举中国特色社会主义伟大旗帜　为全面建设社会主义现代化国家而团结奋斗：在中国共产党第二十次全国代表大会上的报告［M］．北京：人民出版社，2022：23.

② 刘伟兵．马克思对现代化进程的解码与中国式现代化的独特性［J］．福建师范大学学报（哲学社会科学版），2023（1）：11.

实现中国式现代化过程中促进人与自然和谐共生，充分彰显与西方现代化路径所不同的特征。在考察现代化理论的过程中，应当认识到中国式现代化从其实质上看是处理人与自然的关系，满足人们的生态美好需要和经济社会协调发展需要，是物质资料生产中必须加以考量的理论问题和现实问题。本文正是以此视角立意，从哲学视角探讨生态节约的逻辑生成、内在本质、价值取向等相关问题，以期丰富新时代中国式现代化相关理论，将现代化相关论述深入理论上被相对遮蔽而现实中却广泛存在的领域，从而既可能带来人与自然关系理论上的进步，也能够助力生态文明建设实践，为实现中国式现代化战略目标提供某种参考。

一、生态节约的逻辑生成：生态资源稀缺性和人类需求多样性

生态节约是中国式现代化中妥善处理人与自然关系的新理念，内在要求人的主观能动性与自然规律性的辩证统一。生态节约的生成不是一蹴而就的，具有主客观双重维度：客体维度是从中国式现代化不断演化的自然属性出发考量生态资源稀缺性；主体维度是从中国式现代化的社会属性出发考量人类需求多样性。两个维度相互交织、形成合力，共同促成生态节约的生成。

（一）客体维度：生态资源稀缺性

从客体维度考量生态节约的逻辑生成，需要探讨生态资源稀缺性相关问题。生态资源稀缺性是中国式现代化的客观必然。若此时人类的需求局限于生存，则生态不存在节约相关问题；若此时人类的需求除了基本的生存，还有更高阶段的发展需求，则生态资源稀缺命题可能成立，资本主义现代化快速发展使得生态资源稀缺性表现得尤为明显。一方面，从产品生产来看，生产者追求大量剩余价值导致许多生态资源被耗费，形成不断扩大的资本主义社会化大生产与有限的生态资源之间的不均衡。追求剩余价值的内在本性使得西方资本主义走上先污染后治理的经济社会发展道路，而不管其他资源耗费、工业污染等造成的生态环境破坏问题。可以说，正是这种不正义的发展方式，使得代内之间、代际之间的生态矛盾十分突出。如此从自然中只索取不回报的生产方式直接导致生态资源的稀缺。另一方面，从产品分配来看，生产的相对过剩未能满足普通劳动者的生活所需，对劳动者而言形成资源稀缺，并主要体现为生态资源分配中的不均衡。这种不均衡性表现为两个方面：一是

劳动者没有支付能力，使其无法在社会化大生产中充分获取基本的生存资料、享受资料和发展资料所需要的生态资源。二是劳动者在各种市场营销中可能陷入虚假消费而使得自身的真实消费得不到满足，从而对真实消费形成稀缺，加剧了生态资源在分配方面的失衡程度。之所以出现该现象，主要原因在于资本家为了解决生产过剩的难题，采用各种方式不断刺激市场消费，挖掘市场的消费潜力，甚至采用信贷消费等模式予以解决，并且为了这种消费需求能够不断延续而有意图地刺激消费者的消费欲望，维持消费者的“稀缺感”。可以说，这种“稀缺感”是生产相对过剩的逻辑产物，又在一定程度上反作用于资本主义社会化大生产，刺激资本家不断掠夺生态资源进行扩大再生产。

（二）主体维度：人类需求多样性

生态节约作为一种哲学理念，其生成既有上述客体维度中生态资源在生产和分配中的双重不均衡性，也有主观维度中人类满足自身发展不同层面的需要。托马斯·普林森从消费角度对此进行了阐述，能为我们理解消费浪费提供理论参考。他认为，资本主义生产与一般商品生产在浪费问题上的共同性，即均使浪费成为可能；不同性则体现在商品生产的资本主义形式使浪费成为必然。这种必然性源于资本主义生产与一般商品生产的不同之处。对资本家来说，更加关注商品的交换价值，资本主义生产过程不能仅仅是价值的形成过程，还必须是价值增殖过程，取得剩余价值，无限地追求剩余价值成为资本主义生产方式的基本经济规律。马克思认为：“对对象的占有竟如此表现为异化，以致工人生产的对象越多，他能够占有的对象就越少，而且越受自己的产品即资本的统治。”① 正是资本主义生产方式的这一特殊性，在原本可以避免浪费的情形下，却使浪费成为必然。例如，在交换不成功的情况下，部分商品的使用价值无法得以实现，原本资本家可以通过贱卖的方式寻求商品的出售来实现使用价值，但是，这就损害到商品的交换价值，所以，资本家不是贱卖商品，而是通过捣毁商品或囤积商品的投机行为来维持商品的供需平衡，这样就造成对商品的浪费，其根本原因在于，对资本家来说，交换价值高于使用价值，剩余价值的获取成为其生产的“指挥棒”。②

① 马克思，恩格斯．马克思恩格斯选集：第 1 卷［M］．中共中央马克思恩格斯列宁斯大林著作编译局，编译．北京：人民出版社，2012：51.

② 蔡华杰．马克思的生产批判视角之于环境难题的意义：从托马斯·普林森的消费批判谈起［J］．武汉大学学报（人文科学版），2016，69（2）：57-65.

二、生态节约的内在本质：自然的客观规定性与人类对象性活动的正当性

"所谓节约，是指人力、物力和财力的节省……一切节约，归根到底是劳动时间的节约……因为，人力的节省是活劳动的节约，物力的节省是物化劳动的节约，而财力的节省则是活劳动和物化劳动节约的货币表现。"[①]不难看出，节约本身蕴含着人类对象性活动中劳动及其相关生产要素的节省。这主要是从量的角度进行考察。从哲学角度分析，生态节约是人的本质力量对象化的产物。在现代化建设实践中，生态节约是人通过处理人与自然关系得以彰显，也需要社会各领域的发展来表征，其中一种重要的表征形式是工业的现代化。工业不同于农业，农业更依赖于自然界的生态系统，也能通过物质变换对自然界的消耗进行较大程度的回馈，并且注重人的体力和农业生产的常识和经验。现代化的工业则表现为智力和创造力，是人与自然关系的公开展示，集中反映了自然界的属人的本质和人的自然的本质。马克思从市民社会出发，在批判资本主义工业发展过程中找到了人的本质力量的确证。他认为，即使资本主义工业发展中人的异化劳动造成了人与自然物质变换的断裂，但这种劳动却是以一种感性的、对象化的形式存在于人的生存活动之中，是唤起我们追求人与自然和谐相处的生态节约理念时不得不考虑的现实力量。也就是说，资本家在追求剩余价值而过度开发利用生态资源，甚至造成生产中的浪费，也在工业生产中奴役和压迫着劳动者，使得资本主义工业的成果成为劳动者阶级被奴役的力量，但这种力量作为一种现实的而非虚幻的力量，并不是与人无关的力量，相反是人的本质力量的外化，因而同时也是人从那种奴役和压迫中解放出来的本质力量。这种解放人的本质力量就是人不断提高现代化水平时正确处理人与自然关系的对象化力量。

现代化过程中，生态节约彰显了自然的客观规定性与人类对象性活动的正当性，这主要在于生态节约具有道德性。生态节约的道德性首先体现为应然层面的道德观念。这种道德观念生成于人类与自然、社会以及人自身生存和发展的各种生态要素之中，是人类有目的有意识地培养自身具有生态节约道德情感的前提。可以

① 《政治经济学讲话（社会主义部分）》编写组．政治经济学讲话（社会主义部分）[M]．北京：人民出版社，1976：170.

说，这种道德观念“不仅把道德的范围扩展到了全人类对自然生态系统给予道德关怀，从根本上说也是对人类自身的道德关怀”。[①] 其次，人类应当具有尊重自然、顺应自然和保护自然的道德情感。这种道德情感将人与自然置于平等的地位，主张人类尊重整个自然生态系统的和谐稳定和物质交换的平衡有序，并将生态系统的各个要素与人类社会发展紧密结合起来，反对人与自然对立的生产方式、生活方式和消费方式。再次，人类应当具有符合自然发展和满足人自身需求的道德实践行为规范。生态节约追求社会整体效益最大化和个体利益的正当性，强调实现人与自然和谐关系的手段正当和结果正义双重道德目标，要求人类将自我主体意识服务于生态节约的实践活动，形成现实的道德实践行为规范。

三、生态节约的价值取向：生态正义和有序发展的深度融合

生态节约关注自然的客观规定性和人类对象性活动的正当性。其实，这两个主题不是割裂的，而是旨向生态正义和发展有序的深度融合。当然，这个价值取向立足于当前人类面临的生态危机及其国家现代化建设实践的各项需要。

（一）生态节约的哲学取向：生态正义

生态节约的哲学取向的第一层寓意是在现代化进程中实现生态正义。“生态正义（或称环境正义）特指在生态环境的法律法规、环境政策的制定和执行等方面，每个公民都应得到公正平等的对待，并积极有效地参与其中，包括代内正义和代际正义两种类型。”[②] 从法哲学的角度看，生态正义内涵的代内正义和代际正义，抑或是国际正义和国内正义，是生态正义的空间和时间上的表现形式。在追求生态正义的过程中，上述表征在内容上可以通过不平等的分配、承认的缺乏、参与有限进行反面映射，并且相互交织、相互作用。也就是说，完整的生态正义应当是分配、承认和参与三个层面均实现生态正义，而不能仅谈论正义的某一方面而不涉及其他方面，即要实现分配上的生态正义，就需要获得承认，如此才可能真正地参与其中，而进一步的参与可以使生态正义得以实现，完善实现分配层面的生态正义各项条件。

① 肖巍，顾钰民．当代中国马克思主义研究报告（2015—2016）［M］．北京：人民出版社，2017：210.

② 蓝春娣．马克思正义思想历史轨迹研究［M］．北京：人民出版社，2018：129.

（二）生态节约的哲学取向：有序发展

生态节约的哲学取向的第二层寓意是在现代化进程中实现有序发展。任何事物的发展都存在有序和无序两种状态，生态也不例外。生态的发展从某种程度上看是有序发展和无序发展的有机统一，有序发展往往通过状态的转变来实现。这种状态的转变与社会的发展状态相互联系，又有所区别。社会的发展从本质上是一个人的本质力量对象化的活动，而生态的发展是人的对象化活动和自然客观规定性的有机结合。“人和人类社会作为自然界发展的最高产物，也就必然地包含着自然的自组织性和有序性，而且是这种自组织性和有序性的最高发展阶段和最高表现。”①从生态的内在规律和人类需要来看，有序发展是生态节约的本质特征。当然，要实现生态节约所要求的有序发展，突变是其中的必要环节。这种突变带来的有序发展包含两层内容：一是生态系统本身的有序发展，二是人类社会的有序发展。二者不可分割，生态系统的发展构成人类社会发展的基础，人类社会的有序发展是其价值目标。具体而言，从生态系统的有序发展来看，其外部结构和内在结构的变化在通过正反馈放大之后，必将推动生态朝着有序结构方向不断发展，但这个有序结构的形成需要超越产生性的有序结构的临界点，否则难以形成新的稳定结构。也就是说，“突变是新的有序结构产生的不可缺少的条件之一”。②从人类社会的有序发展来看，人类对生态系统无序结构的重构是其重要路径。马克思对资本主义社会出现的生态危机以及生态的重构有着独到见解。他批判性地继承和发展了古典政治经济学家的思想，认为资本主义生产方式下资本家将人变成异化状态下单向度的人，将生态变成人类中心主义中的商品生产资料，既消除了人的主体地位，也对生态造成难以估量的破坏。走出这个困境，形成新的有利于人类发展和生态正义的系统结构，需要采用暴力的手段，“推翻资本主义私有制，建立生产资料公有制，实现人自由全面发展的正义社会”③。

（三）生态正义与有序发展的有机统一

生态节约所内在要求的生态正义和有序发展不可对立，而是在现代化进程中寻

① 张尚仁．社会历史哲学引论［M］．北京：人民出版社，1992：117.

② 刘冠军．马克思“科技—社会”思想及其发展研究［M］．北京：人民出版社，2021：462.

③ 蓝春娣．马克思正义思想历史轨迹研究［M］．北京：人民出版社，2018：175.

求到有机的统一，二者可以在生态保护和经济发展、政治秩序、社会公平、文化繁荣中实现深度融合。在这些领域中，因为经济发展是其他各项发展的基础，这在一定程度上也决定了生态正义与经济有序发展的融合也成为生态节约的基础性事务。当然，在具体的实践活动中要实现生态正义和经济有序发展并不是一蹴而就的，需要自然史与社会史辩证统一的方法论才能得以实现。这个科学的方法论认为生态正义与经济有序发展必将呈现出协同发展的趋势，提升自然生产力是其中重要的一环。提升自然生产力不能以破坏生态资源或造成巨大浪费作为条件，而应当将人与自然关系的和谐、科学技术的进步作为自然生产力提升的内在组成部分，如此才能实现自然生产力与社会生产力的有效平衡，做到"人与自然协调发展，人与人、人与社会和谐有序为内涵的自然史和人类史的统一"①。当然，这种统一在资本主义现代化进程中难以实现，而需要对资本主义生产资料私有制展开有效的扬弃，实行生产资料公有制。在这种生产所有制境遇中，劳动得以解放，人类从自然中获取的生态资源不再以追求剩余价值为目的，生态资源不再表现为自然生产力发展的必要界限，生态正义和有序发展的对立统一关系得以最终实现，即"共产主义社会的生产力发展追求的是人的解放与自然的解放的内在统一，生产力发展不仅不与生态之间构成矛盾而且有利于生态"②。

生态节约是现代化进程中伴随着生态危机而产生的哲学理念，是对资源稀缺性和人类需求多样性的积极回应，表达了人类对自身内在诉求和自然客观规定性的充分认知，内含生态正义和有序发展的价值诉求。它始终关注人与自然和谐共生的关系，并认为这种关系是处理人与人、组织与组织之间和谐共生的基础和前提，既有助于在中国式现代化进程中"创造了世所罕见的经济快速发展奇迹和社会长期稳定奇迹"③，也有利于"地球人团结起来携手应对全球的生态危机，大大地提高了解决生态问题的能力和效率"④。

---

① 彭曼丽 . 马克思恩格斯生态思想发展史研究［M］. 北京：人民出版社，2020：187.

② 王传发，陈学明 . 马克思主义生态理论概论［M］. 北京：人民出版社，2020：275.

③ 中共中央宣传部，中华人民共和国外交部 . 习近平外交思想学习纲要［M］. 北京：人民出版社，学习出版社，2021：15.

④ 王传发，陈学明 . 马克思主义生态理论概论［M］. 北京：人民出版社，2020：335.

人与自然和谐共生的人学解读

天津大学马克思主义学院　刘鑫炎

摘　要：随着现代化进程的加快和环境问题的日益突出，我们越来越意识到保护环境、实现可持续发展的紧迫性。在这样的背景下，人与自然和谐共生的理念逐渐被提出并受到广泛关注。和谐共生强调人类与自然之间的相互依存和相互促进，追求人类社会与自然生态的协调与平衡。而人学作为一门跨学科的研究领域，提供了一种解读人与自然关系的理论和实践方法。本文旨在深入探讨人与自然和谐共生的人学解读，既从理论层面探讨人学的基本概念和意义，又通过实践案例分析成功的和谐共生案例，以期为实现人与自然的和谐共生提供理论指导和实践经验。

关键词：人与自然关系；和谐共生；人学；可持续发展

一、人与自然关系的历史观点

人与自然的关系是一个长期演变的过程，在人类历史的各个阶段都有着不同的表现和影响。从最早的原始社会到现代工业社会，人类对自然的依赖和干预不断增加，这对自然环境带来了深远的影响。

（一）古代观点：人与自然的融合

在古代文明中，人们由于自身认识能力低下，加上生产力落后、生产工具简陋，无法正确认识自然规律，对自然抱有敬畏之心，将自然界视为神圣的存在。通过崇拜自然的力量和现象，人们试图理解并与自然界和谐相处。

在古代文明中，人们对自然的崇拜与神秘主义表现出一种敬畏和敬重的态度。正如马克思指出的："自然界起初是作为一种完全异己的，有无限威力的和不可制服的力量与人们对立的，人们同它的关系完全像动物同它的关系一样，人们就像牲畜一样服从它的权力，因而，这是对自然界的一种纯粹动物式的意识（自然宗教）。"[①] 人们在强大的自然面前，显得弱小而无助。故对其充满了敬畏之心。这是人们对强大的自然力量和生活之源的深切感知。这种情况在世界各地都广泛存在。如古埃及人崇拜尼罗河，视其为生命之源的神圣存在。古希腊在宗教信仰之中，也将各种神秘的自然力量融入神灵崇拜之中。古代中国的道家讲究道法自然，认为一切应遵循自然规律。儒家思想也十分崇尚自然，强调人与自然的和谐共生。可见，世界各地的古文明，都摆脱不了自然崇拜，他们相信自然的力量和神圣性，并尝试通过各种祭祀、祷告、仪式和礼仪等方式与自然交流，由此来获得心理寄托和安慰，祈盼得到自然的庇护。这显示了人类在发展过程中与自然的紧密关联，人们深切地意识到人类的生存离不开自然的恩赐，并由此而产生了强烈崇敬。人们对自然神秘力量敬畏和尊重，同时认识到自身在自然面前的渺小。当然，由于时代的制约，古人在自然崇拜中，笃信神秘力量，对于自然的理解通常是由神话、传说而来，缺乏理性的思考。这样的局限导致人们对自然界产生了误解，同时也造成了一定程度的自然破坏。

古代社会普遍认识到人与自然的相互依赖关系。人们依靠自然提供的食物、水和其他资源生存，同时通过农业、渔猎等活动与自然界互动，维系着生态平衡。这一观点体现了人类生活与自然界之间密切的联系和相互作用。

（二）工业化时代观点：人对自然的征服与利用

工业革命带来生产力的变革，加快社会发展的速度，因此世界大多数国家和地区开展大规模的社会变革，传播资本主义生产方式，实行资本主义制度。人类开始以大规模、高效率的方式利用自然资源。大量的矿产开采、森林砍伐和土地开垦导致了资源的过度消耗和生态环境的破坏。

笛卡尔、康德等哲学家的唯心主义思想，在哲学角度上为人与自然关系对立进

① 马克思，恩格斯．马克思恩格斯文集：第1卷［M］．中共中央马克思恩格斯列宁斯大林著作编译局，编译．北京：人民出版社，2009：534.

行论证，认为自然完全对立于人类世界，因此导致人开始想要奴役自然，变成其主人。工业革命的成果，如蒸汽机的发明到推广运用，加快了人对自然索取的脚步，人与自然的关系发生了翻天覆地的变化。征服自然的过程中获得的局部胜利，也再度刺激了人对自然的控制欲望，将自然理所应当地看作物质资料生产基地。自然界的资源成为人类社会发展的可利用对象，人们开始大规模开发自然资源，包括能源、森林、水域等，以满足工业生产和经济增长的需要。工业化时代的科技进步使得人们能够更有效地利用自然资源，并将其转化为商品和财富。

工业化的发展，让人们获得了用设备改造自然的强大力量，主要表现为如下几方面。第一，资源开发。工业化时代的发展，强大了人们改造自然的力量，同时也加剧了对经济利益的追求，在这样的环境下，自然资源被大量地开发。例如，矿产、石油及天然气等能源的开采和挖掘、毁林开垦、填海盖房等，大肆改造自然，建设现代化城市。该观念认为，自然资源是人类社会的财富，故可以大肆开发。第二，技术创新。工业时代下的科技进步，促进了人们更好地利用自然，并在机械化发展、化学工艺提升的共同促进下，让能源发挥更多造福人类的作用。人们沉醉于现代工业带来的舒适、便利的生活环境，不知不觉中加大了对能源的开发。该观点认为，技术是改变自然、促进社会发展的重要工具，对人类生活环境带来了巨大改变。第三，城市化和基础设施建设。工业时代下，人们在城市化发展和基础设施方面投入了大量资本，包括道路建设、水利工程等。这些举措改变了自然环境，使得城市和工业区能够更好地满足人们的居住和生产需求。

工业化带来了大量的污染物排放和废弃物产生，导致空气、水和土壤的污染。生态系统的破坏和物种灭绝日益严重，引发了生态危机的警示。

（三）当代观点：人与自然的和谐共生

为了实现人类社会的可持续发展，人们开始思考如何在满足当前需求的同时保护和维护自然环境。可持续发展强调经济、社会和环境的协调发展，推动人与自然的和谐共生。

“生态文明建设是关系中华民族永续发展的千年大计，必须站在人与自然和谐共生的高度来谋划经济社会发展。”[①] 生态文明是一种可持续发展的理念，旨在实现经济、社会和环境的协调发展。这意味着人们需要在经济发展的同时，注重生态环

① 习近平．习近平谈治国理政：第 4 卷［M］．北京：外文出版社，2022：355.

境的保护和修复，减少环境污染和生态破坏。对此可通过加强绿色发展，建立低碳城市的方式，实现对资源的可持续利用，达到人和自然的和谐共存，持续发展。此外，人类应该认识到自然界的伟大和神秘，尊重自然的发展规律。人类应该通过科学的研究和技术手段，更好地了解自然，并基于可持续发展观来改造自然。立足于此，人类应该学会与自然相互协调，通过可持续的发展方式，实现与自然的和谐共生，营造生态良好的人类生存空间。

人与自然的历史观点反映了人类对自然的认知和态度的演变。由古代最初的崇拜和依赖，发展到工业时期的征服和利用，再到现代以和谐共生，显示了人类对于破坏自然后的反思，是对可持续发展作出的深层思考。在历史的发展中不断地反思改进、吸取经验，更深切地意识到人与自然间的相互依存关系，才能更好地利用自然来造福人类。在这个过程中，要求我们做到不断地探索与自然和谐共生的路径。只有通过多学科合作、全球范围的强大合力，以及每个个体的参与和努力，我们才能在当代建立起一个人与自然和谐共生的社会。

二、人学视角下的人与自然关系解读

（一）文化与环境的相互塑造

“人类文化多样性导致资源利用的多样化，有利于分散人类社会对地球资源的压力，实现对生态环境的维护，提高人类社会发展的可持续能力。”① 人与自然关系解读强调文化与环境的相互塑造。人类的文化和社会实践受到环境的制约和影响，同时也通过文化的传承和创新对环境进行塑造。不同地域、不同文化背景下的人们根据环境条件和资源利用方式形成了各具特色的生活方式和文化习俗。这种相互作用塑造了人们对自然的认知、对生态环境的态度以及与自然相处的方式。

文化是由人类所创造的系列观念、价值，共同遵守的信仰及社会规范。环境包括自然环境、社会环境，是人类赖以生存的空间和资源的基础。文化和环境密不可分、相互影响，共同构建起人类和自然的关系。首先，文化对环境的影响是通过人类的观念、价值和信仰体现的。不同的文化传统和价值观念对环境的认知和态度有着显著影响。例如，一些传统文化中对自然的崇拜和敬畏，在原始社会里，人类

① 罗康隆．论文化多样性与生态维护［J］．吉首大学学报（社会科学版），2007（2）：79-84.

生产能力低下，文化尚未形成，此时人类从自然中获得的馈赠是直接的，如采摘果实、狩猎等。随着社会的发展，人们逐渐开始有意识地耕种、养殖，取得更多的自然馈赠，于是农耕文化逐渐形成。在这个时期，人类虽然具备了一定的改造自然的能力，但生产收获仍然靠天吃饭，对于自然灾害的抵御能力十分低下，于是将其视为神秘力量的操控，为了缓解这种对神秘力量的恐惧，逐步形成了尊重自然的思想，以期盼获得风调雨顺，此即原始的生态价值观。而现代生态价值观，是人类在对资源肆意破坏后遭到自然反噬作出的反思。例如，过度开采导致矿难发生、过度使用化石原料导致的环境污染等。现代生态观强调可持续发展，立足于此减少对自然资源的破坏，加大对可循环能源如太阳能、风能的利用，由此形成的以生态良好为基础的文化，影响着人们的行为，并由此构建良好的生态环境。其次，环境也反过来影响文化的形成和发展。自然环境中的地理条件、气候特征、资源情况等，孕育了特殊的地区文化。在科技水平相对落后的古代，人们靠山吃山、靠水吃水，在顺应自然、改造自然的过程中，形成了各地的特色文化。例如，平原地区的农耕文化、沿海地区的渔业文化等，便是环境作用于文化的佐证，无论是江南的细腻，还是西北的粗犷，都是自然环境和人类生存的磨合下的产物。此外，文化和环境的相互作用，还受到社会规范、百姓行为模式的影响。例如在倡导节俭、和谐发展的环境下，人们便会加强资源利用，起到保护环境良好发展的作用，这样的行为模式有利于可持续发展，降低环境破坏，形成良好的生态。反之，以经济为先的粗放化发展，便会对环境带来不可逆转的破坏，甚至引发生态灾害。

文化和环境的塑造是一个持续、动态化的过程。在社会经济发展的快速发展中，文化观念和环境条件也在不断变化，从而对人与自然的关系产生影响。因此，为达到和谐共生的目的，就要求人们基于社会的发展和环境的需求，不断地调节和优化文化观念，以促进环境可持续发展。

（二）价值观与行为模式的影响

人类价值观和行为模式，是人与自然关系的重要因素。人们的价值观，决定了其对自然的看法和态度。当价值观对经济利益过于追求时，人类便会出现短视行为，引发粗放化开发，对自然资源造成不可逆的伤害。反之具备生态保护和可持续发展观时，人类便会加强对环境的重视，形成和谐共生的自然观。因此，人学视角强调培养人们的环境伦理观念，引导他们形成积极的环保行为模式。

价值观是人们对于什么重要、有意义、可取的信念，行为模式是在其基础上产生的具体行为。正是在价值观、行为模式的双重驱动下，人们作出了和自然良好互动的选择。首先，价值观对人与自然关系的影响是深远的，不同的价值观之下，人们对于自然表现出不同的认知程度，并形成不同的态度。那些重视生态平衡、可持续发展的价值观，强调人与自然的和谐共生，重视自然的价值并为之努力。这样的价值观的驱动，让人们更乐于保护自然，自主地选择和推动有利环境的生活、工作方式。其次，行为模式是价值观的具体呈现。人们的行为方式主要受到社会文化、经济制度、教育等的影响。例如在追求短期利益的情况下，便会发生粗放化的开发行为，导致对生态带来不可逆的破坏，引发环境恶化的问题。反之，可持续发展理念的推动，让人们自觉地节省能源、降低废物，促进生态的修复，达到和自然和谐共生的目的。而且价值观与行为模式之间，亦产生了深刻影响。这样的行为模式，有助于进一步巩固和增强价值观，进而影响到个体行为，并产生集体的行为动机。例如，当一个人具备环保价值观时，其便会作出有利于保护环境的行为，在平时的生活中节水节电，对废弃垃圾进行分类处理等。这样的模式将促进其增强环保的认同感，同时也会对其身边的人带来影响，形成良性循环。

价值观和行为模式的影响对于人与自然的和谐共生具有重要意义。通过树立环保意识、推崇可持续发展价值观、倡导生态伦理和道德观念，以及加强社区参与和民主决策，我们可以改变自己与自然界的关系，实现更加平衡、和谐和可持续的发展。这种变革需要政府、组织和个体共同努力，形成一种全球范围内的价值共识和行动共同体，以实现人与自然的和谐共生的目标。

（三）可持续发展与生态文明的追求

1987 年，联合国世界环境与发展委员会在《我们共同的未来》研究报告中，首次提出了可持续发展的定义，即“可持续发展是指既满足当代人的需求，又不对后代人满足其需求的能力构成危害的发展”[①]。倡导可持续发展与生态文明的追求。可持续发展的概念强调了经济、社会和环境的协调发展，旨在满足当前需求而不损害后代子孙的发展空间。生态文明则强调人与自然和谐共生的理念，追求人与自然的相互依存和共同进步。在这一视角下，人们需要根据环境的承载能力和可持续发展的原

① 习近平．干在实处 走在前列：推进浙江新发展的思考与实践［M］．北京：中共中央党校出版社，2006：19.

则，调整生产方式、消费模式和生活习惯，实现经济的绿色转型和生态的平衡发展。

可持续发展与生态文明的追求是人们对人与自然关系的重新思考和重塑，旨在实现人类社会的可持续发展和人与自然的和谐共生。一是推动经济的可持续发展，通过合理的规划，减少消耗并促进自然的修复，才将取得可持续发展。近代以来，西方国家工业革命走在世界的前列，也更早意识到经济发展带来的环境问题，他们通过工业外移的方式，在发展中国家大肆建立工厂，以缓解自身环境压力。此后，各国也开始意识到粗放发展带来的不良后果，开始探索绿色技术、能源转型的道路，以实现可持续发展。二是注重生态环境的保护与恢复，生态文明追求人与自然的和谐共生，强调生态环境的保护和恢复。通过污染治理，促进生态系统的修复，保护生物多样性，以此促进自然资源的可持续发展。三是坚持文化的传承与创新，生态文明追求将人类的文化与自然融为一体，将传统智慧与现代科技相结合。它倡导传统文化的保护与传承，鼓励创新的思维和实践，推动文化的可持续发展与环境的保护相互促进。四是加强国际合作、全球责任可持续发展与生态文明的追求超越国界，需要全球范围内的合作与共同责任。国际社会应加强合作，共同应对气候变化、生态环境破坏等全球性挑战，共同推动可持续发展和生态文明的实现。五是倡导和谐共生的生活方式，可持续发展与生态文明的追求需要人们采取和谐共生的生活方式。这包括减少能源消耗、降低废物排放、推动低碳出行、支持有机农业和可持续消费等。人们应该意识到他们的生活选择对环境和自然资源有着直接的影响，通过个人和集体的努力，实现可持续发展和生态文明的目标。

可持续发展和对生态文明的追求，要求人们在经济发展中多方协调、全方位考量，达到协调发展的目的，并通过转变思维、保护环境等方式，促进人与自然的和谐发展。

三、人学观点在实践中的应用与启示

人学观点的应用和启示，旨在引导人们重新审视人与自然的关系，给出合理的解决方案，促进人与自然的和谐共生。其实现过程包括尊重文化多样性、倡导生活方式的可持续发展、促进教育方式转变。

（一）文化多样性的尊重与保护

“文化生存、文化多样性与环境保护及生物多样性常常如此交结在一起，丧失其中的一种都会导致两者共同消失。"[①] 在实践中强调尊重和保护各种文化的多样性，认识到每个文化对于人与自然关系的理解和处理方式都有其独特性。

实践中，我们应该做到尊重不同地区的文化观、价值观，通过良好的文化交流，找到人类可持续发展的共识，共建美好家园。此外，我们还应保护和传承本地的传统文化，挖掘其价值，以此为生态文明建设和环境的可持续发展发挥作用。因此，要求我们在外来文化交流过程中，做到以包容、发展的眼光看待，求同存异，在碰撞中形成环境的共识。加强对话、交流，有助于增进文化的理解，从而挖掘不同的文化中，有利于环境友好的一面，推动人与自然和谐共生。基于此，要求我们鼓励不同文化的交流，通过相互的学习达到共同进步的目的。此外，通过各自的经验分享，达到文化间的相互启迪，促进不同地区的人们，共同为环境优化作出贡献。

在尊重、保护文化多样性的基础上，通过持续的实践，建立起包容、多元化的人与自然关系。基于此，深入挖掘文化智慧、分享文化经验，共同促进可持续发展观的实现。只有如此，才将实现真正意义上的人与自然和谐共生。

（二）可持续生活方式的倡导与实践

法国的经济学家佩鲁说："市场是为人而设的，而不是相反；工业属于世界，而不是世界属于工业。"[②] 正确对待"以人为中心"的发展，防止主客二分思维方式和理性主义思维方式歪曲"人"的作用进而导致的人与自然关系歪曲的发展。

实践中，鼓励人们采取可持续生活方式，不断地降低消耗、减轻浪费现象，促进资源优化，由此达到有效保护环境，获得人与自然的和谐共生。环境问题与每个人息息相关，因此要求我们从自己做起，在生活中尽可能地低碳生活、节省能源，选择可再生能源、进行可持续消费，以降低对环境带来的不利影响，实现人与自然的和谐发展。通过降低能源消耗，为可持续发展提供动力。对于个人而言，可以在生活中，通过随手关灯、空调调高一度、减少过度消费等方式，降低能源消耗，为环境减负。资源回收、垃圾分类也有助于实现废物利用，降低对环境的破坏。在穿衣方面，倡导节省衣柜空间，少买一件；在饮食方面，可通过选择有机食品、本地生产食物，以降低运输能源、减少包装废弃物；在住房方面，可从建筑、装修的角

① 刘源．文化生存与生态保护：以长江源头唐乡为例［J］．广西民族学院学报（哲学社会科学版），2004（4）：52-58.

② 佩鲁．新发展观［M］．张宁，丰子义，译．北京：华夏出版社，1987：92.

度选择环保材料、设计利用高效能源；在居住过程中，可通过使用节能电器、用品，随手关灯等方式，降低能耗；在出行方面，尽可能选择步行、乘坐公交车等交通工具出行。各地政府应加强对绿色企业的支持，促进可再生能源如太阳能、风能等的发展和运用，营造节约能源的社会环境。

总之，可持续发展是全世界共同的话题，要求我们在尊重和保护文化多样性的基础上，促进教育和意识形态的改变，由此实现人与自然的和谐共生，建立生态文明社会。

（三）教育与意识形态的转变

“动物只是按照它所属的那个种的尺度和需要来构造，而人却懂得按照任何一个种的尺度来进行生产，并且懂得处处都把固有的尺度运用于对象；因此，人也按照美的规律来构造。”[①] 因此，在实践中要加强教育促进意识形态的转变，增强人们对可持续发展和生态文明的理解。

环境教育应被纳入教育体系中，在小学阶段，为学生的环保意识养成打下坚实的基础，再通过持续性的教育，不断增强其环保意识。同时，加强社会层面的环保教育，转变人们一味追求经济增长的思维，形成重视生态发展的人与自然和谐观。

第一，环境教育是人学实践的重要方向。因此，将其纳入教育体系，有助于让孩子们从小养成正确的生态观，培育其良好的环境意识，可采用的方式包括课堂教学、实地考察等。让学生通过理论学习，实践接触，掌握生态系统原理，激发环境保护、可持续发展动力。

第二，教育和意识形态的转变需要改变传统的发展观念和价值观。现代科学的发展，促进了经济发展步入快车道，但人们过于关注经济发展而忽视了对环境的伤害，导致了严重的环境问题。基于此，要求我们在人学实践中，转变传统粗放发展观，以环境保护和可持续发展为核心。转变教育和意识形成，培养绿色意识，促进人们更深切地认识到环境保护的重要性，将思想认识转化成为实践行为，才将促进社会生活方式大变革，形成有利环境的社会氛围。

第三，教育和意识形态的转变需要注重整体性和系统性的思维。人学实践强调整体性思维，认为人与自然的关系是相互依存、彼此影响的。因此，通过培育人

① 马克思，恩格斯．马克思恩格斯文集：第 1 卷［M］．中共中央马克思恩格斯列宁斯大林著作编译局，译．北京：人民出版社，2009：163.

们的系统思维能力，有助于促进其正确地理解人与自然的关系，从而更深切地认识生态平衡的重要性。促进人们对复杂环境的思考，增强环境应对能力，实现可持续发展。

第四，教育和意识形态的转变需要以实践为基础。仅仅传递理论知识是不够的，我们需要将教育与实践相结合，让学生亲身参与到环境保护和可持续发展的实践活动中。因此，要求我们引导学生，更多参与到环境保护中，包括在校内开展环保项目，或是通过社区、企业等加强实践活动。通过这样的方式，让学生获得更深切的体验，全面提升环境实践能力。此外，有助于激发学生创新思维能力，促进其获得创新解决方案，以此为生态文明建设和可持续发展贡献力量。

通过加强环境教育，改变传统的发展观念和价值观，培养整体性和系统性思维，以及将教育与实践相结合，我们可以引导人们树立正确的人与自然关系观念，并推动可持续发展和生态文明的实现。这需要教育机构、政府、社会组织和个人共同努力，形成全社会的合力，为实现人与自然的和谐共生而不断努力。

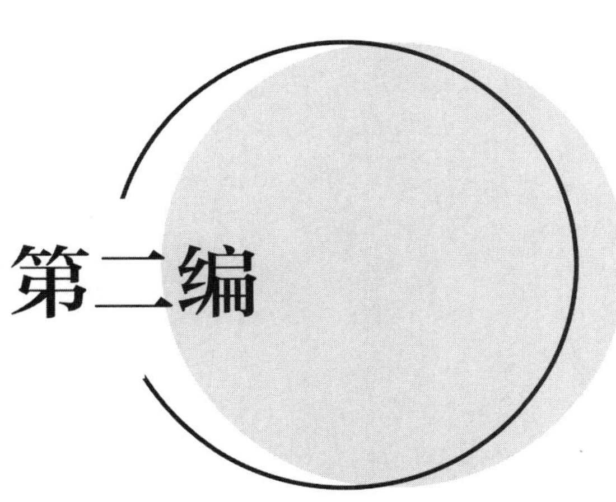

第二编

中国式现代化的历史进程与主要经验

北京市人大常委会　崔新建

摘　要： 近代以来，围绕实现什么样的现代化、如何实现现代化这两个基本问题，中国开启了现代化探索的艰辛历程。中国共产党带领中国人民在推进中国现代化的过程中所取得的宝贵经验，以及由此形成的中国式现代化的理论体系，对于新征程上继续推进强国建设和民族复兴的历史伟业，具有重大的理论意义和实践价值。

关键词： 中国式现代化；社会主义现代化；历史进程；主要经验

习近平总书记指出："中国式现代化是我们党领导全国各族人民在长期探索和实践中历经千辛万苦、付出巨大代价取得的重大成果。"[①] 这是对中国现代化探索历程的精辟概括，也是对中国式现代化历史经验的深刻揭示。

一

中国人对现代化的认知和探索，可以追溯到 19 世纪 40 年代鸦片战争失败以后、"睁眼看世界"的先行者们开始意识到中国大大落后于西方列强之时。从那时起到现在的 180 年追求与探索现代化历程，大体上可以以五四运动及其后中国共产党的成立为界，分为前后两个时期。

从鸦片战争到五四运动的第一个历史时期，在中华民族经历前所未有劫难、面

① 习近平 . 习近平关于中国式现代化论述摘编［M］. 北京：中央文献出版社，2023：31.

对国家蒙辱、人民蒙难、文明蒙尘之际，一部分开明的知识分子，率先从“中国要不要学习西方（现代化）”的纠结和纷争中走出来，开始探寻“富国强兵”的现代化之路。但从洋务运动、戊戌变法到辛亥革命，近代中国史上的一次次失败昭示：在缺乏国家独立、人民解放等根本社会条件与政治前提的背景下，现代化只能是一种美好的幻想和奢望——所有关于现代化的设计蓝图和努力留下的都是徒劳的辛酸、无奈的痛苦。

从五四运动到今天的第二个历史时期，中华民族发展方向和进程开始发生深刻改变，中国人民迎来了伟大觉醒并开始掌握自己的命运。中国现代化的希望，重燃于五四运动及其后诞生的中国共产党，建基于中国共产党领导的以反对帝国主义、反对封建主义和反对官僚资本主义为核心内容的新民主主义革命。新民主主义革命的胜利和中华人民共和国的成立，使中国的现代化具备了根本的政治前提。中国现代化的真正起步和建设进程，始于 1949 年中华人民共和国的成立及 1956 年全面开始的社会主义建设；中国现代化建设的全面展开和顺利推进，始于 1978 年改革开放和社会主义现代化建设新时期；中国式现代化的不断深化和拓展，始于党的十八大以来的中国特色社会主义新时代。

回顾中国现代化探索的历史进程，我们可以更深刻地体会到中国实现现代化的长期性和复杂性，认识到中国的现代化不可能一蹴而就，任何急躁冒进的想法和做法只能是欲速不达；我们可以更深刻地体会到中国现代化之路的曲折性和艰辛性，认识到中国实现现代化没有捷径可走，不可能靠照搬别人的经验或模式取得成功，也不可能没有曲折、不付出任何教训和代价；我们可以更深刻地体会到中国式现代化是长期探索和奋斗取得的重大成果，认识到这些理论与实践成果来之不易，必须倍加珍惜，在新时代新征程上不断拓展和深化。

二

纵观中国现代化的理论与实践探索历程，始终在围绕以下两个基本问题展开：建设什么样的现代化国家（实现什么样的现代化）？如何建设现代化国家（如何实现现代化）？对这两个基本问题的解答，既同中国现代化建设的历史进程密切相关，也同我们对世界的认识密切相关，同我们对时代特征的把握有关。

究竟什么是现代化？应该追求什么样的现代化？这涉及对现代化的基本认知和

理解。从实践层面看，作为一种社会现象，现代化最先为人们所熟知的是以新式的生活用品为标志的时髦、时尚、新潮生活方式，其次是指以机器大工业等先进技术为标志的社会化生产方式，再次是指以市场化为基础、以法治为支撑的社会组织、运行及治理的方式。此外，现代化还指与现代生活方式、生产方式、社会运行方式相适应的以个体独立、平等为主要内容的观念和文化。也就是说，现代化指的就是不同于传统社会或古典社会的现代社会。从认识层面看，作为一个历史学和社会学范畴，现代化（modernization）一词，最初特指西欧社会从文艺复兴以来、特别是由工业革命而引起的社会变化和演进过程，这一过程既包括工业化、市场化，也包括城市化和资本主义化，还包括国际化和对外殖民扩张等。后来，现代化又作为一个具有普遍意义的术语，用来描述一个国家都将经历的从传统农业社会向工业社会转型的过程，并且也不再仅仅是历史学和社会学的范畴，而且具有更广泛的经济学、文化学、政治学等意义。

在近代历史上，我们对现代化最初的理解就是“西方化”或“欧化”。随着我们对现代化历史的认识更加深入全面，对中国现代化之路的实践探索愈加深化，逐渐由从单纯的经济发展意义上来理解现代化，转变为从社会发展等角度来理解现代化。总体而言，我们所理解的现代化，在本质上是社会发展的一个特定阶段或社会发展的一种特殊方式、特殊形态。从广义上说，现代化是指人类从传统的农业社会向近代工业社会转型的过程，是人类社会发展必经的工业化阶段；从狭义上说，现代化是指 20 世纪以来不发达国家追赶发达国家的特殊发展过程。

中国式现代化，基于中国现代化的历史进程和实际情况，又赋予了现代化的第三层含义：现代化不是过去完成时，而是现在进行时；不仅有初次现代化的问题，还有再现代化的问题；现代化可以串联式地依次进行，也可以并联式地同时进行；现代化除了工业化，还包括新型工业化、新型城镇化、信息化以及全球化等。对现代化的这一层理解，体现了 21 世纪应有的现代化观。

中国共产党带领人民对实现什么样的现代化的理论与实践探索，经历了四个阶段。

1954 年以前，是把现代化与工业化、近代化相等同的阶段。1945 年 4 月，毛泽东在《论联合政府》中提出：“中国工人阶级的任务，不但是为着建立新民主主义的国家而斗争，而且是为着中国的工业化和农业近代化而斗争。”[①]1949 年 3 月，

① 毛泽东．毛泽东选集：第 3 卷［M］．北京：人民出版社，1991：1081.

他在七届二中全会上指出：革命胜利以后，要“使中国稳步地由农业国转变为工业国，把中国建设成一个伟大的社会主义国家”[①]。

从1954年到1981年，是把现代化具体化为“四个现代化”的阶段。1954年，第一届全国人民代表大会第一次会议召开，周恩来在《政府工作报告》中提出，建设起强大的现代化的工业、现代化的农业、现代化的交通运输业和现代化的国防。这是我们党对实现“四个现代化”目标的最初概括。1964年，周恩来在三届全国人大一次会议上首次提出“把我国建设成为一个具有现代农业、现代工业、现代国防和现代科学技术的社会主义强国”，构成对“四个现代化”的正式概括。1979年9月，叶剑英《在庆祝中华人民共和国成立三十周年大会上的讲话》中指出：“我们所说的四个现代化，是实现现代化的四个主要方面，并不是说现代化事业只以这四个方面为限”，改革和完善社会主义经济制度、社会主义政治制度，发展高度的社会主义民主和完备的社会主义法制，建设高度的物质文明和社会主义精神文明，“都是社会主义现代化的重要目标，也是实现四个现代化的必要条件”[②]。这意味着，我们党对现代化目标的理解，已不局限于“四个现代化”。

从1981年到2020年，是把现代化明确为建设社会主义现代化国家的阶段。1981年，《关于建国以来党的若干历史问题的决议》指出：党在新的历史时期的奋斗目标是把我国“逐步建设成为具有现代农业、现代工业、现代国防和现代科学技术的，具有高度民主和高度文明的社会主义强国”[③]，首次把“高度民主”“高度文明”作为社会主义强国建设的重要目标。1982年，党的十二大报告把奋斗目标表述为“逐步实现工业、农业、国防和科学技术现代化，把我国建设成为高度民主、高度文明的社会主义国家”[④]。在这里，逐步实现四个现代化成为具体目标和条件，“高度民主、高度文明”成为建设社会主义现代化国家的主要内涵，“社会主义强国”的提法也改成了“社会主义国家”，反映了党对新时期奋斗目标的新定位。

① 毛泽东．毛泽东选集：第4卷［M］．北京：人民出版社，1991：1437.

② 中共中央文献研究室．改革开放三十年重要文献选编：上［M］．北京：中央文献出版社，2008：70，71.

③ 中共中央文献研究室．改革开放三十年重要文献选编：上［M］．北京：中央文献出版社，2008：211，217.

④ 中共中央文献研究室．改革开放三十年重要文献选编：上［M］．北京：中央文献出版社，2008：266.

1987 年，党的十三大报告提出“把我国建设成为富强、民主、文明的社会主义现代化国家”[①]，首次从经济建设、政治建设、文化建设三位一体的角度明确了建设社会主义现代化国家的具体内涵，是对建设社会主义现代化国家认识上的新发展。此后，在党的十六届六中全会和十九大上，先后在“富强民主文明”之后增加了“和谐”“美丽”二词，党的十九大把“社会主义现代化国家”改为“社会主义现代化强国”，体现了建设社会主义现代化国家的新认识和新要求。

从 2020 年至今，是把现代化明确概括为中国式现代化的阶段。2020 年 10 月，习近平总书记在党的十九届五中全会上首次阐述了“中国式现代化”的五个特征[②]，并在庆祝建党一百周年大会和党的十九届六中全会等不同场合进行了阐述。2022 年 10 月，党的二十大报告不仅提出了“以中国式现代化全面推进中华民族伟大复兴”新时代党的中心任务，而且从现代化的性质、中国特色、本质要求以及推进中国式现代化必须牢牢把握的重大原则等方面对中国式现代化进行了系统阐述，体现了党在新时代的已有探索成果和继续探索方向。2023 年 2 月，习近平总书记在新进中央委员会的委员、候补委员和省部级主要领导干部专题研讨班上，围绕正确理解和大力推进中国式现代化进行了深刻阐述，指出：中国式现代化的中国特色深刻揭示了中国式现代化的科学内涵；中国式现代化是强国建设、民族复兴的唯一正确道路；中国式现代化蕴含的独特世界观、价值观、历史观、文明观、民主观、生态观等及其伟大实践，是对世界现代化理论和实践的重大创新；推进中国式现代化是一个系统工程，需要统筹兼顾、系统谋划、整体推进；推进中国式现代化是一项前无古人的开创性事业，必须增强忧患意识，坚持底线思维，通过顽强斗争打开事业发展新天地。[③]

中国式现代化是党领导人民对“实现什么样的现代化”问题的最新回答，也是进行现代化长期探索成果的集大成。从 1979 年到 1984 年，邓小平曾多次使用“中国式的现代化”概念，指出“现在搞建设，也要适合中国情况，走出一条中国式的现代

① 中共中央文献研究室 . 改革开放三十年重要文献选编：上［M］. 北京：中央文献出版社，2008：477.

② 习近平 . 习近平谈治国理政：第 4 卷［M］. 北京：外文出版社，2022：124.

③ 引自习近平在学习贯彻党的二十大精神研讨班开班式上发表重要讲话强调 正确理解和大力推进中国式现代化［N］. 人民日报，2023-02-08（001）.

化道路"[①]，强调"我们要实现的四个现代化，是中国式的四个现代化"[②]，"到本世纪末在中国建立一个小康社会。这个小康社会，叫做中国式的现代化"[③]。显然，邓小平主要是在中国现代化应当走自己的路以及中国现代化阶段性目标的意义上来使用"中国式的现代化"概念的。在党领导人民经过百年奋斗全面建成小康社会，全面开启实现第二个百年奋斗目标、全面建设社会主义现代化国家新征程之时，习近平总书记提出并深刻阐述中国式现代化的理论体系，可谓恰逢其时，具有重大的理论意义和实践价值。

三

就如何实现现代化而言，党在领导人民所进行的艰苦探索中，逐渐形成了一系列行之有效的实践经验。

推进中国现代化的进程，一要始终把实现现代化作为全党全国人民矢志不渝的奋斗目标。"中国共产党建立近百年来，团结带领中国人民所进行的一切奋斗，就是为了把我国建设成为现代化强国"，"从第一个五年计划，到第十四个五年规划，一以贯之的主题，是把我国建设成为社会主义现代化国家"[④]。二要充分认识中国现代化进程的长期性、复杂性。1962 年，毛泽东强调："至于建设强大的社会主义经济，在中国，五十年不行，会要一百年，或者更多的时间。"[⑤]1987 年，邓小平指出："到下世纪中叶我们建成中等发达水平的社会主义国家"，"在经济上要达到中等发达国家的水平，还需要五六十年的时间，如果从中华人民共和国建立算起要用上百年的时间"[⑥]。2023 年 2 月，习近平总书记指出，推进中国式现代化，是一项前无古人的开创性事业，必然会遇到各种可以预料和难以预料的风险挑战、艰难险阻

① 邓小平．邓小平文选：第 2 卷［M］．中共中央文献编辑委员会，编．北京：人民出版社，1994：163.
② 邓小平．邓小平文选：第 2 卷［M］．中共中央文献编辑委员会，编．北京：人民出版社，1994：237.
③ 邓小平．邓小平文选：第 3 卷［M］．中共中央文献编辑委员会，编．北京：人民出版社，1993：54.
④ 习近平．习近平著作选读：第 2 卷［M］．北京：人民出版社，2023：365，366.
⑤ 中共中央文献研究室．毛泽东文集：第 8 卷［M］．北京：人民出版社，1999：301.
⑥ 邓小平．邓小平文选：第 3 卷［M］．中共中央文献编辑委员会，编．北京：人民出版社，1993：204，210，259.

甚至惊涛骇浪，必须通过顽强斗争打开事业发展新天地。[①]三要始终坚持分阶段推进。1963 年，党中央继八大之后再次提出国民经济分两步走的长远设想：建立一个独立的、比较完整的工业体系和国民经济体系；全面实现农业、工业、国防和科学技术的现代化。[②]1987 年 4 月，邓小平首次明确提出经济建设大体分“三步走”的战略目标，并在党的十三大上升为我国经济建设的战略部署：实现国民生产总值比 1980 年翻一番，解决人民的温饱问题；到 20 世纪末，使国民生产总值再增长一倍，人民生活达到小康水平；到 21 世纪中叶，人均国民生产总值达到中等发达国家水平，人民生活比较富裕，基本实现现代化。[③]此后，党的十五大针对如何实现第三步目标提出了新的“三步走”发展战略，党的十九大对我国从 2020 年到 21 世纪中叶的发展作出分两个阶段的安排。“从全面建成小康社会到基本实现现代化，再到全面建成社会主义现代化强国，是新时代中国特色社会主义发展的战略安排。”[④]这些战略部署和安排，体现了中国现代化进程的阶段性与延续性的有机统一，为现代化的最终实现搭建了从低级到高级的坚实阶梯，也成为通向社会主义现代化强国之路的一个个里程碑。

中国实现现代化必须坚持的重大原则：一是必须依靠自己的力量，坚持走自己的路。1956 年，毛泽东在《论十大关系》等报告、讲话中，提出建设社会主义必须根据本国情况走自己的路，强调“中国革命和中国的建设，都是依靠发挥中国人民自己的力量为主，以争取外国援助为辅”[⑤]。改革开放后，邓小平也反复强调“中国的事情要按照中国的情况来办，要依靠中国人自己的力量来办。独立自主、自力更生，无论过去、现在和将来，都是我们的立足点”[⑥]。习近平总书记也强调：“党的百年奋斗成功道路是党领导人民独立自主探索开辟出来的，马克思主义的中国篇章是中国共产党人依靠自身力量实践出来的”，要“坚持把国家和民族发展放在自己

① 习近平在学习贯彻党的二十大精神研讨班开班式上发表重要讲话强调 正确理解和大力推进中国式现代化［N］. 人民日报，2023-02-08（001）.

② 中共中央党史研究室 . 中国共产党历史：第 2 卷下册［M］. 北京：中共党史出版社，2011：671.

③ 中共中央党史研究室 . 中国共产党的九十年：改革开放和社会主义现代化建设新时期［M］. 北京：中共党史出版社，党建读物出版社，2011：745.

④ 习近平 . 习近平著作选读：第 2 卷［M］. 北京：人民出版社，2023：24.

⑤ 中共中央文献研究室 . 参见毛泽东年谱（1949—1976）：第 2 卷［M］. 北京：中央文献出版社，2013：611.

⑥ 中共中央文献研究室 . 改革开放三十年重要文献选编：上［M］. 北京：中央文献出版社，2008：260.

力量的基点上，坚持把中国发展进步的命运牢牢掌握在自己手中”[①]。二是必须坚持中国现代化的社会主义性质。中国的现代化建设与社会主义建设，从来就是密不可分的同一个过程。毛泽东曾指出：“关于中国的前途，就是搞社会主义”，总的目标是“为建设一个伟大的社会主义国家而奋斗”。邓小平也指出：“我们搞的四个现代化有个名字，就是社会主义四个现代化。”[②] 习近平总书记指出，“中国式现代化，是中国共产党领导的社会主义现代化”，强调坚持中国特色社会主义既是中国式现代化的本质要求之一，也是推进现代化强国建设必须牢牢把握的一个重大原则。三是必须坚持中国共产党的领导。毛泽东指出：“中国共产党是全中国人民的领导核心。没有这样一个核心，社会主义事业就不能胜利。”[③]1979 年，邓小平提出：“我们要在中国实现四个现代化，必须在思想政治上坚持四项基本原则”，“四个坚持的核心，是坚持党的领导”。[④]2023 年 2 月，习近平总书记强调：“党的领导直接关系中国式现代化的根本方向、前途命运、最终成败。”[⑤]

关于中国实现现代化的前提和本质要求，1980 年邓小平曾指出：实现四个现代化“第一，要有一条坚定不移的、贯彻始终的政治路线；第二，要有一个安定团结的政治局面；第三，要有一股艰苦奋斗的创业精神；第四，要有一支坚持走社会主义道路的、具有专业知识和能力的干部队伍”。[⑥] 习近平总书记在党的二十大报告中阐明了中国式现代化的本质要求是：坚持中国共产党领导，坚持中国特色社会主义，实现高质量发展，发展全过程人民民主，丰富人民精神世界，实现全体人民共同富裕，促进人与自然和谐共生，推动构建人类命运共同体，创造人类文明新形态。

关于中国实现现代化的策略与方法，社会主义革命和建设时期，我们党强调，为把我国建设成为一个强大的社会主义国家，要解决好重工业、轻工业和农业的关系，沿海工业和内地工业的关系，经济建设和国防建设的关系，中央和地方的关

① 习近平 . 习近平著作选读：第 1 卷［M］. 北京：人民出版社，2023：16，22.

② 邓小平 . 邓小平文选：第 3 卷［M］. 中共中央文献编辑委员会，编 . 北京：人民出版社，1993：181.

③ 毛泽东 . 毛泽东文集：第 7 卷［M］. 北京：人民出版社，1999：303.

④ 中共中央文献研究室 . 改革开放三十年重要文献选编：上［M］. 北京：中央文献出版社，2008：33，117.

⑤ 习近平 . 中国式现代化是中国共产党领导的社会主义现代化［J］. 求是，2023（11）.

⑥ 中共中央文献研究室 . 改革开放三十年重要文献选编：上［M］. 北京：中央文献出版社，2008：106.

系，中国和外国的关系等十大关系。改革开放和社会主义现代化建设新时期，我们党认为，要允许一部分人、一部分地区先富起来，通过先富带后富，最后达到共同富裕；坚持“一个中心”“两个基本点”不动摇，物质文明建设与精神文明建设、经济建设与法治建设、发展与稳定、改革开放与惩治腐败必须两手抓、两手都要硬。在全面建成小康社会、开启建设社会主义现代化国家的新征程上，我们党高度重视统筹兼顾、系统谋划、整体推进，正确处理好顶层设计与实践探索、战略与策略、守正与创新、效率与公平、活力与秩序、自立自强与对外开放等一系列重大关系。

党在探索和推进中国现代化的艰辛历程中所取得的这些宝贵经验，是中国现代化成功推进的根本原因所在，也是奋进全面建设社会主义现代化国家新征程的重要法宝。

实现有原则高度的文明实践 *

北京师范大学哲学学院　沈湘平

摘　要：中国式现代化，蕴含着文明的自觉与承诺，彰显了当代中国的文明立场与文明主张，是当代中国的文明实践。无论是建设中华民族现代文明，还是发展人类文明新形态，都不是一般的实践，而是有原则高度的文明实践。只有自觉运用马克思主义同中华优秀传统文化相结合的科学方法，深刻把握中国式现代化蕴含的人民至上的文明本质、文明以止的人文秩序、人的全面发展的文明目标、文明共生互鉴的天下胸怀，才能有力彰显中国文明实践的原则高度。

关键词：中国式现代化；文明实践；原则高度；“第二个结合”

现代化是人类文明进步的重要标志，中国式现代化既有各国现代化的共同特征，更有基于自己国情的中国特色，蕴含着文明的自觉与承诺，彰显了当代中国的文明立场与文明主张。正如恩格斯指出的，“文明是实践的事情”，中国式现代化事实上就是当代中国的文明实践。这一伟大文明实践拥有民族和人类两个面相：建设中华民族现代文明和发展人类文明新形态。不过，无论是建设中华民族现代文明，还是发展人类文明新形态，都不是一般的实践，而是有原则高度的实践。只有将中国式现代化理解为有原则高度的文明实践，才能理解其本质，理解其在全球语境中的文明角色和这一文明实践的世界历史意义。要准确把握中国式现代化何以是有原则高度的文明实践，必须自觉运用马克思主义同中华优秀传统文化相结合的科学方法。

*　本文主体部分在《光明日报》2024 年 3 月 22 日发表过。

一、马克思“实现有原则高度的实践”的思想具有普遍意义

“实现有原则高度的实践”是马克思在1843年《〈黑格尔法哲学批判〉导言》中就当时的德国提出的“解决办法”、实践任务：“实现有原则高度的（à la hauteur des principes）实践，即实现一个不但能把德国提高到现代各国的正式水准，而且提高到这些国家最近的将来要达到的人的高度的革命。”[①] 从这一论述我们可以直接得出如下结论：第一，实践是有高下层次之分的，马克思突出和倡导的是有原则高度的实践；第二，有原则高度的实践本质上是一种革命，是对现存世界的批判与变革；第三，这个原则高度具有彻底性、理想性，是现存世界包括现代国家都未曾真正实现、只有现代各国“最近的将来”才能达到的高度；第四，这个原则高度说到底乃是人的高度，以“人是人的最高本质这个理论为立足点”；第五，这个原则高度并非思辨的逻辑推演或应该确立的状态，它具有现实的必然性，是现代国家“最近的将来要达到”的现实；第六，这个原则是从对现代各国的“正式水准”的批判与革命中得到的，是对落后于“现代各国的正式水准”的国家的现实的否定之否定；第七，对于落后国家而言，实现有原则高度的实践分要“两步走”——第一步是提高到现代各国的正式水准；第二步是提高到现代各国最近的将来要达到的高度。

毫无疑问，马克思当年提出的“人的高度”受到费尔巴哈人本主义的深刻影响。但是，马克思思想成熟后并没有改变对实践的原则高度的规定，而是将当时还比较抽象地理解的“人”推进到唯物史观的“现实的人”；把“人是人的最高本质这个理论为立足点”改造为“新唯物主义的立脚点则是人类社会或社会化的人类”[②]；使“人的高度”具体落实到人的自由全面发展：未来社会将是“一个更高级的、以每一个个人的全面而自由的发展为基本原则的社会形式”[③]。综观马克思的论述，其“实现有原则高度的实践”不仅强调了人的高度，还突出了一种世界历史或

---

① 马克思，恩格斯．马克思恩格斯文集：第1卷［M］．中共中央马克思恩格斯列宁斯大林著作编译局，编译．北京：人民出版社，2009：11.

② 马克思，恩格斯．马克思恩格斯文集：第1卷［M］．中共中央马克思恩格斯列宁斯大林著作编译局，编译．北京：人民出版社，2009：11，506.

③ 马克思，恩格斯．马克思恩格斯文集：第5卷［M］．中共中央马克思恩格斯列宁斯大林著作编译局，编译．北京：人民出版社，2009：683.

全人类的视野，具有不朽的普遍意义。

众所周知，中国近代以降是以文明蒙尘为代价而开始进入现代文明的。时至今日，我们可以套用马克思的观点说，中国式现代化的文明实践也分两步走：第一步是我们国家的文明程度达到世界发达国家的正式水准；第二步是达到世界上发达国家最近将要达到的高度，就意味着真正超越现代各国，整体上引领人类文明进步。当然，就思想、行动而言，并非先完成第一步再启动第二步，而是从一开始就具有实现有原则高度的文明实践的自觉，并将之作为当代中国文明实践的本质性规定。

二、中华优秀传统文化对“文明”的理解具有“原则高度”

正如习近平总书记深刻指出的，“溯历史的源头才能理解现实的世界，循文化的根基才能辨识当今的中国”[①]。在中国，现代意义上的“文明”一词来自西方，最初是日本学者借用汉字翻译、指称英文“civilisation”（美式英语为 civilization）一词。不难理解，当中国人自然而然地接受这一翻译、指称并运用其展开自己的叙事时，就蕴含着中国传统文化对文明的独特理解。“文”在中国古代有文字、文采和纹理（规则）之意；“明”有光明、照亮、智慧之意。“文明”合用，在传统典籍中有四处值得特别注意。一是《周易·贲·彖》有云：“刚柔交错，天文也。文明以止，人文也。观乎天文，以察时变；观乎人文，以化成天下。”从中国传统文化看来，人文效法天文，人道效法天道，在人类与自然万物发生关系的过程中产生文明，文明即是要遵天文之时律而有所节制——“止”——行其所当行，止其所当止，内修文德以化成天下。二是《尚书·舜典》称赞舜帝：“浚哲文明，温恭允塞。”唐代孔颖达对“文明”二字注疏曰：“经纬天地曰文，照临四方曰明。”其从圣人美德的角度强调了把握、沟通与自然万物的关系以照拂、教化天下生民之意旨。三是《周易·乾·文言》有“见龙在田，天下文明”之说。既是对万物初焕光彩、文明初现的描摹，后也引申为一种理想的天下愿景。四是《礼记·乐记》云：“君子反情以和其志，广乐以成其教……是故情深而文明。”这里强调在推礼乐教化时，情感越是深厚就越会鲜明动人——重情是中华文明的重要特质。可见，在中国传统文化中，因人而文，因人而明，因人有止而文明，因人之性、情、德而文明，而且这样的文明一开始就有着照临四方、协和天下的理想。也就是说，中华民族基于生命实践对文

① 习近平向世界中国学大会·上海论坛致贺信［N］. 人民日报，2023-11-25（01）.

明做了人文秩序的初始理解，并在这种人文秩序中彰显人的智慧、道德、情感和天下视野，体现出以人为本、天下大同的文明观。

这种鲜明的人文精神和天下情怀成为中华文明区别于其他文明的重要标识，也是其极高明之处。西方现代化理论大家韦伯和帕森斯都指认，西方文明侧重于理性地控制世界，中华文明则意味着理性地适应世界。心理学家荣格揭示了中国“金花的秘密”，指出中国人总能在对立双方中保持平衡，这是“高等文化的标志”；相反，西方文明突出片面性虽然总能提供动力，却是“野蛮的标志”[①]。英国哲学家罗素以其中国之行的亲身经验指出，“西方文明建立在这样的假设之上，用心理学家的话来说是精力过剩的合理化……西方人向来崇尚效率，而不考虑这种效率是服务于何种目的”；“若不借鉴一向被我们轻视的东方智慧，我们的文明就没有指望了”[②]。学贯中西的辜鸿铭也指出，“欧洲并未在发现和理解真正的文明、文明的基础、意义上下多少功夫，而是倾全力于增加文明利器”。他认为中国语言中的“文明”从其文字构成来看，是由“美好和智慧”组合而成，“即美好和智慧的东西就是文明”；又说，“在中国古代经典里，‘文明’的真正含义在于‘秩序与发展’……有秩序——道德秩序，就有了社会的进步”[③]。还有众多中外思想家阐述了中华文明重情的特质，例如梁漱溟就认为，与西方重物理不同，中国人突出的是情理，“伦理情谊，人生向上”[④]是中华民族独特的民族精神。在“祛魅”（Disenchantment）的西方现代文明的映衬下，中华文明这些特质恰恰能给现代化加魅，赋予中国式现代化以独特底蕴和魅力。

习近平总书记多次指出，中华优秀传统文化中蕴藏着解决当代人类面临的难题的重要启示。中华优秀传统文化对文明理解的核心之处在于：基于人的生命实践，以人、天下为原则，以行有所止的理性智慧追求美好生活。对的“人”的领悟就是“仁”，而天下乃是由仁而化的仁的天下，所谓美好生活则是生命的理想存在状态。从当今人类文明面临危机的角度看，中华优秀传统文化所理解的文明恰恰是一种有原则高度的文明，具有否定之否定的特殊价值，具有跨越时空的永恒魅力。

---

① 荣格，卫礼贤．金花的秘密：中国的生命之书［M］．张卜天，译．北京：商务印书馆，2016：19.

② 罗素．中国问题［M］．秦悦，译．北京：学林出版社，1996：7，8.

③ 辜鸿铭．辜鸿铭文集：下册［M］．黄兴涛，等译．海口：海南出版社，1996：279，330.

④ 梁漱溟．中国文化的命运［M］．北京：中信出版社，2010：173.

三、以“第二个结合”推进当代中国有原则高度的文明实践

马克思主义和中华优秀传统文化来源不同，但彼此高度契合。中国共产党以马克思主义真理之光激活了中华文明的基因，中华优秀传统文化则充实了马克思主义的文化生命，在两者的相互成就中发展出中华文明的现代形态。马克思主义和中华优秀传统文化是中国式现代化的根和魂，中国式现代化的文明实践因此展现了不同于西方文明的新图景，代表人类文明进步的发展方向，彰显了当代中国文明实践的原则高度。这种原则高度在中国式现代化的中国特色、本质要求中体现出来，在建设中华民族现代文明和发展人类文明新形态的具体实践中体现出来。

一是人民至上的文明本质。在中国共产党人看来，“现代化的本质是人的现代化”[①]，西方现代化的最大弊端就是以资本为中心，见物不见人。作为中国式现代化指导思想的习近平新时代中国特色社会主义思想将必须坚持人民至上作为世界观和方法论的第一条，并提出和坚持以人民为中心的发展思想，突出现代化方向的人民性。习近平总书记还特别强调“从五千多年文明史的角度来看中国”，“展现中华文明的悠久历史和人文底蕴”，弘扬中华文明人命关天的道德观念和中国人民敬仰生命的人文精神，明确生命至上的价值追求。归根结底，文明是人的文明，“现代化道路最终能否走得通、行得稳，关键要看是否坚持以人民为中心”[②]，“中国式现代化的出发点和落脚点是让 14 亿多中国人民过上更加美好的生活”[③]。

二是文明以止的人文秩序。西方以资本为中心、两极分化、物质主义膨胀、对外扩张掠夺的现代化老路之所以行不通，就在于其文明是“无止”的文明。中国式现代化的文明实践则是有止的实践，这集中体现在“中国特色”的规范之中。人口规模巨大强调我们要从实际的国情、人口特点出发；全体人民共同富裕强调防止两极分化；物质文明和精神文明相协调强调防止物质主义膨胀；人与自然和谐共生强调反对“无止境地向自然索取甚至破坏自然”；走和平发展道路强调“不走一些国家通过战争、殖民、掠夺等方式实现现代化的老路”[④]。习近平总书记还指出：“亲仁

① 习近平 . 习近平著作选读：第 1 卷［M］. 北京：人民出版社，2023：113.

② 习近平 . 携手同行现代化之路：在中国共产党与世界政党高层对话会上的主旨讲话［N］. 人民日报，2023-03-16.

③ 习近平向亚太经合组织工商领导人峰会发表书面演讲［N］. 人民日报，2023-11-17.

④ 习近平 . 习近平著作选读：第 1 卷［M］. 北京：人民出版社，2023：19.

善邻、协和万邦是中华文明一贯的处世之道，惠民利民、安民富民是中华文明鲜明的价值导向，革故鼎新、与时俱进是中华文明永恒的精神气质，道法自然、天人合一是中华文明内在的生存理念。”[①] 这些都是以人为本、人民至上的文明本质所决定的人文秩序与规范。

三是人的全面发展的文明目标。中国式现代化的文明实践不仅追求物的全面丰富，更追求人的全面发展。习近平总书记明确指出：“人，本质上就是文化的人，而不是‘物化’的人；是能动的、全面的人，而不是僵化的、‘单向度’的人。”[②] 这里强调全体人民共同富裕不仅包括物质上的共同富裕，而且包括精神上的共同富裕；物质文明和精神相协调就是既要物质财富极大丰富，也要精神财富极大丰富、在思想文化上自信自强，要让全体人民始终拥有团结奋斗的思想基础、开拓进取的主动精神、健康向上的价值追求，而物质文明和精神文明建设的最终目的就是要促进人的全面发展。对于教育这一传承文明的重要途径，其根本目标就在于培养德智体美劳全面发展的人。

四是文明共生互鉴的天下胸怀。中国共产党明确自己不仅为人民谋幸福、为中华民族谋复兴，而且为人类谋进步、为世界谋大同。一方面，不仅以海纳百川的宽阔胸襟借鉴吸收人类一切优秀文明成果，而且强调立己达人，增强现代化成果的普惠性，与世界各国共享机遇。另一方面，中国共产党人直面世界之问、时代之问，提出弘扬全人类共同价值、构建人类命运共同体等中国方案、中国智慧，提出全球发展倡议、全球安全倡议、全球文明倡议等主张，强调和践行“以文明交流超越文明隔阂、文明互鉴超越文明冲突、文明包容超越文明优越”[③]。可以说是始终“站在历史正确的一边、站在人类文明进步的一边”[④]。中国的文明实践正是马克思所期许的“真正的普遍的文明”的生动体现。我们坚信，拥有中国式现代化这样有原则高度的文明实践，中国会更加美好，人类会更加美好。

① 习近平．深化文明交流互鉴 共建亚洲命运共同体：在亚洲文明对话大会开幕式上的主旨演讲［N］．人民日报，2019-05-16.

② 习近平．之江新语［M］．杭州：浙江人民出版社，2007：150.

③ 习近平．携手同行现代化之路：在中国共产党与世界政党高层对话会上的主旨讲话［N］．人民日报，2023-03-16.

④ 习近平．习近平著作选读：第 1 卷［M］．北京：人民出版社，2023：19.

论中国式现代化新道路的人学意蕴

上海师范大学哲学与法政学院　高惠珠
上海东海职业技术学院马克思主义学院　刘利威

摘　要：本文在人学视域中对中国式现代化新道路做了探讨。首先，本文具体分析了西方现代化理论演进中值得肯定的人学元素及其存在的难以回避的消极性特点；其次，以马克思恩格斯经典著作为据，本文具体阐释了马克思恩格斯对现代化进程中人之作用的揭示；最后，本文具体阐明了中国式现代化新道路所体现的人学理论重要时代创新：以人民为中心是马克思主义人学价值取向的新时代弘扬，推进每个人的全面发展是马克思主义人学目标取向的新时代体现，以及构建人类命运共同体是马克思主义人学实践逻辑的新时代推进。

关键词：人学视域；中国式现代化；时代创新

在2022年度“中国人文学术十大热点”的评选中，“中国式现代化”成为排名第一的重大命题。反思近年来的研究成果，可以看到理论界对中国式现代化的研究中，以“人民生活美好”与“共同富裕”为主题的研究论文颇多，而将“中国式现代化”与“人的全面发展”之内在联系作为主题研究的论文却较少，就是在研究现代化的名作《世界现代化历程（总论卷）》（钱乘旦主编）一书中，在《现代化的理论回顾》中，其归纳了“经济学视野下的现代化”“政治学视野下的现代化”“社会学视野下的现代化”“心理学视野下的现代化”“历史学视野下的现代化”，就是没有以人学理论为观照的现代化研究。而现代化既是为了人，又是由人来承建，所以我们作为人学理论研究者，更须对此加以探讨。

一、西方现代化理论演进中的人学元素

回顾世界史，可以发现，西方资本主义国家率先开启了人类现代化的发展历程。在这一过程中，15—16 世纪的地理航海大发现，18—19 世纪的科学技术大发明和 17 世纪的西方市场经济大发展，成为人们研究西方现代化发展的标志性事件。追踪这一历史过程，我们可以发现，这也是人学理论随之发芽、滋长的过程，也就是说，人学理论与现代化理论是同时演进的。在欧洲封建时代，欧洲人在古希腊和希伯来文化占据主流地位期间，在对人的认识问题上，他们持有的是人类一代比一代退化的传统观念。正是 16—17 世纪随远洋航行和市场经济的出现及随之世界市场的形成，才使越来越多的人看到了人的力量。当时的启蒙思想家虽说法多样、各自成理，但仔细分析，他们大多在人的问题上对社会实现启蒙，即对人的重视。这些启蒙思想家，尤其是“百科全书派”的努力传播，使人与人之社会代替了中世纪的神学，越来越受到重视。有些观念到今天读来仍对我们有启发，到 19 世纪，受达尔文生物进化说的启发而将之简单运用于人类社会，使“社会进化论”盛行于欧洲后又传播到世界各地，达尔文主义以“物竞天择、适者生存”等进化论观点，力图为英国率先实行工业革命、推行自由竞争的资本主义经济并以此建立全球霸权地位作学理说明。在这一过程中，出现了对人类理性的重视和推崇。在以理性化或合理化阐释这一发展过程本质性特征的思想家中，马克斯·韦伯极具代表性。在他的著述中“Rational”或“Rationalization”（理性的，理性化）是出现最多的一组关键词。总之，在西方现代化理论视域中，把工业化、城市化、市场化、世俗化、民主化、理性化、交往现代化和价值观念现代化，列为现代化的标志性内涵。在这些标志性的内涵中，每一样都与人的理性发展、行动能力发展、价值观念发展不可分离，其中内涵丰富的人学意蕴，即人的理性能力的发展、人的交往能力的发展，内含人的民主化要求的提升，人的实践活动能力的发展，内含人的设计制造能力的发展和审美能力的发展。所以，西方现代性发展中的各个标志性历史时期，实际上都是人的能力发展的现实体现。对于由新兴资产阶级所引领的西方现代化，马克思说：“资产阶级在不到一百年的阶级统治中所创造的生产力，比过去一切世代创造的全部生产力还要多还要大。”[①]

① 马克思，恩格斯．马克思恩格斯文集：第 2 卷［M］．中共中央马克思恩格斯列宁斯大林著作编译局，编译．北京：人民出版社，2009：36.

但是，这一西方现代性的实现过程，虽然是人的理性能力、实践能力得到大规模提升的过程，但在马克思主义人学视域中，其有着难以回避的消极性特点。

首先，西方现代性的发生发展，从人学视域中分析，表现为鲜明的自由个人主义，其强调的人是个人，以人为本是以个人为本，由此，其核心价值理念“自由、平等、博爱（或者宽容和民主）”，都立基于“个人为本”的原则之上。虽然这比起奴隶社会无视个人生命、封建社会束缚个人生命来，西方现代性立基于个人为本，具有历史的进步性，但其消极作用是显而易见的。

其次，正是个人为本与社会达尔文主义，为资本逻辑宰制市场经济提供了理论指引与理论基础。由此，西方现代化崇拜“资本至上”，将现代化过程中人、自然、社会的发展完全置于资本的控制之下。虽然西方现代化模式是人类现代化史上的首创，但其对人的发展的消极作用也日益显现。

再次，在以无限求利为目的的资本垄断逻辑和以地域、资源、资本、财富等占有为目的的权力扩张逻辑的双重作用，使世界战火不断，战火中的人们失去了正常的生活、生存环境，也就失去了正常的发展机会。资本逻辑的贪婪本性，使其疯狂地、无孔不入地全面向人的其他生活领域渗透，在资本双重逻辑的钳制下，人自由而全面的发展成为幻觉与泡影。

由此可见，在人学视域中，西方现代化的消极面由于其植根于个人主义与社会达尔文主义，对人的生存、发展的消极作用不容小觑。

二、马克思恩格斯对现代化进程中人之作用的揭示

马克思恩格斯所处的年代，正是西方现代化潮汐涌动的年代。虽然马克思在其著作中未曾使用过“现代化”一词，但其唯物史观的创立正是对这一现代化潮流所作的理论回应。在人学视域中，马克思的唯物史观也是对人之社会历史作用的全景式揭示。

首先，马克思恩格斯以“现实的人”为其研究世界现代化进程的出发点，指出：“任何人类历史的第一个前提无疑是有生命的个人的存在……任何历史记载都应当从这些自然基础以及它们在历史进程中由于人们的活动而发生的变更出发。”[①]那么，何谓“现实的人”呢？马克思恩格斯又进一步指出：“他们是什么样的，这

① 马克思，恩格斯．马克思恩格斯选集：第 4 卷［M］．中共中央马克思恩格斯列宁斯大林著作编译局，编译．北京：人民出版社，1995：23-24.

同他们的生产是一致的——既和他们生产什么一致，又和他们怎样生产一致。因而，个人是什么样的，这取决于他们进行生产的物质条件。”[①] 这就向我们指明了，现实的人的现实的生产活动，是我们研究现代化进程的出发点。

其次，马克思指明人的实践活动是世界现代化发展的主要推动力。对社会发展阶段的区分及其对推进社会发展的根本动力的认识，是马克思现代化理论的核心。众所周知，以原始社会、奴隶社会、封建社会、资本主义社会、共产主义社会依次更替的五种形态理论是马克思概括的社会形态发展的逻辑顺序，这已为人们所熟悉。但纵览马克思主义发展史，我们还可看到，马克思恩格斯还从商品经济与人际关系互动出发，把人类社会形态划分为三大阶段，即“人的依赖关系（完全是自然发生的）”是第一阶段，“以物的依赖性为基础的人的独立性”是第二阶段，“建立在个人全面发展和他们共同的社会生产能力成为他们的社会财富这一基础上的自由个性”是第三阶段。[②] 第二阶段为第三阶段创造条件。将这一“三形态”划分法与“五形态”划分法作比较分析，我们就可很清楚地看到，“三形态”划分法是马克思恩格斯以人的活动与交往能力与水平，作为划分社会形态的标志，而现实人的交往能力与水平，是与人的发展状态成正比的，因此这一划分也可以说，这是以人的发展状态作为划分社会形态的标志，这是在人学视域中对社会形态的性能认知与划分标准。

再次，马克思恩格斯指出人作为生产力中的关键因素，使生产力成为社会发展的根本动力。在传统的理解中，承认生产力是社会发展的根本动力就似乎已对历史唯物主义基本原理认识到位了。但在人学视域中，这还不够。因为生产力由劳动者、劳动工具和劳动资料三要素所组成。由此深入研究，就可发现，作为物质现象的劳动工具和劳动资料，每一样都与劳动者紧密相关。劳动工具是劳动者手、脑的延伸，劳动对象与劳动者的生存需要和劳动能力密不可分，这可从渔猎时代、农耕时代，劳动对象和劳动工具使用的历史中分析得知，而在这三要素中，劳动过程中劳动者的劳动质量和劳动效率则对生产力的动力功能有着决定性的影响。不用说渔猎时代或农耕时代，在当代大机器生产和运用智能设备的生产中更是如此。因此，生产力作为社会发展动力的传统理论背后，以人学视域观之，必须看到人的关键性

① 马克思，恩格斯 . 马克思恩格斯选集：第 4 卷［M］. 中共中央马克思恩格斯列宁斯大林著作编译局，编译 . 北京：人民出版社，1995：24.

② 马克思，恩格斯 . 马克思恩格斯全集：第 46 卷［M］. 中共中央马克思恩格斯列宁斯大林著作编译局，编译 . 北京：人民出版社，1972：104.

作用。

最后，马克思把每个人自由而全面的发展，作为人类理想社会——共产主义的标志。众所周知，共产主义是马克思恩格斯指明并描绘的人类的理想社会，而这一理想社会的标志，马克思恩格斯在其著作中明确指出，是每个人自由而全面的发展。在马克思恩格斯共同完成的《德意志意识形态》中，他们还对这一共产主义社会中的新人做了这样的描写："哲学家们在不再屈从于分工的个人身上看到了他们名之为'人'的那种理想。"马克思恩格斯将这样的新人称为"完全的个人"。[①] 由此可见，理想社会是以人的全面发展为衡量标准的。

从以上诸点，我们可以看到在人学视域中马克思恩格斯对人类社会向现代发展的经典表述，这为我们研究人学视域中中国式现代化新道路提供了理论指南。

三、中国式现代化新道路体现了人学理论的时代创新

现代化作为 21 世纪人类社会发展的必然趋势，也是中国特色社会主义发展的必然趋势。中国共产党，作为领导中国人民进行现代化建设事业的核心力量，自新中国成立以来，一直在领导全国人民为实现社会主义现代化不懈努力奋斗。

以人学视域析之，中国式现代化新道路有三大特色尤为鲜明。

（一）以人民为中心是马克思主义人学价值取向的新时代弘扬

在中国式现代化新道路的开创中，"以人民为中心""人民至上"是重要的原则，既是中国式现代化新道路的行动原则，也是检验其落实状况的价值原则，其内含三点重要人学意蕴。

第一，从马克思主义人学视域观之，无论理论还是实践，都必须把人的问题放在最重要的位置加以考察。人民，就是现实的人之集合体，"以人民为中心""人民至上"，无疑体现了中国式现代化道路对人的重视，我国现代化建设的实践，把人民放在至上地位和中心位置加以考虑，正是马克思主义人学观的新时代体现。

第二，马克思早在《1844 年经济学哲学手稿》中指出，个人是社会存在物，

① 马克思，恩格斯．马克思恩格斯全集：第 46 卷［M］．中共中央马克思恩格斯列宁斯大林著作编译局，编译．北京：人民出版社，1972：104.

“因为人的本质是人的真正的社会联系”[①]。这是马克思创立的历史唯物主义对人之本质的深刻揭示。以人学视域观之，以人民为中心，就是中国式现代化新道路的合理性与合人性。

第三，“以人民为中心”的发展思想要使全体人民在共建共享发展中有更多获得感、朝着共同富裕方向稳步前进。中国式现代化新道路的出发点是为了人，是作为历史发展动力的人民群众。在人学视野中，是中国式现代化新道路的人本定向。

进而言之，人学作为一门研究人的科学，这就注定了它包含人类广泛的生活领域，将同人的一切方面发生联系。它除了对人的包括体质、心理、理性的研究，还包含对人的个体与社会集体、文化和习俗、民族和种族的研究。“以人民为中心”的发展思想，就明确指明了中国式现代化发展中关于发展的目标指向、行动的原则，处理个人、小团体与人民利益关系的行为原则，以及发展成果的落实对象均以人民为上，这都体现着人学内涵。

（二）推进每个人的全面发展是马克思主义人学目标取向的新时代体现

“共同富裕”是实现人的全面发展的物质条件，而人民生活更加美好，则是人的全面发展的社会效果，只有人的物质、精神共同富裕，一个也不掉队，才能实现所有人健康发展，从人学视域看，其对人的发展提出了质与量的全面要求。

在以往的一般性研讨中，人们将共同富裕理解为物质财富的共富共享，如今有学者在对共同富裕作专题研究中，又明确提出了精神利益与精神富裕，是中国式现代化道路的文明特征，即共同富裕，也内含精神富裕。在中国式现代化的建设中，我国始终将人民的精神利益贯穿于精神生产—精神分配—精神交往—精神消费的全链条中。从而在共同富裕中，实现精神富裕，由此，鲜明区别于西方资本文明将人的全面异化，是人学视域中我们中国特色社会主义与当代西方资本主义现代化的本质不同。事实上，物质富裕只是为人的发展创造了物质条件，而精神富裕，即有正确为人的世界观、人生观和待人接物、处理事物之科学的方法论，这样的人才称得上是全面发展之人。正如习近平总书记在党的二十大报告中指出：“中国式现代化

① 马克思，恩格斯．马克思恩格斯全集：第 42 卷［M］．中共中央马克思恩格斯列宁斯大林著作编译局，编译．北京：人民出版社，1979：24.

是物质文明和精神文明相协调的现代化。”①

（三）构建人类命运共同体是马克思主义人学实践逻辑的新时代推进

众所周知，为全人类的解放事业而奋斗，是马克思主义理论的实践目标，同时，这也是无产阶级国际主义的内涵。从人学视域观之，这也是马克思主义人学实践逻辑的最终指向，从实践逻辑分析，其基本内涵主要有三大点：一是这一解放内含思想解放、政治解放、经济解放三大领域，只有在这三大领域，全人类的利益和价值取向占主导地位，才是人类解放的成功实现；二是实现这一人类解放的社会形态，就是人类实现了共产主义，在共产主义社会，即每个人都获得了独立、自由和全面发展的机会；三是人类的解放是一个由量变到质变、局部到全局的发展过程。在此，经济全球化是其基本进展之一，因为经济是人类一切发展的基础；世界和平是人类发展的环境条件，没有和平环境，就失去了发展的外因环境，由此可见，人类是一个命运共同体。习近平总书记提出“人类命运共同体”概念，正是对马克思主义人学实践论的当代发展，这与当年《宣言》中提出的“全世界无产者联合起来”的一样，是针对新世纪新时代新形势提出引领实践的战略口号，显示了中国式现代化的世界胸怀。

综上可见，在人学视域中，中国式现代化新道路既吸收了西方现代化的某些顺人性、顺历史发展之点，又批判和规避了资本逻辑主导现代性所造成的反人性和逆历史发展趋势的消极影响；既继承和发扬了马克思恩格斯创立的历史唯物主义关于人类现代化发展的基本思想，又立基于历史唯物主义关于人类发展的基本规律，面对新世纪世界发展新态势创立了新时代中国特色社会主义现代化发展的新路径。历史已证明，中国式现代化新道路是马克思主义人学理论在新时代的理论和实践创新。

① 习近平．习近平著作选读：第1卷［M］．北京：人民出版社，2023：19.

迷茫、探寻与方向

——关于当前几个社会价值论基本问题的思考

中国文联　庞井君

摘　要：今天的人类正处于物种跃迁意义上的大转型前夜。从社会价值论角度观察，这是一场前所未有的社会价值体系的危机与变迁。首先面对的挑战是价值主体的颠覆与裂解，其次是主体精神结构的异化与失衡，最后是价值循环的断裂与溃散。人类走出这场危机的关键是精神的解放与价值重构，其基本脉络和方向是拓展价值主体视域，突破以往的“个体和人类”价值主体结构框架，建立以自然为最高价值主体的自然价值体系和以自然为最高信仰对象的终极信仰体系，并使这两个体系融通汇流，和而不同。这是极为复杂艰难的理论任务和实践课题，本文结合笔者多年潜心研究社会价值论的成果，对此进行了初步探讨。

关键词：社会价值论；价值主体；精神结构；价值循环；自然价值主体

一、价值主体的裂解与修合

笔者认为，我们今天所处的历史方位是人类前所未有的大变革前夜。这场大变革的深度和强度可以与猴子进化成人的那场物种跃迁相比，就此而论，把它叫作一场“变种”亦不为过。不同的是，一个是纯粹的生物演化，一个是在生物演化基础上以技术进步为核心的自我进化和自我驯化。而且后者是在人类自我操控下加速进行的。近年来，随着信息技术、智能技术、生物技术、基因技术、神经技术快速演进，当代科技改变、重构人类自身的趋势越来越明显，而且我们看不到阻滞和中断这一进程的明显力量。从目前的格局和态势来看，无论哪种前景，今天的人类原封不动地保持既定生命形态的概率已经很小了。至于人类未来的形态，我们固然可以基于现有的技术条件、认知水平和多种愿望进行各种设想、猜想和推断，却极难与未来既超出以往经验又超出想象的社会发展图景相契合。这的确是一种令人迷惘、困惑和不安的前景，到处都是不确定性，未知、新奇、神秘、陌生扑面而来，令人手足无措。我目前内心比较确证的大概有两条。一是个人作为最真实、最直接、最基础、最鲜活的价值主体将不复存在。一种新型的“个体—类”价值主体结构关系将会涌现。个体去主体化与类的主体化的加速演化同时展开，并将构造出一种全新的价值主体结构图式。二是人类精神将从物质与能量的束缚中彻底解放出来。在新的存在论图景和格局中，物质、能量、信息、价值将得到重新定位，信息和价值将上升为物理世界的本体概念。在这幅新的存在论图景中，人类精神不过是自然信息的一种表现形态而已，既不一定是最高的，也不一定是唯一的智能形态。如果我们尝试再提升一个思维层次思考，可以看出信息也只是自然灵性的物理表现形式而已，自然是总体性的灵性存在，一切智能信息源于自然灵性，一切又复归于它。以往精神孕育在物质的摇篮之中，后来摇篮变成牢笼。精神的自由性和普遍性是自然灵性赋予人类的天然本性，这是一种不可遏制的自然冲动。随着 AI 的迭代发展和基因工程的成熟，科技打开牢笼，将精神解放出来，还精神以自由本性的可能性已经出现。从物理学的角度看，物质完全可以归结为能量，物质是能量的聚合状态，能量是物质的弥散状态。不确定的隐蔽的部分是暗物质、暗能量理论的提出以及量子层面神奇现象的涌现，给我们的社会价值论思考以新的想象。正统的粒子物理标准模型中没有信息的位置，而以往的信息论一般也限于人的范围，但日益兴起的量子信息理论正在改变这种格局，“信息泛化存在”和“信息本体化存在”已成趋势。信息泛化为人类精神来源提供了存在之根。自然的存在不再是机械存在，而是灵性存在。信息本体化也为价值主体泛化提供了可能的哲学方向和路径。

从社会现实观察，我们能真切感觉到个体的生物规定性一次次地突破，其结构功能一个个被改变、置换和替代。用不了多久，我们回头一看，原来有血有肉、有情有义的“人”已体无完肤、面目全非了。而且随着那种实在的部分一个个被取代和外物的一次次嵌入，个体以往作为最真实的价值主体，逐渐朝着虚拟化方向演进，那个真实的自我被逼退、压缩，以致全部消失，精神载体也将呈现多元化格局。而各类集合主体却日益朝着真实的、实体的、主体的方向演进，个体有可能像一个个细胞一样被整合、编织到一个集合而成的新型主体之中，个体的主体地位和独特价值逐渐丧失，生物进化史上那曾经的一幕将以一种新的方式再度上演。这正如德日进等考古学家所观察，人类这个物种的最终目的是类而不是个体。人类这个物种自从自我意识觉醒，很多方面一直是逆着生物进化的法则演进的。我们不禁要问这种趋向类的价值归依和聚集，是不是向着自然进化的更高级形态回复呢?

问题还不止于此。在理论上要求我们对价值概念的内涵与外延做更广泛的理解，其最终目的是价值的本体化和自然的主体化。在信息本体化的支撑和促进下，自然万物作为层次不同、类别各异、多元共生的价值主体地位将得到确认。固守现在这种以人的形态来理解“价值”的理论模式已显得狭隘、迂腐和不合时宜。显然，目前人的这种价值主体形态，既不是唯一的，也不是最高的，更不是不可动摇的最后的智能形态，他们都在无限的自然之中。自然是灵性的总体，普遍存在的信息关系是其物理形式和本体基础。这种理解无疑是非常大胆的，却越来越得到当代物理学、信息科学、智能科学的有力支持。以此为基础，我们也不难判断自然中价值关系的普遍性和价值总量的守恒性。在自然总体中，物能守恒（可以通过能量守恒）、信息守恒和价值守恒是协同一致、和而不同的。万物之间普遍存在价值关系，万物和自然之间也存在价值关系，价值与信息一样是自然的本体性存在，而非人类的独特的现象。正如一个人的价值不能由自己确定一样，人类价值也不能由人类确定，这样就必须出现更大的价值主体，它就是自然。这便是人类价值主体裂解解构和解体之后的可能的修合方向。

二、主体精神结构的分化与统合

精神结构可以有生理学、心理学和人类学等不同学科的理解与表述，差别很大。社会价值论的理解主要是主体的视角，也是价值的视角。若在社会历史的范围理解精神结构，把它说成文化结构也可以，但笔者主要是从主体精神上理解的，因为这是价值论的根基所在。从深层次看，现时代遇到的种种社会危机在很大程度上源于人类精神危机，而精神危机的实质是精神结构危机。这个问题若能有一个新的理解和大的解决，则其他一切哲学问题便有了一个头绪。笔者在 2019 年发表的

《人类精神结构的变迁与审美艺术的未来》[①]一文中，曾提出了一个理解框架，后来随着笔者的观点进一步的完善，主要是在原有的科学认知、审美感受和精神信仰三维结构的基础上增加了“日常感知”。

笔者认为，作为生物进化、文化进化和技术演进结果的人类精神体系，其结构主要是由日常感知、科学认知、审美感受和精神信仰四个部分组成。“四个部分”其实是描述性或比喻性的说法，因为人类精神并不是这四个板块的机械拼接和物理组合，在真实的结构图景中它们互相融合、叠加、渗透地结合在一起；在进化史上，它们是逐渐发育分化而来的。这对人类是这样，对个体也是如此。观察幼儿三四岁之前的成长过程，我们很明显可以看到不同阶段所出现的精神特征。这四个部分也可以说是人类精神的四个维度、四种能力、四种属性。可以肯定的是，就今天人类精神状况而言，我们再也找不到第五个板块，也不能将其中的一个板块归并到其他三个板块之中。这四个板块虽然不能取消其一，却并不意味着可以等量齐观，一视同仁。在历史发展中，我们能比较明确地观察到源自古希腊的西方文明大大发育了人类理性精神，他们的科学认知能力比较见长；而印度文明比较擅长精神信仰体系的构造；中华文明则更善于进行审美感受体系的建设，感受系统发达似乎成了这个民族传统中非常突出的方面，以至于古代中国也被公认为文学的海洋、艺术的国度。乃至医疗、历史、建筑、管理、军事、天文等本应属于理性认知及其应用的领域也深深浸泡在审美海洋中，浸染了浓厚的艺术色彩。

纵向地看，在进入文明社会之前，或更早些时候，人类精神应该如动物一般，四个部分浑然一体，密不可分。轴心时代是一个巨大的飞跃，人的自我意识和对象意识渐渐明晰，人类精神可以映射对象，也可以观照自我。在这个新的精神阶段，人类的审美感受和精神信仰也得到极大加强。中世纪之后，随着文艺复兴和启蒙运动的兴起，人类精神进入了科学认知的辉煌的时代。时至今日，科学认知打破了传统的宗教信仰体系，挤压了人们的审美感受领域。人类精神整体失衡，陷入了深深的精神危机之中。未来的希望可能在如何加强人类审美感受能力和精神信仰能力上，而回到日常感知又是另一个有希望的路径。

日常感知主要依赖感官感觉和日常经验积累，这是人类精神最丰厚的土壤和

① 庞井君，韩宵宵 . 人类精神结构的变迁和审美艺术的未来［J］. 天津社会科学，2018（6）：26-32.

源泉。其中包含着源初的认知、审美和信仰，人类审美感受能力和精神信仰能力可以从丰富、复杂、鲜活的日常感知中获得新的动力和质料。值得警惕的是，人类非生物进化的演进使今天人类感官感觉正日益钝化和物化，人类日常生活经验出现单一化、技术化和同质化，人类和对象之间的关系也越来越失去直接性，而呈现疏离化、中介化和遮蔽化的异化趋向。

科学认知是人类理性认识的现代表现形式，其核心要素是事实与逻辑。事实需要观测和实验，逻辑需要推理和计算。这两个方面在现代文明体系中都得到了充分发展。在一些人看来，它似乎成了人类精神的全部，并试图用它来解读、解释、解构人类审美和信仰，这是十分片面和短视的，也是十分危险的。

如果说日常感知所依赖的是感官感觉能力，科学认知所依赖的是理性能力，那么审美感受所运用的主要是人类的感受能力。与理性能力不同，感受能力是非逻辑、非计算、非中介的。这是一种源自心灵本能的精神力量，能从对象、现象和形象中直观事物的本质、本源和本体。感受力指向事物背后的存在，与永恒、无限、完美、总体和绝对相连接，远非日常感知和科学认知所能达到。在这一点上它又和精神信仰相关联。但它绝不可能成为精神信仰本身，那种企图以审美代信仰的想法和做法都是非常混乱和错误的。

自然是无限的，思考这个“无限”触碰了人类精神的极限。无论从哪个方面讲，人只是自然中一粒微渺的尘埃，但这粒会思想的尘埃却不满足于自身的有限性，而是一定要把握自然的无限性。对这种“无限性”，日常感知无能为力，科学认知虽尽力而为，却也力不从心。审美感受和精神信仰以各自不同的方式去把握它，却又常常陷入模糊性、虚幻性和主观性、个性化的境遇，缺少科学认知的明晰性、实证性和普遍适用性。这是人类精神的内在矛盾悖论所在，也是自然和人类精神的魅力所在。追根究底，当今社会的精神危机表现为信仰危机。在笔者看来，信仰是一种指向无限和终极的精神力量。这种力量的本质当然不是感觉，不是理性，那么，它到底是什么？笔者认为它是人类精神中一种“灵性”或“性灵”的力量，是主体连接自然的能力。对这种力量的理解，我可以从人类历史和社会生活中各类纷繁复杂的神秘体验、静默冥思、心灵感应中得到启示，去理解精神信仰的神奇、神秘和神圣。这里存在着巨大的理论空白和学术缺失，也是解决当代人类困境非常值得用力的方向。

三、价值循环的断裂与弥合

价值运行的实质是价值在各个价值体系中的流变与循环，依照自然中物能守恒（物质和能量加在一起守恒）和信息守恒的法则，我们可以推断自然中的价值总体也是守恒的。无限的自然就是以自身为主客体的价值循环系统，自然是一个以信息为基础的灵性系统，也正是由于自然灵性的存在才孕育产生了生物、人以及其他可能的性灵之物。

笔者相信从物理到生理（生物）、从生理到心理（意识）、从心理到伦理（社会）、从伦理到天理（自然）是一个连续的一体化过程，中间不存在断裂的鸿沟。目前只是由于人类科学认知能力的限制，才一直困惑于从无机到生命、从生物到人的跳跃。人不但要追求生命有限的存在和延续，还要追求与价值无限的连续与融通，如此才可以使有限的生命获得自由而永恒的价值。当代科技所描绘的那幅宇宙图景必然把人的生命和精神引向无望的深渊和悲观的境地。人总有一死，肉体生命价值的中断和消失是不可避免的，“生年不满百，常怀千岁忧”。生命价值和死后价值、世俗价值和超越价值、物质价值和精神价值是如何关联和绵延的呢？从历史上看，在以往的社会价值体系中，这种价值循环是靠历史习俗、民间信仰、传统宗教等完成的，正是它们使个体人生价值超越了生命时空限制，获得了超越性价值。现代社会，在历史变革、社会变迁和科技革命的联合推动下，上述要素逐渐退出了更大的价值循环体系，可谓“笑渐不闻声渐悄，多情却被无情恼”。这个问题的实质是人类精神结构体系中终极信仰的缺位。当代人类面临着重建精神信仰体系，特别是重建终极信仰体系的严峻课题。这个问题是世界范围的，在当今中国更具紧迫性和挑战性，个中原因，不言自明。

问题解决的根本方向总体框架可能是确立以自然为最高价值主体的自然价值体系，确立以自然为终极信仰对象的终极信仰体系，并使两个体系汇流激荡，融为一体。当然，这种判断只是笔者目前十分模糊粗疏的理解，要真正确立起来，是一项十分艰难的理论任务，但新的希望总归于此。希望在我们看不见的地方，只有坚定地往前走，一切才会有希望。实际上，面对颠覆性的危机和挑战，我们也没必要过于灰心和畏怯。从科学认知上看，现代自然科学，如物理学、数学、生物学、信息科学、心理学、医学、天文学、宇宙学等在解构传统精神信仰体系根基的同时，也在为新的信仰体系和价值体系生成奠定着认知基础。

造成社会价值循环断裂的还有横向的问题，这是老问题，却一直未解决，笔者至今仍处于困惑之中。比如在物质价值、精神价值、制度价值等领域没有价值通量，却又时时都在进行着价值创造、价值分配、价值交换和价值消费的复杂过程，权力和金钱等虽可在世俗领域大行其道，却难以作为整个社会价值循环系统的通量。未来的希望在于科技的进步彻底解决人类物质层面的生存资源匮乏问题。个体生存和发展所需要的物质和能量将不再成为人们争夺的对象，精神将从物质的“束缚”下解放出来，社会价值运行将按精神法则即感知、认知、审美、信仰等法则重新架构，感觉能力、理性能力、感受能力、灵性能力及其活动效应将成为价值评价的主导依据。目前以区块链为代表的网络技术为我们思考价值计量、价值评价、价值交换和价值分配提供了新的启示，特别是在物质价值领域，人类超越现有价值计量模式的可能性越来越大。

价值系统与其他系统一样，不但是一个循环系统，而且是动态的、开放的循环系统。从社会历史角度看，当代人类价值系统已不再是一个闭合的回路，这种不完备性的解决只能是将价值向无限的自然延伸。从自然角度看，自然价值系统是无限多元、无限复杂、无限丰富的，个人和人类只是这个复杂、融通、一体的网络的一个部分、一个环节。这其中一定隐藏着很多深层机制、底层逻辑，抑或顶层设计。我们永远不会彻底知悉，也不必彻底知悉。这正是自然和精神具有无限魅力的原因所在。

深化新时代新征程人的发展问题研究

北京大学习近平新时代中国特色社会主义思想研究院　董　彪

摘　要：离开经济社会发展谈人的发展，不过是缘木求鱼、空中楼阁；而离开人的发展谈经济社会发展，则可能犯“见物不见人”的错误。人的发展是经济社会发展的基本前提、内在动力和最终目标。在新时代新征程上，以中国式现代化全面推进强国建设和民族复兴，必须坚持以人民为中心的发展观，把人摆在各项工作的突出位置，凸显对人的存在和人的价值的尊重。人学研究也应当面向新时代新征程，凸显重大现实问题和理论问题的人学逻辑，为人的发展贡献应有力量。

关键词：新时代；人的发展；人学；问题

问题是时代的声音，也是产生科学认识、推动理论创新的出发点。人学研究的典型特征是一头连着经典理论，一头连着现实问题。20 世纪 80 年代，在对以往哲学研究范式特别是马克思主义哲学进行反思和创新过程中，人学孕育和发展起来，并深度参与了“真理标准”“人道主义与异化”“社会主义现代化建设”“全球化与人的发展”等重大理论和现实问题的讨论，体现了对经济社会问题和人的问题的高度关注，为中国特色社会主义建设提供了重要理论支撑。新时代以来，中国特色社会主义在经济社会发展和人的发展上都取得了举世瞩目的重大成就。但正如恩格斯指出的，“‘社会主义社会’不是一种一成不变的东西，而应当和任何其他社会制度一样，把它看成是经常变化和改革的社会”[①]。同样，处于社会主义初级阶段的新发

① 马克思，恩格斯．马克思恩格斯文集：第 10 卷［M］．中共中央马克思恩格斯列宁斯大林著作编译局，编译．北京：人民出版社，2009：588.

展阶段不是现成的、静态的、停滞的阶段，也不是自动发展、一蹴而就的阶段，而是一个旧问题不断被解决而新问题又不断涌现的阶段，是一个需要准确识变、自觉反思、积极奋斗的阶段。由于社会主要矛盾发生转化、社会主义现代化进程深入推进，人们的生活需要已经由“有没有”转变为“好不好”，由“要数量”转变为“要质量”，由“求平等”转变为“求公平”，新时代人的发展也面临着新的矛盾和问题。邓小平曾一语中的地指出，“过去我们讲先发展起来。现在看，发展起来以后的问题不比不发展时少”①。面向新征程，相关理论工作者应坚持问题导向、增强问题意识，提升对中国式现代化实践中与人的发展密切相关的重大问题的反思功能和诊断功能，不断丰富人学研究的思想内容，推动新时代人学的发展。

一、凸显美好生活需要的人学意蕴

改革开放特别是新时代以来，中国逐渐告别生产力水平较低、供给不足的短缺经济时代，进入了产能高速发展、供给充足的丰裕经济时代，中等收入群体不断扩大，人们的消费水平不断升级，发展性需求和享受性需求日益旺盛，我国社会主要矛盾转化为人民日益增长的美好生活需要和不平衡不充分的发展之间的矛盾。理解和把握新时代，必须立足人学视野，把握社会主要矛盾转化与人的发展的内在关系。

一方面，从人学角度准确把握“美好生活”的内涵。究竟什么是“美好生活”？不能仅从纯粹的主观感受出发，将其理解为个体的心理体验和情感偏好，也不能仅从纯粹的功利主义出发，将其理解为物质财富的增长和物欲的满足。人的美好生活必然指向人的自由、全面、能动的发展。正如习近平总书记指出，“人，本质上就是文化的人，而不是‘物化’的人；是能动的、全面的人，而不是僵化的、‘单向度’的人”②。从人学视角来看，人的物质生产活动与满足需要的活动相互作用构成了人们的现实生活，同时也为历史发展和人的发展开辟了道路。正是现实的个人所从事的生产实践活动，塑造了人自身的个体存在和社会存在、满足了人自身的物质生活需要和精神生活需要，而新需要的产生又反过来继续推动生产的发展，从而为人摆脱奴役走向自由、摆脱片面发展走向全面发展奠定了基础。新时代人们追

① 中共中央文献研究室．邓小平年谱（一九七五——一九九七）：下卷［M］．北京：中央文献出版社，2004：1364.

② 习近平．之江新语［M］．杭州：浙江人民出版社，2007：150.

求的美好生活必然是由劳动者自身创造、与现有经济社会发展水平相适应、物质文明与精神文明协调发展的美好生活，是物质性与精神性、真实性与正当性、合规律性与合目的性的统一。但这种状态并非自然而然就能形成的。如何防止享受性发展脱离生产力水平而掉入“福利社会陷阱”，如何防止“内卷”和“躺平”导致劳动异化，如何防止拜金主义、消费主义、享乐主义使生活物化，从而保证美好生活的内在尺度与外在尺度、主体尺度与客体尺度的统一，是人学研究的新课题。

另一方面，科学把握发展不平衡不充分问题，需要人学。从人学角度看，新时代发展不平衡不充分问题固然是指城乡、区域等发展的不平衡性和不充分性，但最终都要落脚到人的需求与社会供给的关系上。如何提高供给侧结构性改革的适应性、灵活性以满足人民对丰富的物质生活的需要，如何提高国家治理和社会治理现代化的科学性、专业性以满足人民对良序善治的社会生活需要，如何不断推动文化产业大繁荣发展以满足人民的精神文化生活需要，如何大力推动生态文明建设以保证人民对生态产品和生态权利的需要，是解决不平衡不充分问题的立足点，也是人学研究切入现实问题的着眼点。

二、以人的发展把握新发展理念

新时代新征程必须坚持以新发展理念为指导，而新发展理念的落实又离不开人的发展。从人学角度把握发展的动力、方式、路径、目标，厘清新发展理念与人的发展的关系，是科学理解新发展理念的关键。

创新是引领发展的第一动力，而人则是引领创新的首要因素。能不能实现创新，关键在于人而不在于物。如果没有人主体性、能动性和创造性精神的充分发挥，物的要素投入得再多也不过是数量和规模的扩张，而很难带来结构和质量的提升。因此，实现创新驱动，关键在于推动人才选拔、培养、使用、评价的体制机制改革，充分发挥人才资源和人力资本的作用。

协调是持续健康发展的内在要求，其中的关键在于人的利益关系的协调。这就要求抓住实现好维护好发展好广大人民群众根本利益的这个核心，协调不同职业、不同阶层、不同群体之间的利益关系，以整体利益统筹局部利益、以长远利益统筹眼前利益，维护发展的整体性和长期性，提升经济社会发展与人的发展之间的协同性与平衡性。

绿色是永续发展的必要条件，实现绿色发展关键在于处理人与自然的关系。生态危机的本质是人与自然关系的危机。落实绿色发展理念，固然需要建立绿色低碳循环的经济体系，更基础的是真正把人看作自然存在物、把自然看作人的无机身体，深刻理解人与自然是生命共同体的内涵实质，在尊重自然、顺应自然的同时保障人的“生态权利”，让“人与自然和谐共生”变成现实。

开放是国家繁荣发展的必由之路，也是人的社会关系实现全面发展的必由之路。人的存在超越“种”的局限而达到“类”的自觉，是历史走向世界历史的必然趋势，也是人的生产和交往发展的内在规律。新时代新征程上，应扩大对外开放，进一步推动经济全球化进程，使人与整个世界实现深度关联，从而对人的存在境遇、交往关系以及个性自由产生积极影响。

共享是中国特色社会主义的本质要求，直接指向人的发展。推进共享发展，坚持全民共享、全面共享、渐进共享、共建共享，必须进一步处理好共享发展与共同富裕的关系，既要让共享发展为共同富裕提供理念指导，也要让共同富裕转化为共享发展的物质条件，以更加发达的物质生产、更加公平的分配制度、更加均等的公共服务促进人的全面发展。

新发展理念的五个方面中，“创新”涉及人的素质能力，“协调”涉及人的利益关系，“绿色”涉及人的生态权利，“开放”涉及人的交往形态，“共享”涉及人的需求满足，最终指向人的全面发展。所以，新发展理念是具有世界观和方法论意义的总体性理念，人的发展问题始终是贯穿其中的核心问题，解决这些问题必须恪守人民立场、坚持群众观点。

三、理解中国式现代化的人学逻辑

以中国式现代化全面进行强国建设、民族复兴，是新时代新征程的中心任务。人的现代化是中国式现代化的内在动力和必然要求。人学必须揭示中国式现代化与人的现代化的关系，把握实现中华民族复兴的主体性力量和主体性价值。习近平总书记指出：“中国式现代化，是中国共产党领导的社会主义现代化，既有各国现代化的共同特征，更有基于自己国情的中国特色。”[①] 中国式现代化之所以是中国式

① 习近平．高举中国特色社会主义伟大旗帜 为全面建设社会主义现代化国家而团结奋斗：在中国共产党第二十次全国代表大会上的报告［M］．北京：人民出版社，2022：22.

的，就在于不是把人的现代化当作手段而是当作目的，不是导致人的片面发展而是追求人的全面发展。

在中国式现代化的五大特征中，“人口规模巨大”强调的是覆盖主体的完整性和充分性，不是为少数人、个别阶层、个别集团谋求现代化，而是为 14 亿多人口谋求现代化；“共同富裕”强调的是财富供给的充足性和公正性，不是两极分化、贫富悬殊的现代化，而是全体人民共享富裕殷实生活的现代化；“物质文明与精神文明协调发展”强调的是心物关系的协调性和协同性，不是物欲膨胀而精神萎靡、金钱至上而道德失落的现代化，而是人的生物生命、社会生命和精神生命得到协调发展，人的个性、能力以及素质得到健康发展的现代化；“人与自然和谐共生”强调的是人与自然关系的共在性和共生性，不是掠夺自然、破坏生态正义的现代化，而是在尊重自然、顺应自然的同时保障人的生态权利的现代化；“走和平发展道路”强调的是中华民族与人类关系的整体性和共通性，不是霸凌、掠夺他人的现代化，而是促进世界和平发展、推动构建人类命运共同体、谋求全人类共同福祉的现代化。

正因为如此，中国式现代化是自然性与属人性、物质性与精神性、人民性与人类性相统一的现代化，是既尊重自然界运动规律、人类社会进步规律以及人的自由全面发展规律又体现为人类求解放这一马克思主义价值目标的现代化，表明了人的现代化的社会基础、价值向度以及实现路径，展示了社会主义现代化的文明取向和价值关切。因此，以人民为中心是中国式现代化的鲜明底色。正如习近平总书记指出：“只有坚持以人民为中心的发展思想，坚持发展为了人民、发展依靠人民、发展成果由人民共享，才会有正确的发展观、现代化观。”①

中国式现代化具有推动人的现代化的独特优势，这并不是说，中国式现代化已经解决了中国现代化进程与人的现代化进程中的所有矛盾和问题，而是确立了解决这些矛盾和问题的科学原则与人本原则。由于中国式现代化走的是一条并联发展、追随赶超的道路，其中的“加速”“内卷”“时空压缩”效应，传统性、现代性、后现代性力量之间的融突造成的影响，比其他国家都更为明显。如何解决发展起来后的“相对剥夺感”“相对贫困”问题，权力和资本结合向公共领域和生活世界殖民的问题，“后物质主义时代”价值秩序和心灵秩序的重建问题，直接关系到社会主义现代性的构建和人的现代化的真正实现，同时也对人学研究提出了新的要求。

① 习近平．习近平谈治国理政：第 4 卷［M］．北京：外文出版社，2022：171.

四、以人的发展的整体性视域推动构建人类命运共同体

新时代是“两个大局”相互交织的时代，对人的存在和发展具有深刻影响。直面世界之问和时代之问，在全球化的总体性视野中观察人的发展，是新时代人学研究的内在要求。

人总是生活于一定的时代和一定的世界，时代和世界的变迁必然深刻影响人的发展。当今世界正经历百年未有之大变局，不仅是关乎国际竞争的经济政治格局，而且也是关乎人的存在和发展的命运格局。毋庸置疑，经济全球化的深入发展，推动了科学技术、物质生产以及社会分工的发展，极大地满足了人们的物质需求和精神需求，拓展了人的社会关系、社会交往的形式和范围，为人的能力素质、自由个性的发展创造了条件。

与此同时，全球化的发展并不是一帆风顺的，其中存在的不确定性、不平衡性以及非理性因素，给人类的生存发展带来前所未有的挑战。人工智能、生命科学等现代科学技术的快速发展极大地改变了人的生存方式和生活方式，同时也不断冲击着存在之为存在、生命之为生命、意识之为意识的边界，挑战着人之为人的生命底线和伦理底线；世界交往过程中的流动性与稳定性、实在性与虚拟性相互交织，“时空压缩”机制和“脱域”机制相互作用，文化的民族性与世界性相互矛盾，使“我是谁，我从哪里来，我到哪里去”重新成为问题，造成了现代人的存在焦虑和身份认同焦虑；“逆全球化”、单边主义、保护主义等思潮暗流涌动，恃强凌弱、零和博弈等行径愈演愈烈，不仅加剧了全球发展的不平衡性、非公正性和不稳定性，而且直接影响了发展中国家人民的生存权和发展权；大规模杀伤性武器扩散、恐怖主义、网络攻击、气候变化、生物安全、有组织犯罪、重大传染性疾病等传统和非传统安全问题的联动日益加深，个体性问题、区域性问题演化为全球性问题的可能性不断变大，全球性风险问题的自发性、突发性、不确定性日益增强，直接威胁着整个人类的生存和发展。全球变局已把隶属不同民族、种族、国家的个体的命运充分链入世界历史，使人类成为利益相交、兴衰相伴、安危与共的命运共同体。

当前，世界发展进入动荡变革期，一些国家耽于自身利益、权力以及价值观念之争，不仅造成了国际关系“失序”、全球治理“失效”和人类发展“失能”的危机，而且使人类社会面临对抗、分裂的危险，甚至突破了“我们是人类”的底线

价值和底线共识。在新征程上，面对风急浪高的全球局势，如何唤醒人之为人的“类”意识，如何在正确处理个体—共同体—人类—大自然关系的基础上重建人的“类存在”和“类生活”，是弘扬全人类共同价值和推动构建人类命运共同体的应有之义，也是人学研究绕不开的重大课题。

社会主要矛盾的转化、发展理念的更新、现代化目标的确立以及全球变局的应对，构成了新时代新征程的基本规定，其中所包含的重大理论问题和重大现实问题为人学研究提供了丰富的经验材料与思想资源。面向新时代新征程的人学研究，应当立足我国发展所取得的成就和面临的问题，聚焦经济社会发展与人的发展这一主题，在理论与实践相结合的过程中推动人学的基本概念、基本命题和基本观点的创新。同时，要坚持理论的彻底性品格，在洞悉历史发展的规律和趋势基础上，发挥人学研究的显微镜、探照灯、望远镜功能，提升人学研究对社会现实的反思能力、诊断能力、预测能力，以理论自觉推动行动自觉。

《共产党宣言》中的现代性思想对于推进中国式现代化的当代启示

上海对外经贸大学马克思主义学院　潘　宁
上海健康医学院护理与健康管理学院　汪　菁

摘　要:《共产党宣言》蕴含着马克思恩格斯丰富的现代性思想，是马克思恩格斯现代性思想体系形成的重要标志性著作。《共产党宣言》中，马克思恩格斯对资产阶级在历史上曾经起过的革命作用做了科学的评价。同时，他们论证了资本主义的内在矛盾及其不可克服性，揭示了资本主义现代性的异化弊病并对此做了严厉的抨击，进一步论证了无产阶级历史使命、任务以及革命道路，由此揭示了人类获取新的现代性的方式，对现代性的宏伟蓝图——共产主义展开设想，指明了未来社会“自由人联合体”的实现途径和社会力量。马克思恩格斯在《共产党宣言》中对现代性所展开的批判的方法论，对现代性趋势所展开的分析和判断，并进而揭示现代性重构的基本途径对于推进中国式现代化具有重大理论意义和现实指导意义。

关键词:《共产党宣言》；现代性；当代价值

《共产党宣言》蕴含着马克思恩格斯丰富的现代性思想，是马克思恩格斯现代性思想体系形成的重要标志性著作。马克思恩格斯在《共产党宣言》中对现代性所展开的批判的方法论，对现代性趋势所展开的分析和判断，揭示了现代性重构的基本途径对于推进中国式现代化具有重大理论意义和现实指导意义。

一、《共产党宣言》中马克思恩格斯的现代性思想的基本内涵

（一）马克思恩格斯对资本主义现代性给予了充分肯定

马克思恩格斯从社会历史发展，即生产力的角度，对资本主义现代性给予了充分肯定，他们曾明确表述，“我们的时代，资产阶级时代”，实质上就是从现代性的历史观意义上分析、批判资本主义的内在本性，揭露资本主义现代性的矛盾特性和悖论。[①] 这个时代的特点主要有：资产阶级在它的不到一百年的阶级统治中所创造的生产力，比过去一切世代创造的全部生产力还要多、还要大；资产阶级时代的生产方式和交换方式发生一系列的变革，现代大工业代替了工场手工业，生产资料的资产阶级所有制代替了封建社会的所有制；阶级对立简单化，社会日益分裂为两大敌对的阶级，即资产阶级和无产阶级；资本主义的自由竞争以及与其相适应的社会制度和政治制度；资产阶级社会必然过渡到共产主义社会。

同时，资产阶级还开创了世界历史。在经过一系列的资产阶级革命之后，马克思恩格斯总结出从封建社会的灭亡中产生出来的现代资产阶级社会并没有消灭阶级的对立，阶级的对立以及资本主义时代下的社会依旧充满了矛盾，充满了危机。资产阶级虽然在世界的现代化进程中起到了非常革命的作用，创立了巨大的城市，开拓了世界市场，使一切国家的生产和消费都成为世界性的。“物质的生产是如此，精神的生产也是如此。各民族的精神产品成了公共的财产。民族的片面性和局限性日益成为不可能，于是由许多种民族的和地方的文学形成了一种世界的文学。”[②] 但也正是因为资本的强大力量，促使资本主义国家更加肆意地掠夺一切可以得到的资源，从而在世界范围内形成了世界格局中的中心与外围关系，使资本逻辑成为压迫全世界的力量。同时，随着资产阶级的不断壮大，无产阶级也在同一程度上得到发展。马克思恩格斯指出，只有摆脱资本的束缚才能改变现代化的实质，具体要走的道路就是通过无产阶级革命来消灭资本主义制度，无产阶级的胜利是必然的。

① 田海舰.《共产党宣言》的现代性批判思想及其当代价值［J］. 马克思主义理论学科研究，2019，5（4）：60-69.

② 马克思，恩格斯. 马克思恩格斯选集：第1卷［M］. 中共中央马克思恩格斯列宁斯大林著作编译局，编译. 北京：人民出版社，2012：404.

（二）论证了资本主义的内在矛盾及其不可克服性，揭示了资本主义现代性的弊病

资本主义工业化在促进社会进步、生产发展的同时，也彻底破坏了封建社会的生产关系。马克思恩格斯指出，资产阶级无情地斩断了封建社会的种种关系，把一切关系都变成了以金钱为核心的商品交换关系。其一，“资产阶级在它已经取得了统治的地方把一切封建的、宗法的和田园诗般的关系都破坏了。它无情地斩断了把人们束缚于天然尊长的形形色色的封建羁绊，它使人和人之间除了赤裸裸的利害关系，除了冷酷无情的‘现金交易’，就再也没有任何别的联系了”。[①] 人与人之间存在的仅仅是赤裸裸的、冷酷无情的现金交换关系。其二，资产阶级“用公开的、无耻的、直接的、露骨的剥削代替了由宗教幻想和政治幻想掩盖着的剥削”[②]。其三，资产阶级抹去了一切向来受人尊崇和令人敬畏的职业的神圣光环。它把医生、律师、教士、诗人和学者变成了其出钱招雇的雇佣劳动者。其四，资产阶级撕下了罩在家庭关系上的温情脉脉的面纱，把家庭关系变成了纯粹的金钱关系。

总而言之，资产阶级用公开的、无耻的、直接的、露骨的剥削代替了由宗教幻想和政治幻想掩盖着的剥削。在马克思恩格斯视域中，资产阶级使“一切等级的和固定的东西都烟消云散了，一切神圣的东西都被亵渎了”[③]。

（三）诠释了超越资本主义现代性的可能性和必然性

按照马克思的观点，资产阶级已经无法克服自身的危机了，“资产阶级不仅锻造了置自身于死地的武器；它还生产了将要运用这种武器的人——现代的工人，即无产者”[④]。无产阶级在资本主义社会中的悲惨地位，决定了他们必然要反抗资产阶级。资本主义现代化过程也为资产阶级本身准备了掘墓人，由此，马克思恩

① 马克思，恩格斯．马克思恩格斯选集：第 1 卷［M］．中共中央马克思恩格斯列宁斯大林著作编译局，编译．北京：人民出版社，2012：403.

② 马克思，恩格斯．马克思恩格斯选集：第 1 卷［M］．中共中央马克思恩格斯列宁斯大林著作编译局，编译．北京：人民出版社，2012：403.

③ 马克思，恩格斯．马克思恩格斯选集：第 1 卷［M］．中共中央马克思恩格斯列宁斯大林著作编译局，编译．北京：人民出版社，2012：403.

④ 马克思，恩格斯．马克思恩格斯选集：第 1 卷［M］．中共中央马克思恩格斯列宁斯大林著作编译局，编译．北京：人民出版社，2012：406.

格斯得出了资本主义必然灭亡，社会主义必然胜利的结论。“随着大工业的发展，资产阶级赖以生产和占有产品的基础本身也就从它的脚下被挖掉了。它首先生产的是它自身的掘墓人。资产阶级的灭亡和无产阶级的胜利是同样不可避免的。”①

（四）进一步阐释了无产阶级历史使命、任务以及无产阶级革命道路，从而揭示了人类获取新的现代性的方式

马克思恩格斯明确提出无产阶级必须用暴力推翻全部现存的社会制度。“用暴力推翻资产阶级而建立自己的统治。”②“共产党人的最近目的是和其他一切无产阶级政党的最近目的一样的：使无产阶级形成为阶级，推翻资产阶级的统治，由无产阶级夺取政权。”③社会主义革命的任务分两步走：第一步就是使无产阶级上升为统治阶级，争得民主；第二步，无产阶级将利用自己的政治统治，一步一步地夺取资产阶级的全部资本，把一切生产工具集中在国家即组织成为统治阶级的无产阶级手里，并且尽可能快地增加生产力的总量。

（五）揭示了扬弃和超越资本主义现代性的正确道路和社会力量

马克思恩格斯对现代性的宏伟蓝图——共产主义进行了设想，指明了扬弃和超越资本主义现代性的正确道路和社会力量，即实现“自由人联合体”的基本途径和社会力量。其一，在未来的社会，共产主义社会中，随着阶级的消灭，国家也随之消亡。无产阶级在反对资产阶级的斗争中必须联合为阶级。无产阶级要使自己成为统治阶级，必须通过革命，并以统治阶级的资格用暴力消灭旧的生产关系，无产阶级在消灭这种生产关系的同时，也就消灭了阶级对立和阶级本身的存在条件，从而消灭了它自己这个阶级的统治。其二，马克思恩格斯提出“代替那存在着阶级和阶级对立的资产阶级旧社会的，将是这样一个联合体，在那里，每个人的自由发展是

① 马克思，恩格斯．马克思恩格斯选集：第1卷［M］．中共中央马克思恩格斯列宁斯大林著作编译局，编译．北京：人民出版社，2012：412-414.

② 马克思，恩格斯．马克思恩格斯选集：第1卷［M］．中共中央马克思恩格斯列宁斯大林著作编译局，编译．北京：人民出版社，2012：412.

③ 马克思，恩格斯．马克思恩格斯选集：第1卷［M］．中共中央马克思恩格斯列宁斯大林著作编译局，编译．北京：人民出版社，2012：413.

一切人的自由发展的条件”[①]。在共产主义社会，真正的人的发展也只能是全社会的每一个人的全面发展，而不能是一部分人的发展和另一部分人的不发展。一个人的发展取决于和他直接或间接进行交往的其他一切人的发展。

在共产主义社会，联合起来的个人占有全部生产力的总和，个人的自主活动与物质生活达成一致，个人也消除了自发性，向完整的个人发展，每一个社会成员都能够完全自由地发展和发挥他的全部力量和才能。人们将成为自然界的主人和人类社会的主人。在马克思恩格斯看来，实现未来新社会，即共产主义的主体力量是无产阶级。这在人类历史上首次发现了现代工人阶级或无产阶级，揭示了其历史地位和伟大使命。揭示资本现代性的困境，宣告资本主义现代性的终结，扬弃资本异化的现代性，实现共产主义，这是《共产党宣言》现代性思想的真正意义和最终目的。[②]

（六）始终高扬公平、正义、平等和自由以及人类解放的现代性精神

马克思恩格斯指出：“资产阶级把人的尊严变成了交换价值，用一种没有良心的贸易自由代替了无数特许的和自力挣得的自由。”[③]资本主义工业化带来的是，“在资产阶级社会里，资本具有独立性和个性，而活动着的个人却没有独立性和个性。而资产阶级却把消灭这种关系说成是消灭个性和自由！说对了。的确，正是要消灭资产者的个性、独立性和自由”[④]。资本是“流动的现代性”。逐利性是其显著特征。资本遵守市场原则，不带任何感情色彩，它是天生的“平等派”。诚如马克思恩格斯在《共产党宣言》中指出：“不断扩大产品销路的需要，驱使资产阶级奔走于全球各地。它必须到处落户，到处开发，到处建立联系。”[⑤]显而易见，无限扩张的本性在资本身上体现得淋漓尽致，而资本的再生和增殖势必打破原有的封建分割

① 马克思，恩格斯．马克思恩格斯选集：第 1 卷［M］．中共中央马克思恩格斯列宁斯大林著作编译局，编译．北京：人民出版社，2012：422.

② 田海舰．《共产党宣言》的现代性批判思想及其当代价值［J］．马克思主义理论学科研究，2019，5（4）：60-69.

③ 马克思，恩格斯．马克思恩格斯选集：第 1 卷［M］．中共中央马克思恩格斯列宁斯大林著作编译局，编译．北京：人民出版社，2012：403.

④ 马克思，恩格斯．马克思恩格斯选集：第 1 卷［M］．中共中央马克思恩格斯列宁斯大林著作编译局，编译．北京：人民出版社，2012：415-416.

⑤ 马克思，恩格斯．马克思恩格斯选集：第 1 卷［M］．中共中央马克思恩格斯列宁斯大林著作编译局，编译．北京：人民出版社，2012：276.

状态，不然其生命力很快就会被扼杀。现代性内涵于资本的逻辑之中。开放、民主、平等、自由等现代性价值也就在资本的流动中逻辑地显现出来了，并由地区走向全球。因此，世界历史的形成已使现代性呈现于全球性的视域之中。显然，资本逻辑是马克思分析现代性的逻辑起点。资本逻辑就是资本运动的内在规律及其发展趋向，在马克思哲学视域中，资本首先是作为“物”而存在的资本，即“生产要素资本”；其次作为“社会关系”而存在的资本，也就是“社会关系资本”。

二、《共产党宣言》中马克思恩格斯现代性思想的几点启示

《共产党宣言》中有关现代性的经典论述：“以资本批判、现代形而上学批判、异化劳动批判开辟了现代性批判的道路，提供了现代性批判的基本概念工具、规范基础。”[①]《共产党宣言》中马克思恩格斯现代性思想为推进中国式现代化提供了强大的思想源泉和理论武器。

（一）推进中国式现代化必须坚持中国特色社会主义的人民性

人民性是马克思主义的本质属性和最鲜明的品格。中国特色社会主义的鲜明特征是人民性。坚持以人民为中心，为人民谋幸福是中国特色社会主义最本真的精神追求。推进历史发展进程的是广大劳动人民的实践，人民在整个历史进程中既是历史的创造者也是历史的推动者，是社会历史发展的主人。中国式现代化发展为了人民、发展依靠人民、发展成果更多更公平惠及全体人民。推进中国式现代化必须坚持以人民为中心，坚持人民至上。人民是推进中国式现代化的决定性力量，推进中国式现代化必须紧紧依靠人民。中国式现代化是 14 亿多人口的规模巨大的现代化。无疑，推进中国式现代化需要集中 14 亿多人民的智慧，充分激发蕴藏在 14 亿多人民中的创造伟力，坚持人民主体地位，尊重人民群众在实践活动中所表达的意愿、所创造的经验、所拥有的权利和所发挥的作用，尊重人民的首创精神，把 14 亿多中国人民凝聚成推进中国式现代化的磅礴力量。

---

① 刘军，侯春兰 . 马克思现代性批判思想的双重维度和方法论特征［J］. 南京师大学报（社会科学版），2019（2）：72-80.

（二）推进中国式现代化必须依法规范和引导我国资本健康发展，在设立“红绿灯”中推进中国式现代化

在推进中国式现代化的进程中，面对人民日益增长的美好生活需要和不平衡不充分的发展之间的矛盾，党和政府必须依法规范和引导我国资本健康发展，更好地发挥资本对资源配置的积极作用，在设立“红绿灯”中推进中国式现代化。而促进资本的良性发展，使其发挥对创造社会财富的巨大促进作用，就需要中国式现代化规范和引导资本健康发展，为资本设置“红绿灯”的目的是推进全体人民共同富裕的中国式现代化。一是，必须一以贯之地坚持中国共产党的领导。中国式现代化是中国共产党领导的社会主义现代化。党的领导直接关系到中国式现代化的前途和命运。推进中国式现代化必须坚持社会主义基本经济制度，坚持社会主义公有制的主体地位，正确认识和把握资本的二重性，促进各类资本向“公有制资本”的良性发展，充分发挥资本促进生产力发展、创造社会财富和增进人民福祉的积极作用。二是，必须认真贯彻落实创新、协调、绿色、开放、共享的新发展理念。在构建新发展格局、推动高质量发展的进程中，发挥政府和市场的双重作用，深化资本市场改革，防止资本无序扩张，更好发挥资本市场功能。

（三）中国式现代化以实现人的全面发展为价值旨归

习近平总书记明确提出：“现代化的本质是人的现代化。”① 推进和实现人的全面发展是中国式现代化的价值旨归。中国式现代化的本质核心内在地包含促进社会的全面进步和人的全面发展。实现人的全面发展，既是社会主义的本质要求，也是共产主义社会的本质要求和根本价值目标。

“中国式现代化以促进人的全面发展为价值目标，又为人的全面发展创造或提供经济、政治、文化、社会和生态等方面的基础或条件。人的全面发展又为推动中国式现代化进程提供主体力量和人才支撑。”② 中国式现代化的进程无疑推进人的现代化的发展。由此，人的发展成为中国式现代化的最终价值目标，真正实现从以资本逐利为中心到以人民为中心，从“物的依赖”到“人的自由全面发展”的飞

① 习近平．习近平著作选读：第1卷［M］．北京：人民出版社，2023：113.

② 郝立新．中国式现代化与促进人的全面发展［J］．思想理论教育导刊，2023（4）：15-22.

跃，体现社会主义现代化的本质和优越性。

实现人的全面发展，必须坚持以人民为中心的立场，时刻关注现代化进程中人的生存境遇。坚守人民立场是唯物史观的基本观点。当前，我国仍处于社会主义初级阶段。从我国现实国情来看，“人的自由全面发展”还处于一种理想的发展状态中，实现人的自由全面发展仍然需要经过非常漫长的历史发展时期。推进中国式现代化，不仅应该关注“未来社会”中人的发展状态，更需要我们关注现代化进程中现实的人的生存境遇。目前我国城乡区域发展和收入分配差距依然较大，人民群众在就业、教育、医疗、居住、养老等方面面临不少难题。必须解决好人民群众急难愁盼的问题，贯彻落实以人民为中心的发展思想，铸牢民生底线，力图让现代化建设成果更多更公平惠及全体人民。在推进中国式现代化进程中，不断推进人的需要的全面发展、人的能力的全面发展、人的社会关系的全面发展和人的个性的全面发展，使每个人都成为社会的主人，使每个人的潜能、禀赋和才智都能得到充分的发展。

（四）推进中国式现代化必须牢记党的初心和使命

马克思恩格斯在《共产党宣言》中指出，共产党是无产阶级的政党，除了为广大人民群众谋利益，共产党没有自己任何特殊的利益。中国式现代化是全体人民共同富裕的现代化。共同富裕体现了中国特色社会主义的本质要求。中国共产党人时刻铭记全心全意为人民服务是党的根本宗旨，把实现好、维护好、发展好最广大人民的根本利益作为自己工作的出发点和归宿。新时代条件下，当代中国共产党人要坚持从群众中来、到群众中去的工作路线，倾听群众呼声，反映群众意愿，集中群众智慧，推进决策科学化民主化，创新发展思路，努力使我们的方针政策更好地体现人民群众的利益，不断让人民群众得到实实在在的利益，共享现代化建设所带来的成果。

中国式现代化是坚持“以人民为中心”的新型现代化*

安徽师范大学马克思主义学院　汪盛玉　孙　辉　陈德洋

摘　要：坚持和发展中国特色社会主义，既不妖魔化“物”的力量，又不贬损和降低“人”的标准，同时科学研判“人民”所承载的力量之源和核心作用，才能更好地把握中国特色社会主义的发展优势和光明前景。因此，审视从“以人为本”走向“以人民为中心”的合理依据，是正确把握“中国式现代化是新型现代化”的方式方法。具体来看，中国共产党探索现代化一以贯之坚持以人民为中心，“以人为本”为中国式现代化提供了主体性支持，同时，“以人民为中心”为中国式现代化指明了保障性根基。

关键词：中国式现代化；以人民为中心；新型现代化

人们对于中国式现代化的认识随着实践的发展而不断得到深化。自党的十八大以来，习近平总书记从不同角度论述“中国式现代化”，学界就此分别从各个方面重点探讨了中国式现代化相较于西方式现代化所具有的政治优势、制度优势、文化优势、发展优势。《中共中央关于党的百年奋斗重大成就和历史经验的决议》明确指出：“党领导人民成功走出中国式现代化道路，创造了人类文明新形态，拓展了发展中国家走向现代化的途径，给世界上那些既希望加快发展又希望保持自身独立

*　本文系 2022 年度安徽省高校“三全育人”试点省建设暨高校思想政治能力提升计划项目“马克思恩格斯列宁经典著作选读”（项目编号：sztsjh-2022-3-4）阶段性研究成果。

性的国家和民族提供了全新选择。”① 显然，中国式现代化是既有民族特点又有世界意义的新型现代化，我们可以聚焦“中国”对新型现代化作出很多且更好的合理解释。但不能忽视的是，社会现代化的中心在于人的现代化，因而人的力量、人的利益、人的价值、人的自由、人的解放等人学问题成为中国式现代化的内生逻辑，概而言之，中国式现代化是最能体现人的价值、维护人的利益的现代化，中国式现代化是坚持“以人民为中心”的新型现代化。

一、中国共产党探索现代化一以贯之坚持以人民为中心

中国共产党坚持为中国人民谋幸福、为中华民族谋复兴的初心和使命，始终清醒地认识到中国式现代化是顺应人民意愿和历史选择的道路。尽管现代化的实践探索并非一帆风顺，但坚持做到把马克思主义基本原理同中国具体实际相结合、同中华优秀传统文化相结合，就一定能够在守正创新中开创新局面、实现新飞跃。中国式现代化“以人民为中心”的路线图在中国共产党建党以来的伟大奋斗中得到了展现。

（一）人民“站起来”：中国式现代化赢得建设的主体力量

近代中国的现代化开启于外敌入侵的民族蒙难之中。1840 年鸦片战争预示西方列强的野蛮入侵，中华民族遭受前所未有的苦难。为改变国家的境遇和民族的命运，中国人民的反抗斗争从来没有间断，但最终结局总是归于失败。原因何在？就在于旧民主主义革命未能充分认识到人民的力量、未能充分发挥人民的作用。要取得成功，诚如孙中山先生晚年所总结的“要发动庶人的革命”。

如果说近代中国的现代化是被动进行的现代化，那么中国共产党领导的现代化则是主动有为的现代化。中国共产党一经成立就带领有识之士、组织人民群众担负起探索和开创当代中国现代化的重大使命。一方面，人民走向主动。十月革命一声炮响，给中国送来了马克思列宁主义，从此中国人民由被动走向主动。毛泽东深刻揭示出中国人民的主动性对实现国家现代化具有前提性意义，民族独立和人民解放作为新民主主义革命的中心任务必须借助人民的力量、人民的战争才能实现。为

① 中共中央关于党的百年奋斗重大成就和历史经验的决议［M］. 北京：人民出版社，2021：64.

此，他在《中国社会各阶级的分析》一文开篇就指出：“谁是我们的敌人？谁是我们的朋友？这个问题是革命的首要问题。”[①] 可见，在毛泽东看来，中国人民的主动性是中国革命的首要问题，同时也是中国式现代化的首要问题。另一方面，人民更有力量。以毛泽东同志为主要代表的中国共产党人，把马克思主义基本原理与中国革命具体实际相结合，团结带领全党全国各族人民进行 28 年浴血奋战，于 1949 年 10 月建立中华人民共和国，彻底结束了旧中国一盘散沙的局面，彻底废除了西方列强强加给中国的不平等条约和帝国主义在中国的一切特权。人民翻身解放做主人，为新中国注入了源源不断的活力。

（二）人民“富起来”：中国式现代化巩固主体地位

党的十一届三中全会以后，中国共产党领导人民深刻总结社会主义建设正反两方面经验，科学作出把工作中心转移到经济建设上来、实行改革开放的历史性决策，人民的主体地位在中国特色社会主义建设中得到进一步体现。首先，富民成就富国。社会主义的本质在于解放生产力、发展生产力，消灭剥削、消除两极分化，最终达到共同富裕。共同富裕是社会主义的制度优势，这里的“富裕”既破除了思想偏见，又进一步明确了社会主义现代化的内在要求。其次，富在“两个文明一起抓”。建设社会主义现代化国家的最初规划是，到 21 世纪中叶分三步走、基本实现社会主义现代化的发展战略。最后，富在科学发展。党的十六大以后，以胡锦涛同志为主要代表的中国共产党人团结带领人民在全面建设小康社会进程中推进实践创新、理论创新、制度创新，深刻认识和回答了新形势下实现什么样的发展、怎样发展等重大问题，形成科学发展观。这主要表现为：坚持以人为本、全面协调可持续发展，构建社会主义和谐社会，着力保障和改善民生，促进社会公平正义，更好地坚持和发展中国特色社会主义。在此基础上，完全能够达到“到我们党成立一百年时建成惠及十几亿人口的更高水平的小康社会，到新中国成立一百年时基本实现现代化，建成富强民主文明和谐的社会主义现代化国家”[②]。

可见，属于谁的现代化、为了谁的现代化、依靠谁的现代化，这一系列价值取向的问题解答在改革开放以来的中国特色社会主义实践探索中变得更加清晰、日益明朗。

① 毛泽东 . 毛泽东选集：第 1 卷［M］. 北京：人民出版社，1991：3.

② 胡锦涛 . 胡锦涛文选：第 3 卷［M］. 北京：人民出版社，2016：171.

（三）人民“强起来”：中国式现代化夯实主体作用

党的十八大以来，以习近平同志为主要代表的中国共产党人带领人民从理论和实践相结合的维度系统回答了新时代坚持和发展什么样的中国特色社会主义、怎样坚持和发展中国特色社会主义这个重大时代课题，坚持统筹推进“五位一体”总体布局、协调推进“四个全面”战略布局，推进国家治理体系和治理能力现代化，中国现代化向“强起来”迈出新的一大步。这具体表现为：经济实力跃上新台阶、民主法治迈出新步伐、国家治理体系和治理能力现代化水平明显提高、人民生活水平显著提高、生态环境保护发生历史性和全局性变化等。这些开拓性创举具有深远意义。

诚如习近平总书记在庆祝中国共产党成立 100 周年大会上的讲话中所指出的：“中国共产党和中国人民以英勇顽强的奋斗向世界庄严宣告，中华民族迎来了从站起来、富起来到强起来的伟大飞跃，实现中华民族伟大复兴进入了不可逆转的历史进程！”① 人民“强起来”意味着中国式现代化的底气更足、基础更厚实、国际话语权更有力量。同时，“强起来”以“站起来”为前提、以“富起来”为保障。从“站起来”到“富起来”再到“强起来”，是国富民强与民富国强的统一，广大人民群众在社会主义现代化建设中的主体性得到夯实和提升。

（四）人民“美起来”：中国式现代化强化主体价值

坚持人民的主体地位，中国式现代化逐渐实现更高质量、更有效率、更可持续的发展。党的二十大报告指出：“我们深入贯彻以人民为中心的发展思想，在幼有所育、学有所教、劳有所得、病有所医、老有所养、住有所居、弱有所扶上持续用力，人民生活全方位改善。”② 从“富强”到“美丽”的发展目标，体现了社会主义现代化的本质属性和基本要求。“美起来”与“强起来”有机统一的深刻内涵在于，“通过建设社会主义现代化强国，‘实现人民对美好生活的向往’；同时，与各国人民一道，‘共同创造人类的美好未来’”③。富强、民主、文明、和谐、美丽，分别昭

① 习近平．在庆祝中国共产党成立 100 周年大会上的讲话［M］．北京：人民出版社，2021：7.

② 习近平．高举中国特色社会主义伟大旗帜 为全面建设社会主义现代化国家而团结奋斗：在中国共产党第二十次全国代表大会上的报告［M］．北京：人民出版社，2022：10.

③ 陶富源．实现中华民族“美起来”的“强起来”［J］．党政干部学刊，2018（2）：13-17.

示中国式现代化在经济、政治、文化、社会、生态等领域能够赋予人民的获得感、幸福感、安全感。“站起来”是前提，“富起来”是保障，“强起来”是关键，“美起来”是动力。“艺术的最高境界就是让人动心，让人们的灵魂经受洗礼，让人们发现自然的美、生活的美、心灵的美。”①习近平总书记的这一重要论述完全适用于“美起来”之于人民的意义与价值。美好劳动创造美好生活，人民是美好生活的期盼者，也是美好生活的建构者。

美者自美、美美与共，人民创建现代化的精神境界乃至现代化的建设成果给人以“赏心悦目”“提振精神”的力量，人民在中国现代化建设中不断获得主体价值。

二、“以人为本”为中国式现代化提供主体性支持

西方现代化崇尚文本和宪章中的民主、自由、权利，程序上看来很美好，但理想中的民主和自由最终能够落地落实才是受人民欢迎的。中国共产党领导的中国式现代化一开始就把人民的主体性、革命性、创造性融入革命实践之中，走的是一条依靠于民、取信于民、造福于民的道路。中国共产党成立以后经过北伐战争、土地革命战争、抗日战争、解放战争等的考验和磨炼，新中国成立以后所进行的社会主义革命和建设、改革开放伟大实践等，主题主线都在于为中国人民谋幸福、为中华民族谋复兴。中国共产党人坚持“以人为本”具有鲜明的马克思主义实践人学论行动遵循。

（一）人的社会角色强化人的责任担当

身份认同是现代社会的重要标尺。我属于自己吗？抑或属于他人还是属于社会呢？类似的主体之问在社会主义市场经济大潮中时而提及。社会主义核心价值观呼吁和维系的是集体主义的取向、社会主义的追求。尽管不同的他者在相互联动中构成了社会集体，但当个人利益和集体利益、社会利益发生冲突的时候，我们需要把集体利益和社会利益放在第一位，在有条件的情况下同时兼顾个人利益。在根本上，相较于“先革命，后建设”的发展观、“以经济建设为中心，发展是硬道理”的发展观以及“发展是党执政兴国的第一要务，坚持社会的全面进步与人的全面发展的统一”的发展观，把“以人为本”作为核心内涵的科学发展观更注重人的

① 习近平．在文艺工作座谈会上的讲话［M］．北京：人民出版社，2015：24.

主体责任和担当，更凸显人的社会本质和社会价值。“以人为本”意味着现实的国情、世情、党情是治国理政的前提，“中国特色社会主义”以道路自信、理论自信、制度自信、文化自信体现出“中国特色”的要义：共同建设、共同享有，“小我”汇入“大我”才会成就丰富的自我，“小家”融入“大家”才会造就富强的国家。中国共产党百年奋斗历史就是一部不断创造条件凸显中国人民主体性的历史，反过来，这种主体性成为现代化建设源源不断的内生动力。

（二）人的奋斗实践助力人的素养提升

自 1992 年确立社会主义市场经济体制改革目标以来，改革开放和社会主义现代化建设步伐加快。经济发展各方面呈现出来的博弈和矛盾归根结底源于社会生产的不够发达，源于社会生产不能满足人民日益增长的物质文化需要。从党的十七大报告所阐释的“学有所教、劳有所得、病有所医、老有所养、住有所居”，到党的十九大报告所指明的“幼有所育、学有所教、劳有所得、病有所医、老有所养、住有所居、弱有所扶”，深刻表明社会主义现代化建设在就业、收入分配、教育、社保、医疗、住房、养老、扶幼等方面仍有短板和不足，必须得到重视、获得解决。教育现代化与社会现代化息息相关，教育的问题更是实践的问题、人的发展问题，因而需要时刻警醒和重视；分配公平正义的实质在于“应得”关系的合理适当处理，涉及人的权利与义务之间的对等匹配、人的付出与回报之间的和谐与否，考验人的劳动能力和社会综合素养；百姓就业、安全生产、医疗保障、民众养老、捐资救助、社会福利等民生事业挑战社会供给侧和产业结构优化升级。既然社会本身并不是天然的财富供应链，那么，发展中的需求唯有通过辛勤创造和奋斗实践逐步得到满足。因此，“以人为本”本身意味着以人的能力提升为本、以人的需要满足为本、以人的社会关系和谐为本、以人的个性丰富为本。“以人为本”规约着中国共产党“权为民所用、情为民所系、利为民所谋”，这一过程逐步克服了广大民众人性中的软肋，诸如任性、慵懒、涣散、偏狭等，提升勤劳、诚实、勇敢、坚强等美好品质。人性发展中的真、善、美以及民族进步中的团结、进取、和谐为中国式现代化提供智慧支持和文化涵养。

（三）不能割裂“以人为本”与“以物为本”的关联

理论界有一种看法：“以人为本”是对“以物为本”的纠偏和矫正。其实，这种观点片面割裂了“以人为本”与“以物为本”的内在关联，党的十六届三中全会正式提出的科学发展观强调“以人为本”在根本上恰恰说明了社会主义现代化建设事业对人的问题的高度关切和重视，“以人为本”首先建立在物质积累的基础之上，没有空中楼阁式的现代化。没有人的现代化，就不会有社会的现代化，没有物的现代化，也不可能有社会的现代化。换句话说，“以物为本”为“以人为本”提供了现实基础，“以人为本”为“以物为本”指明了发展方向，二者回应了以人民为中心的基本诉求。

因此，中国特色社会主义不会盲目效仿西方式现代化的“短平快”节奏，更不会简单认同理论界片言只语的魔性现代化舆论，因为我们走的是以人民为中心的新型现代化道路。

三、“以人民为中心”为中国式现代化指明保障性根基

无论是“以物为本”还是“以人为本”，“本”在其间不仅意味着标尺、准则，还具有目标、归宿的内涵，理论界因此有人将“以人为本”具体地延伸为“以工为本”“以农为本”“以医为本”“以学为本”“以商为本”等。工、农、医、学、商，无疑都具有“人”的意义，“人”因交往而有意义、因分工而有价值，有人的地方就有人的岗位和人的活动。但中国特色社会主义不是抽象地看待“人”的问题，而是主要从人民的立场、人民的需要、人民的发展、人民的作用和意义等具体维度去解决“人”的问题。这是因为“人”与“人民”是具有不同语境的范畴，“人”是与“物”相对应的具有价值取向的总和性范畴，“人民”是与“人”相比更具有价值归属和情感依托的群体性范畴。中国特色社会主义进入新时代，人的生活进入新的历史起点，人的需要进入新的历史阶段，人的发展进入新的历史方位，因而“以人民为中心”的发展思想更具人学关怀，进一步回答了中国特色社会主义“为了谁”以及“如何为谁”的问题，显示出中国式现代化根基在人民、血脉在人民、力量在人民。

（一）人民成就中国式现代化的根基

“人民”作为一个历史范畴，在不同的时代有不同的内涵，但在任何时期，人民的主体部分都是从事社会生产的劳动人民。中国共产党的坚强领导和社会主义生

产资料公有制确保了人民当家作主的历史地位，也能够最大限度地激发人民群众的聪明才智和创造热情。“人民就是江山，江山就是人民”的呼声证明了，中国共产党治国理政视人民为历史的主体、国家的主人，主张国家的发展靠人民，社会的进步为人民，政府的行为利于人民，党的领导服务于人民。这里的思想内涵，既有对中华优秀传统文化中民本思想的创新性发展，也有对西方社会倡导人文精神的批判性改造，但始终没有局限于抽象谈论“人民”的意义。视人民为物质生活的主人、社会生活的主人，更重要的在于视人民为自己精神境界的主人，尽可能呼唤人的主体意识觉醒，人人主动参与社会建设、贡献自身聪明才智。这一点在我国为人民从“站起来”到“富起来”再到“强起来”提供现实条件的情况下显得非常重要。因此，中国式现代化构建的内生动力根基在于人民能够越来越自为、自立、自强、自觉。

（二）人民展示中国式现代化的血脉

党的十九大报告指出：“中国特色社会主义进入新时代……意味着中国特色社会主义道路、理论、制度、文化不断发展，拓展了发展中国家走向现代化的途径，给世界上那些既希望加快发展又希望保持自身独立性的国家和民族提供了全新选择，为解决人类问题贡献了中国智慧和中国方案。”① 习近平总书记在庆祝中国共产党成立 100 周年大会上的讲话中强调：“伟大、光荣、英雄的中国人民万岁！”② 其中的话语之坚定与豪迈显示出中国共产党人非凡的中国情怀，国家富强、民族振兴、人民幸福是中华优秀传统文化血脉传递下来的伟大梦想。中国共产党治国理政语境中的“人民”，有着生产资料公有制保证平等生产、平等分配、平等生活的主人公地位，同时是朝着全体成员共同富裕的目标奋发前进者。在具有团结、勤奋、包容、诚实等优秀品质的文化传承中，以促进人的自由全面发展为目标和宗旨的社会主义现代化道路，以人与自然的生命共同体，人与人的利益共同体、民族共同体、命运共同体等建构图景突破了西方抽象人性论的藩篱；以人人尽责、人人享有的条件保障以及不断提升的文化自觉和文化自信超越了西方道义谴责论的窠臼。因此，马克思主义所指明的人的依赖性社会、物的依赖性社会、人的自由全面发展的

① 习近平．决胜全面建成小康社会 夺取新时代中国特色社会主义伟大胜利：在中国共产党第十九次全国代表大会上的报告［M］．北京：人民出版社，2017：10.

② 习近平．在庆祝中国共产党成立 100 周年大会上的讲话［M］．北京：人民出版社，2021：23.

社会等人的全面发展三个阶段，当下中国人民最有条件和能力朝着自由全面发展阶段努力。因此，中国式现代化一以贯之地顺应人民群众对美好生活的向往，把增进人民福祉、促进人的自由全面发展作为一切工作的出发点和落脚点，从人民群众最关心、最直接、最现实的利益问题入手，统筹做好教育、就业、收入分配、社会保障、医疗卫生等各领域民生工作，不断提高人民生活水平。

（三）人民凝聚中国式现代化的力量

社会发展是一个自然历史过程。但只有人民的活动、人民的参与才能实现。“以人民为中心”至少有四个层次的内容特征：一是思民情，即关注人民的生活现状，关心百姓的所思所虑、所要所求，把人民的冷暖安危放在第一位；二是顺民意，即重视老百姓的意愿和呼声，一切方针政策和举措都围绕人心向背而变化，维护人民的主动性积极性和聪明才智；三是谋民利，即脚踏实地为人民说实话、办实事，不搞空头政治，想方设法保护老百姓的切身利益；四是靠民力，即时刻铭记人民是成就一切伟业的主体力量，善于团结和动员最广大人民的力量，不断增强全体人民的凝聚力，尽可能地发挥人民的内生动力，鼓励人民大胆干事业。想人民之所想、急人民之所急、愁人民之所愁、盼人民之所盼，这正是中国特色社会主义的价值取向。

无论是人们广泛探讨的四个现代化，还是理论界关注的人的现代化，其中的“工业”“农业”“国防”“科技”“人”都不能离开人民。“人民”是主体力量之源，正因为人民的创新创造，社会主义现代化才能够实现“目的”和“手段”的统一，集奋勇开拓式伟大实践（如各行各业的生产和攻坚克难的改革等）与砥砺前行式美好品质（如勤奋、团结、勇敢、坚强等）于一体。

可见，中国式现代化因人民的选择而产生、因人民的创建而发展、因人民的力量而走向更好的未来。“以人民为中心”深化了“以人为本”的内涵，扬弃了“以物为本”的意义，进一步凸显了中国智慧、中国元素的人学价值。“以人民为中心”作为一种全新理念，必将随着中国特色社会主义不断满足人民美好生活需要的奋斗实践，而不断向全球社会展现中国式现代化作为新型现代化的成功密码。

唯物史观视域中的“美好生活需要”概念及其人学意蕴

厦门大学马克思主义学院　林　密　卢一丹

摘　要：新时代“美好生活需要”概念的内涵须从物质生活生产与再生产的实践发展过程加以考察。马克思从“现实的个人”出发，展现了人的需要的社会性、历史性与人民性，其关于人的需要理论的逻辑是不断深化的，具有深厚人学意蕴。基于资本主义生产方式的分析，马克思一方面肯定了资本主义发展阶段为人类美好生活所提供的重要物质基础，另一方面深刻揭示了资本主义条件下人类实现美好生活的资本限度与未来路径。按照马克思的历史辩证法，资本主义在其自身矛盾发展历程中蕴含超越资本主义生产方式、实现人的自由全面发展的历史条件。新时代中国应坚持中国共产党的领导，立足社会主义初级阶段的最大实际，以中国式现代化新道路不断推进人民美好生活需要的丰富发展与实现。

关键词：美好生活需要；人的需要；新时代；马克思主义人学

党的二十大报告提出，“我国社会主要矛盾是人民日益增长的美好生活需要和不平衡不充分的发展之间的矛盾”。[①] 从唯物史观的视角出发，如何科学把握“美好生活需要”的内涵并在新时代“促进物的全面丰富和人的全面发展”[②]，既是当前党

① 习近平 . 高举中国特色社会主义伟大旗帜 为全面建设社会主义现代化国家而团结奋斗：在中国共产党第二十次全国代表大会上的报告［M］. 北京：人民出版社，2022：7.

② 马克思，恩格斯 . 马克思恩格斯选集：第 1 卷［M］. 中共中央马克思恩格斯列宁斯大林著作编译局，编译 . 北京：人民出版社，2012：23.

和国家工作的重大实践课题，也是亟待深入回应的重大理论任务。这就需要立足唯物史观对“人的需要”与“美好生活”等概念范畴展开深入的学理探析。

马克思恩格斯站在唯物主义立场上，对人们追求美好生活在“一定的”社会生产方式中的生成机制及其内在演进逻辑进行剖析。通过对资本主义生产力和生产关系的分析，肯定了资本主义先进生产力为人的需要的满足和发展创造了客观条件，揭示了资本主义内在矛盾的不可调和性对人们追求美好生活需要的根本限制，并指出了人类实现解放和美好生活向往、走向更高级社会文明形态的可能性和必要性。新时代中国要在中国共产党的领导下，坚持“以人民为中心”的发展思想推进经济发展、文化繁荣、科技进步，不断丰富和发展人类文明新形态，推动共同富裕的现代化和人的自由全面的发展。

一、唯物史观视域下人的需要的基本内涵

马克思认为，社会历史理论是人的理论的前提和基础。伴随马克思社会历史理论的不断深化，他关于人的需要的理论也越来越展现出社会性、历史性与人民性的特点。从《德意志意识形态》对“美好生活”的基本内涵及其与生产的辩证关系的初步阐释，到《共产党宣言》中通过把握资本主义生产关系透视人的需要的产生、变化、限度和超越，再到《资本论》及其手稿中聚焦于资本主义生产与再生产对人的需要的建构和限制，马克思关于人的需要的思想经历了一个由浅入深、由“抽象上升到具体”的过程。在一般抽象意义上，马克思关于人的需要的理论主要包括以下三个方面的内容：

首先，人的需要的发展以物质生产的发展为基础。马克思恩格斯认为，美好生活是现实的个人的“连续不断的感性劳动和创造”，而非人们头脑中的观念和想象。[①]“历史就是处在一定社会关系中的人为了满足自己的需要而不断从事物质生产的活动。”[②]在生产过程中，人们的衣食住行等基本物质生活需要被满足，同时为满足这种需要而产生并被使用的生产工具又引起新的需要，由此产生了“第一个历史

① 马克思，恩格斯．马克思恩格斯选集：第 1 卷［M］．中共中央马克思恩格斯列宁斯大林著作编译局，编译．北京：人民出版社，2012：157.

② 林密，杨丽京．历史唯物主义视域中的新时代“美好生活需要”及其路径初探［J］．中共宁波市委党校学报，2019，41（2）：33-37，57.

活动”①。由此可见，人从事物质生产的最初动因是满足人最基本的生存需要，且人的需要的发展是以物质生产的发展水平为基础的。

其次，“一定的”社会生产决定“一定的”人的需要。马克思认为人在获取生活资料的过程中，即生活在一定社会形式中的人通过生产已经具备了他所生活的那个社会的一定性质。② 现实的个人的需要受到“一定的”社会生产方式和社会关系的制约，具有社会性和历史性。即使是人的自然需要，也受到一定的社会历史条件的制约，“饥饿总是饥饿，但是用刀叉吃熟肉来解除的饥饿不同于用手、指甲和牙齿啃生肉来解除的饥饿”③。因此，“一定的”人的需要必须在“生产力发展的一定状况”下，在与商品经济相联系的“一定的交换和消费形式”中来考察。④

最后，人的需要本身是一个不断辩证发展着的过程。马克思讨论的是“现实的个人”的需要，是从事物质生产的人的需要，是随着社会生产和社会关系的前进和丰富而不断发展的，呈现出“需要的社会体系”的不断扩大和“需要的历史序列”的不断上升的人的需要。⑤“从‘自然需要’到‘生产’再到‘历史地形成的需要’，这正是马克思的‘需要和实践的辩证法’。”⑥ 新时代中国社会主要矛盾的转变也遵循了这一需要与实践的历史辩证法。正如随着社会生产的发展，中国人民对“物质文明和精神文明相协调”⑦ 的需要逐渐凸显，体现了人民对美好生活的认知与理解不断深化，“美好生活需要”的内容不断丰富。

与从人的需要出发建构“肤浅的表象”⑧ 不同，马克思始终强调人的需要的社会

① 马克思，恩格斯．马克思恩格斯选集：第 1 卷［M］．中共中央马克思恩格斯列宁斯大林著作编译局，编译．北京：人民出版社，2012：159.

② 马克思，恩格斯．马克思恩格斯全集：第 19 卷［M］．中共中央马克思恩格斯列宁斯大林著作编译局，编译．北京：人民出版社，1963：405.

③ 马克思，恩格斯．马克思恩格斯全集：第 30 卷［M］．中共中央马克思恩格斯列宁斯大林著作编译局，编译．北京：人民出版社，1995：33.

④ 马克思，恩格斯．马克思恩格斯选集：第 4 卷［M］．中共中央马克思恩格斯列宁斯大林著作编译局，编译．北京：人民出版社，2012：408.

⑤ 姚顺良．论马克思关于人的需要的理论：兼论马克思同弗洛伊德和马斯洛的关系［J］．东南学术，2008（2）：105-113.

⑥ 姚顺良．论马克思关于人的需要的理论：兼论马克思同弗洛伊德和马斯洛的关系［J］．东南学术，2008（2）：105-113.

⑦ 习近平．高举中国特色社会主义伟大旗帜 为全面建设社会主义现代化国家而团结奋斗：在中国共产党第二十次全国代表大会上的报告［M］．北京：人民出版社，2022：23.

⑧ 马克思，恩格斯．马克思恩格斯全集：第 30 卷［M］．中共中央马克思恩格斯列宁斯大林著作编译局，编译．北京：人民出版社，1995：30.

性与历史性，始终以总体性为框架，将人的基本需要和新的需要的产生、生产方式的变迁以及社会关系的生产纳入其中去系统地考察。可见，人的需要作为人的“内心的图像”和“生产者的素质”，构成了生产活动的基本目标和根本动力。

二、资本主义生产关系对人的需要的建构和限制

在马克思的思想发展中，他始终关注人的需要和人的解放问题，并始终将对二者的考察放在现实的历史过程中加以看待。人的需要的产生和满足都与“一定的”生产关系相联系。在《资本论》及其手稿中，马克思对资本主义生产关系内在逻辑的考察，为探析人的需要在资本主义社会阶段的展开和演进提供了理论视域。

资本主义社会是“生产方式和交换方式的一系列变革的产物”[①]，是历史发展的必然产物。随着资本主义社会物质生产的发展，人的需要也随之产生变化和发展。在资本主义社会发展的初期，一方面，社会生产力得到相较于前资本主义社会时期更加充分的发展，自然界成为满足人的需要的一个“普遍有用性的体系”[②]，人的需要和人的生产关系、社会联系通过资本生产的发展而不断扩大。另一方面，资本由于其自身生产扩大的需要以及追求利润的本性，突破了以往的“人类的地方性发展和对自然的崇拜”，使得全世界的人们都被内含于资本逻辑所联结的广泛的需要和普遍的社会联系之中[③]，“地域的个人”越来越成为“世界历史性的、经验上普遍的个人”[④]，地方的、民族的历史越来越成为世界历史。此时，人的需要主要表现为：一是随着社会劳动体系的不断扩大和丰富，社会产业部门越来越精细化、专门化，与之相适应的是人的原有的需要被满足，基于社会现实和历史实践的新需要被不断创造出来，人的需要的种类和范围逐渐丰富和扩大；二是奢侈的需要会不断转化为

---

① 马克思，恩格斯．马克思恩格斯选集：第 1 卷［M］．中共中央马克思恩格斯列宁斯大林著作编译局，编译．北京：人民出版社，2012：402.

② 马克思，恩格斯．马克思恩格斯全集：第 30 卷［M］．中共中央马克思恩格斯列宁斯大林著作编译局，编译．北京：人民出版社，1995：390.

③ 马克思，恩格斯．马克思恩格斯全集：第 30 卷［M］．中共中央马克思恩格斯列宁斯大林著作编译局，编译．北京：人民出版社，1995：390.

④ 马克思，恩格斯．马克思恩格斯选集：第 1 卷［M］．中共中央马克思恩格斯列宁斯大林著作编译局，编译．北京：人民出版社，2012：166.

必要的需要，即“生产的发展既扬弃这种自然必要性，也扬弃那种奢侈”[①]，从而不断促进人的需要向更高层次发展，促进人的全面性的纵深发展。

但是，应当注意的是，在资本的生产与再生产过程中，劳动者与劳动资料相分离，劳动与资本相对立。[②]劳动者只能靠出卖自己的劳动力维持自身的生存和换取繁衍后代所必需的生活资料，劳动者越是辛勤劳动反而越贫穷的黑色幽默成为难以解决的现实问题。换言之，在资本主义生产条件下，生产力的发展、社会财富的增加，导致的只能是资本财富的增加、资本支配劳动的权力增大，绝不会实现劳动者对于美好生活的需要。

随着资本主义生产关系在全世界范围内的扩展和确立，人的需要和对美好生活的追求也被卷入资本逻辑的总体性运作中，被资本逻辑所制约。这表现为以下两点。一是劳动者实现美好生活的能力在资本增殖逻辑的运行下很难提升。资本按照自己的需要创造出适配于资本运行逻辑的劳动者，通过剥削劳动者的剩余价值、扩大劳动者消费和享受的范围以及把更多的费用投到不变资本而非劳动力上，将资本的社会关系不断再生产出来，进一步加剧劳动者的相对贫困。二是资本的意识会入侵劳动者的心灵，呈现出全覆盖的物化结构特点，也就是马克思在《资本论》及其手稿中揭示的拜物教问题。资本通过日常生活中的消费、娱乐等各种方式的渗透为劳动者创造出一个美好生活的幻想，并通过倡导“消费的主人翁意识”使劳动者不批判、不反思、不自觉地认同资产阶级的意识形态和资本的运行逻辑，从而自愿投入资本的再生产过程中，为满足资本的需求兢兢业业。

马克思在《资本论》及其手稿中深入分析了资本主义的生产关系，指出劳资矛盾即资本主义生产关系的内在矛盾所导致的资本主义生产与消费之间的非同一性矛盾是无法消除的，工人有限的消费能力为资本主义生产方式的危机和末日埋下伏笔。资本主义的生产和再生产过程不仅为资本主义社会带来了财富的积聚，也在一定程度上促进了人的全面发展，不断把推动自身灭亡的客观因素和主观因素生产出来。可见，资本的界限就是其自身。

① 马克思，恩格斯．马克思恩格斯全集：第 30 卷［M］．中共中央马克思恩格斯列宁斯大林著作编译局，编译．北京：人民出版社，1995：525.

② 杨丽京，林密．《共产党宣言》中的美好生活观初探［J］．集美大学学报（哲学社会科学版），2019，22（3）：13-19.

三、人的自由全面发展需要的历史性生成

正所谓人体解剖是猴体解剖的一把钥匙，马克思通过聚焦资本主义社会这一“具体”的“必然过渡点”的分析，既能透视前资本主义社会形态的结构和生产关系基础，又能更加敏锐地捕捉到超越现存资本主义社会的未来的社会形态的组成要素。因为这个过渡点既“包含着一切狭隘的生产前提的解体”，又“创造和建立无条件的生产前提，从而为个人生产力的全面的、普遍的发展创造和建立充分的物质条件”①。可见，随着人民物质生产的发展，资本主义内在无法调和的矛盾将限制人民的美好生活，因此必然会被更加完善的社会形态所取代，这是历史的必然，是客观发展规律所决定的。

马克思在《1857—1858 年经济学手稿》中将社会历史划分为三个社会阶段，他认为资本主义社会生产力的发展使社会关系从“人的依赖关系”过渡到“以物的依赖性为基础的人与人之间的独立性”的阶段，该阶段不仅“产生出个人同自己和同别人相异化的普遍性的同时，也产生出个人关系和个人能力的普遍性和全面性”②，从而为第三阶段，即“建立在个人全面发展和他们共同的、社会的生产能力成为从属于他们的社会财富这一基础上的自由个性”这一社会阶段创造条件。③

人民美好生活的实现靠的是现实的社会发展和历史运动，而绝不是理论的思辨或概念的推演。通过对资本主义生产方式的分析，可以得出，资产阶级社会的发展在客观上促进了“培养社会的人的一切属性”，将人作为具有“尽可能广泛需要”和“尽可能丰富的属性和联系”的人创造出来；促进了不同于现有资本主义社会的以人的全面而自由的发展为目的的全新的社会的创造；促进了“劳动的逻辑”对于“资本逻辑”的颠覆。④ 马克思认为共产主义不是应当确立的状况，而应该是现实

① 马克思，恩格斯 . 马克思恩格斯全集：第 30 卷［M］. 中共中央马克思恩格斯列宁斯大林著作编译局，编译 . 北京：人民出版社，1995：512.

② 马克思，恩格斯 . 马克思恩格斯全集：第 30 卷［M］. 中共中央马克思恩格斯列宁斯大林著作编译局，编译 . 北京：人民出版社，1995：112.

③ 马克思，恩格斯 . 马克思恩格斯全集：第 30 卷［M］. 中共中央马克思恩格斯列宁斯大林著作编译局，编译 . 北京：人民出版社，1995：107-108.

④ 依据袁祖社教授的指认，“劳动的逻辑”指“人的自由个性和自由自觉本质之自我确证的逻辑”。参见袁祖社 . 实践理性视域内“资本逻辑”和“劳动幸福”的关系辩证：基于阿玛蒂亚·森“自由与可行能力”的理论［J］. 上海师范大学学报（哲学社会科学版），2020，49（3）：30.

的运动。[①] 所以，实现美好生活的需要，中国就要立足于社会主义初级阶段的基本国情，在中国共产党的领导下，坚持以人民为中心的发展思想，推动社会物质生产发展与人的自由全面发展有机统一，力求“人的全面发展、全体人民共同富裕取得更为明显的实质性进展”[②]。

四、新时代人民美好生活需要的哲学意蕴

马克思主义人学“即是由人的各种存在形态有机统一的人的图景和本质”[③]，是马克思主义理论透视“现实的个人”的历史存在和实践活动的重要视角。以唯物史观为出发点，以马克思主义人学为关键点，以满足人民美好生活需要为落脚点，才能挖掘出美好生活需要的逻辑起点、内在要求和价值旨归，从而在新时代夯实满足人民美好生活需要的理论之基。

“现实的个人”是新时代人民美好生活需要的逻辑起点。马克思恩格斯将“现实的个人”作为马克思主义人学的理论起点，指出：“这些个人是从事活动的，进行物质生产的，因而是在一定的物质的、不受他们任意支配的界限、前提和条件下活动着的。”[④] 不是被先天规定的存在，而是存在于一定的社会交往关系中的通过社会实践活动不断进行满足自身需要和新需要的主体，是一种历史生成性的存在。只有从“现实的个人”出发，才能理解马克思的生产、生活理论，把握马克思的全面生产理论、全面生活理论与实现“美好生活需要”之间的逻辑联系。[⑤]

主客体相统一是新时代人民美好生活需要的内在要求。马克思主义人学区别于人本主义，强调了实践作为中介促成了人与物的交融，实现了主客体的统一。一方面，新时代的个人通过提高物质生产能力促进了美好生活需要内涵的不断具象化，即“幼有所育、学有所教、劳有所得、病有所医、老有所养、住有所居、弱有

① 马克思，恩格斯 . 马克思恩格斯选集：第 1 卷［M］. 中共中央马克思恩格斯列宁斯大林著作编译局，编译 . 北京：人民出版社，2012：166.

② 习近平 . 高举中国特色社会主义伟大旗帜 为全面建设社会主义现代化国家而团结奋斗：在中国共产党第二十次全国代表大会上的报告［M］. 北京：人民出版社，2022：25.

③ 林剑 . 关于马克思主义人学的几个问题［J］. 哲学动态，1996（2）：28.

④ 马克思，恩格斯 . 马克思恩格斯选集：第 1 卷［M］. 中共中央马克思恩格斯列宁斯大林著作编译局，编译 . 北京：人民出版社，2012：151.

⑤ 丰子义 . 人学视域中的“美好生活需要”［J］. 学术界，2021（11）：8.

所扶”[①]；另一方面，新时代的个人虽受限于“不平衡不充分的发展”这一现实问题，但能够发挥主观能动性来追求美好生活目标的实现。

人的全面发展是新时代人民美好生活需要的价值旨归。从马克思主义人学视角出发，要满足现实的个人的需要，就要解放人、发展人，实现人的自由而全面的发展。新时代中国仍处于社会主义初级阶段，仍受到资本逻辑的影响和制约，只能逐步实现“人的本质”的回归，即推动中国式现代化以“人的逻辑”[②]超越西方现代化所遵循的资本逻辑[③]，推动全体人民共同富裕的现代化进程，不断使得人民群众的获得感、幸福感、安全感更加充实、更有保障、更可持续。

满足“人民美好生活需要”的提出是中国共产党立足于新时代中国特色社会主义的具体现实提出的科学论断，是坚持“以人民为中心”的发展思想的实践活动。将美好生活需要置于马克思主义理论视野下进行透视，既能够挖掘和展现其人学意蕴和人学色彩，又能够为美好生活的实现提供路径支持。

综上所述，马克思关于人的需要理论的丰富发展过程，也是其对于资本主义生产方式的剖析过程。马克思通过对资本生产条件下人的需要的基本内涵的分析，阐述了资本主义生产关系对人的需要的建构和限制，呈现了资本对于劳动者的总体性统治，同时也进一步揭示了人的自由全面发展需要的历史性生成逻辑。当前，考虑到“南起北落”和“东升西降”的国际秩序转型趋势愈发明显，以及人类社会信息化、数字化程度不断加深，中国人民要警惕自由主义、消费主义、民粹主义等各种西方思潮所营造出的西方美好生活幻想，警惕其背后的暗箭和陷阱。新时代，要激活马克思主义世界观和方法论的现实意义和指导价值，必须“随时随地都要以当时的历史条件为转移”[④]。因此，要立足中国的现实需要和时代使命，对内增进民生福祉、提高人民生活品质，不断实现人民对美好生活的向往；对外推动构建人类命运共同体、弘扬全人类共同价值，同世界人民携手开创人类更加美好的未来！

---

① 习近平．高举中国特色社会主义伟大旗帜 为全面建设社会主义现代化国家而团结奋斗：在中国共产党第二十次全国代表大会上的报告［M］．北京：人民出版社，2022：11.

② 参见丰子义，沈湘平，钟明华，等．中国式现代化的人学意蕴及其现实展开（笔谈）［J］．江海学刊，2023（2）：5-20. 丰子义教授指出，“人的逻辑”就是指“人的生存发展过程所包含的内在要求、内在联系及其发展趋势，所反映的是人的发展规律”。

③ 丰子义，沈湘平，钟明华，等．中国式现代化的人学意蕴及其现实展开（笔谈）［J］．江海学刊，2023（2）：5-20.

④ 马克思，恩格斯．马克思恩格斯选集：第1卷［M］．中共中央马克思恩格斯列宁斯大林著作编译局，编译．北京：人民出版社，2012：376.

人的本真存在与非本真存在辨析 *

湖南师范大学公共管理学院　程　钢

摘　要：在《1844年经济学哲学手稿》中，马克思以人本主义为价值遵循，意在从存在论的意义上为实现人的本质力量的复归寻求可能进路。人的本质力量的基本前提是人的存在，而人的存在又在现实中分离并表现为人的本真存在和非本真存在。但问题的关键在于，人的本真存在和非本真存在为何会有历史性的必然演化？又为何在现实中形成对立的状态？因此，只有回到《1844年经济学哲学手稿》的文本语境中，只有在承认二者演化的必然性和批判两者现实的对立性的基础上，将问题转化为对实现二者和解的可能性的探讨，才可能消解"物的世界"与"人的世界"的对立，以彰显人的"本己力量"。

关键词：本真；非本真；存在；物化

马克思在《1844年经济学哲学手稿》(简称《手稿》)中，高度赞誉了费尔巴哈，与此形成鲜明对照的是，他不仅系统批判了国民经济学的出发点，还全面批判了黑格尔的辩证法乃至整个哲学。其目的在于立足人本主义价值立场，并在存在论的意义上批判国民经济学的"事实"和黑格尔哲学的"辩证法"，最终在积极扬弃私有财产的基础上实现人的本质力量的复归。这种获得复归的本质力量，不是机械地还原为僵死的人的本质，而是要复归人同自然界相统一的、实践的、社会的人的

* 本文系2022年度国家社科基金高校思想政治理论课研究专项"以马克思主义经典著作研读引领高校思政'金课'建设研究"(项目编号：22VSZ142)阶段性研究成果。

本质，复归合乎人性和社会性的本质。因为“只有对社会的人来说才是存在的”[①]，也只有将社会的人的存在作为人的本质及其“本己力量”的前提，人的存在和历史境遇才能不断敞开。人不可避免地处在某种历史的、现实的、社会的存在境遇之中，人的存在虽然在不同境遇中表现为或杂多或同一的现实状态，但可以划归为两种类别：本真存在和非本真存在。

本真与非本真是一对认识论意义上的现象学概念。胡塞尔在《逻辑研究》中将这对概念基础上的“直观化”之间的区别直接理解为“充实”之间的区别，并强调必须在思维、判断、表象、抽象以及语言上进行区分。海德格尔的《存在与时间》则站在生存论的立场上大量使用这对概念，他认为“此在根本是由向来我属这一点来规定的”[②]，因此，本真存在是此在立足于自己本身生存，并且，“此在的非本真状态并不意味着‘较少’存在或‘较低’存在。非本真状态反而可以按照此在最充分的具体化情况而在此在的忙碌、激动、兴致、嗜好中规定此在”[③]。可以说，无论在认识论还是生存论的现象学视域中，本真与非本真的分化与区别，实则都表达着对人的存在的现实状态的关切。正是在此意义上，辩证分析人的本真存在与非本真存在，可为重新研究马克思《手稿》中关于人的存在的现实问题开启全新视角。

一、人的本真存在与非本真存在演化的历史性

马克思在《手稿》中虽未直接使用本真存在与非本真存在两个范畴，毋宁说，他在此时所坚守的人本主义的立场设定就是人的本真存在，是自由、自在、自愿的劳动状态或生命活动状态，是一种人的本己性、总体性、自主掌控性的存在状态；相反，非本真存在却导致了人的异己性、破碎性、受奴役性，是反人本主义的异化状态，就是“异化劳动”或强制劳动的规定状态。可见，马克思在《手稿》中已然在人本主义的立场上，对人的本真存在与非本真存在的分化状态作出了基本的判断与界定。

众所周知，在《手稿》中，马克思以“异化劳动”的四重演化规定——“人与自己的劳动产品、自己的生命活动、自己的类本质相异化的直接结果就是人同人相

① 马克思．1844年经济学哲学手稿［M］．中共中央马克思恩格斯列宁斯大林著作编译局，编译．北京：人民出版社，2014：79.

② 海德格尔．存在与时间［M］．陈嘉映，王庆节，译．北京：商务印书馆，2019：61.

③ 海德格尔．存在与时间［M］．陈嘉映，王庆节，译．北京：商务印书馆，2019：61.

异化”[①]——揭示了异己的或非本真的现实存在状态。因此，如果要追问这种非本真存在状态的历史性由来，就必须优先从“异化劳动”的前两个规定着手。这两个规定分别被马克思称为“物的异化”和“自我异化”[②]，此处的关键问题在于，为何他不将“异化劳动”本身或“自我异化”作为批判的开端，而要首选“物的异化”作为起始因素加以批判？

在马克思看来，“物的异化”对于“异化劳动”的整体而言，不仅是起始环节，还是绝对的前提。因此，问题就转化为作为某种存在物的劳动产品何以必然导致整体性的“异化劳动”？这是因为，“异化劳动”之前已然存在“物化劳动”，或者说，“物化劳动”导致了“异化劳动”，也就是说，“物的异化”的劳动产品来源于“物化劳动”的抽象规定。马克思断定“非对象性的存在物是非存在物（Unwesen）”[③]。因此，“物化劳动”在存在的意义上也是劳动的对象化，却表现为人的非本真存在的对象性劳动，进而，“物化劳动”所生产的劳动产品对人而言，也就成为一种非本真的存在物，并表现为人对物的依赖。

从一般的意义上讲，只要物质生产力还不够发达，只要物质财富还不够丰富，只要作为主体的人还依赖于物或受物的控制，劳动就是非自由的劳动，就是某种非本真的“物化劳动”。此外，马克思预判了真正的人类历史状态就是人自由全面发展的共产主义状态，与此相对立的则是史前史状态。就是说，在共产主义尚未实现的一切社会中，人依赖物或“为了物”所开展的劳动都是非本真存在状态。

当然，这个史前史状态也分为两个历史阶段，即前资本主义社会和资本主义社会。在前资本主义社会中，人依赖物更多是为了生存，即以人或以生存为目的，以物为手段；而在资本主义社会中，人依赖物则纯粹是“为了物”，即以物为目的，以人或人的劳动为手段。可见，两个阶段产生历史性分离的根本原因就在于目的与手段的颠倒。那么，为何会造成这种颠倒？马克思将私有财产归结为颠倒的始作俑者，虽然“私有财产的统治一般是从土地开始的；土地占有是私有财产的基础”[④]，

① 马克思 . 1844 年经济学哲学手稿［M］. 中共中央马克思恩格斯列宁斯大林著作编译局，编译 . 北京：人民出版社，2014：54.

② 参见马克思 . 1844 年经济学哲学手稿［M］. 中共中央马克思恩格斯列宁斯大林著作编译局，编译 . 北京：人民出版社，2014：51.

③ 马克思 . 1844 年经济学哲学手稿［M］. 中共中央马克思恩格斯列宁斯大林著作编译局，编译 . 北京：人民出版社，2014：104.

④ 马克思 . 1844 年经济学哲学手稿［M］. 中共中央马克思恩格斯列宁斯大林著作编译局，编译 . 北京：人民出版社，2014：41.

不过，在前资本主义阶段，具体在封建土地占有制下，这种以地产为根源和外观的私有财产统治还暂未造成颠倒。但马克思犀利地指出："这种外观必将消失，地产这个私有财产的根源必然完全卷入私有财产的运动而成为商品。"换言之，私有财产运动将土地或人"降到交易价值的水平"①，将土地或人的劳动产品降为"物的异化"的同一性商品，也就将"物化劳动"降为"异化劳动"。并且，人为占有私有财产，就从依赖物沉沦为"为了物"，从依赖劳动产品沉沦为为了商品或牟利价值，从而，社会也自此从前资本主义转变为资本主义。因此，私有财产导致"物化劳动"又最终导致"异化劳动"。

在马克思的宏大视野中，私有财产并非"异化劳动"的历史始源。一方面，"私有财产是外化劳动即工人对自然界和对自身的外在关系的产物、结果和必然后果"②，另一方面，"异化借以实现的手段本身是实践的"③。那么，实践与"外化劳动"之间又有着怎样的内在关系？首先，实践即感性对象性活动，是一切的始源之地，是纯粹的本真存在。其次，"外化劳动"即生产，或言之，"生产本身必然是能动的外化，活动的外化，外化的活动"④，表现为海德格尔积极意义上的某种"较高"的、"较多"的非本真存在。由此可见，"异化劳动"并非凭空而生，而是在历史的、实践的、现实的劳动过程中逐步形成并显现的，表现为五个决定性的渐进环节，表现为"异化劳动"的四个基础或前提，构成了一幅历史性的"演化图景"：实践—外化劳动—私有财产—物化劳动—异化劳动。

二、人的本真存在与非本真存在现实的对立性

在第一个环节中，实践作为原初的、纯洁状态的本真存在，"外化劳动"作为外化的、沉沦状态的非本真存在，二者在私有财产诞生前具有内在统一性，并融合为广义上的"总体性本真存在"而被人所掌控。换言之，只要能被人掌控，本真的

① 马克思．1844 年经济学哲学手稿［M］．中共中央马克思恩格斯列宁斯大林著作编译局，编译．北京：人民出版社，2014：42.

② 马克思．1844 年经济学哲学手稿［M］．中共中央马克思恩格斯列宁斯大林著作编译局，编译．北京：人民出版社，2014：57.

③ 马克思．1844 年经济学哲学手稿［M］．中共中央马克思恩格斯列宁斯大林著作编译局，编译．北京：人民出版社，2014：56.

④ 马克思．1844 年经济学哲学手稿［M］．中共中央马克思恩格斯列宁斯大林著作编译局，编译．北京：人民出版社，2014：50.

实践就可与非本真的外化活动达成和解。因为，相对于混沌状态的本真存在，非本真存在作为否定的进步力量，蕴含着积极的可能性。此外，人正是基于主体性与对象性的内在统一，基于对外化对象自由自发的主体性把握，从而有能力否定异己的外化对象，有能力统摄本真与非本真，并统一为更高级的“总体性本真存在”。这种总体性存在是否定之否定的循环产物，是为了生存而依赖于物的生命性、主体性的活动产物，是实践与外化活动达成自发性、本真性的和解产物。

相反，在后两个环节中，私有财产、“物化劳动”和“异化劳动”则形成了一种“总体性非本真存在”。在私有财产的主导下，其本质是人的主体性与对象性的绝对分离，是本己与异己的绝对对立，表现为异己的私有财产或资本对本己的人的单纯统治，即“死的物质对人的完全统治”[①]；表现为人的掌控能力的丧失；表现为“总体性本真存在”的瓦解。因此，就“总体性本真存在”而言，与其对立的是“总体性非本真存在”。马克思认为，这种总体性之间现实的对立性，在私有财产开启自身运动后就已生成，那么这种对立的必然性与直接性何在？

首先，在历史性“演化图景”中，私有财产作为承上启下的关键节点，其自身产生一种必然性的形式转化，即地产形式必然转化为资本形式。在马克思看来，“地产必然以资本的形式既表现为对工人阶级的统治，也表现为对那些因资本运动的规律而破产或兴起的所有者本身的统治”[②]。这种资本的二重化的绝对统治，是对人普遍性、必然性的完全统治，也是造成人的本真存在与非本真存在必然对立的异化统治。马克思为此揭示出十个必然性过程：一是土地必然转化为商品；二是所有者统治必然转化为资本统治；三是封建生产关系必然转化为剥削关系；四是所有者与财产的人格关系必然转化为非人格关系或物化关系；五是“财产必然成为纯实物的、物质的财富”[③]；六是土地的荣誉联姻必然转化为利益联姻；七是土地必然降到交易价值水平；八是地产根源必然表现为无耻形式；九是稳定垄断必然转化为激烈垄断或竞争；十是坐享他人劳动成果必然转化为交易。总之，私有财产运动所引发的必然性，就其本质而言，是去人格化、实体化、物质化等内在规制的必然性；就

① 马克思．1844年经济学哲学手稿［M］．中共中央马克思恩格斯列宁斯大林著作编译局，编译．北京：人民出版社，2014：42.

② 马克思．1844年经济学哲学手稿［M］．中共中央马克思恩格斯列宁斯大林著作编译局，编译．北京：人民出版社，2014：42.

③ 马克思．1844年经济学哲学手稿［M］．中共中央马克思恩格斯列宁斯大林著作编译局，编译．北京：人民出版社，2014：42.

其社会表现而言，是资本统治要求下的剥削化、竞争化、利益化、交易化等外在规定的必然性。就此可以发现，私有财产形式转化的必然性，不仅是前资本主义社会和资本主义社会的分水岭，也是导致“总体性本真存在”与“总体性非本真存在”必然对立的催化剂。

其次，从第二个环节的关系转化来看对立的直接性，马克思从国民经济学出发虽然得出了逆向的转化结论，即“私有财产表现为外化劳动的根据和原因”[①]，但他巧借神学批判了私有财产与“外化劳动”相互作用的因果迷误，揭示了私有财产才是“外化劳动”的后果或产物。不过，这只是私有财产运动的最初阶段，只是其形式转化前的阶段性迷误或者秘密，他进而指认“私有财产只有发展到最后的、最高的阶段，它的这个秘密才重新暴露出来”[②]。此外，马克思断言，存在两种不同层次的外化：第一种是人作为主体的主动外化；第二种则是部分“外化劳动”跃出“总体性本真存在”循环束缚的被动外化，或者说，“外化劳动”被具有某种神秘“磁力”的私有财产所吸引或控制而再次外化，而私有财产就是其“借以外化的手段，是这一外化的实现”[③]。可见，第一层次的外化是“本己力量”主控下的转化，是“总体性本真存在”内部的循环性转化；而第二层次的外化则是“异己力量”规制下的沉沦，是“总体性本真存在”之外的单向度沉沦。总之，私有财产运动与生俱来地以其神秘“磁力”为主体性手段，直接性地从“总体性本真存在”中割据出一个由其宰制的、与“人的世界”对立的“物的世界”。

马克思洞见到，私有财产神秘的、外在的、异己的“磁力”属性从一开始就已必然具备并发挥直接性的作用，只不过在起初处于隐蔽状态。随着私有财产“量”的增多才显现出“质”的属性，其隐性的、非本真的“异己力量”才不断增强并暴露。可问题在于，这种与“本己力量”对立的“异己力量”究竟如何生成又如何壮大？马克思揭示了土地之外的另一个私有财产基础，即地产分割。在他看来，地产分割对“大垄断”否定或扬弃的同时，实则并不触及垄断本质，反而实现了垄断的普遍化。他将地产分割与“工具分开和劳动相互分离”[④]作为三种并列的竞争予以

① 马克思．1844年经济学哲学手稿［M］．中共中央马克思恩格斯列宁斯大林著作编译局，编译．北京：人民出版社，2014：57.

② 马克思．1844年经济学哲学手稿［M］．中共中央马克思恩格斯列宁斯大林著作编译局，编译．北京：人民出版社，2014：57.

③ 马克思．1844年经济学哲学手稿［M］．中共中央马克思恩格斯列宁斯大林著作编译局，编译．北京：人民出版社，2014：57.

④ 马克思．1844年经济学哲学手稿［M］．中共中央马克思恩格斯列宁斯大林著作编译局，编译．北京：人民出版社，2014：42-43.

批判。因为三者的本质都是垄断，都是人的非本真存在，都“必然重新转化为积累”[①]。私有财产正是在三者持续的“量”的积累下，才得以确立其主体性、普遍性的垄断统治地位，才得以不断蚕食人的“本己力量”，才得以显现愈发强大的、质变的“异己力量”。因此，私有财产不仅操控着“劳动前”对象，还完全占有“劳动后”对象，并实现了对两个对象的统一。“外化劳动”也因失去两个对象，而被动脱离了人所掌控的“总体性本真存在”的界域，自此进入私有财产统治下的“总体性非本真存在”的对立性异域。总之，人的本真存在与非本真存在现实的对立性，完成于私有财产的运动之中，根源于“异己力量”与“本己力量”的对立，表现为死的“异己力量”对活的“本己力量”的完全统治。

三、人的本真存在与非本真存在和解的可能性

私有财产凭借“异己力量”占据主体性统治地位，持续操控着“外化劳动”并将其转化为“物化劳动”与“异化劳动”，不断扩大“总体性非本真存在”的抽象性领地。私有财产并不能直接跨越至“异化劳动”，必须通过抽象的“物化”中介统一“劳动前”对象和“劳动后”对象，才得以间接实现“异化”转向。“劳动后”对象就是“固定在某个（劳动前——引注）对象中的、物化的劳动，这就是劳动的对象化”[②]。马克思在此第一次使用了“物化”[③]概念，这一重要范畴不仅是贯穿其一生各个阶段著作的“幽灵”索引，也是奠定其人本主义立场的基础向度。可惜的是，学界普遍被《手稿》中的“异化”概念的“强光”所遮蔽，更将“幽灵般闪现”的“物化”概念及思想所淹没。然而，“物化”不仅先于“异化”而存在，并且常常成为海德格尔后期批判的“导致异化的物化”[④]。

① 马克思．1844 年经济学哲学手稿［M］．中共中央马克思恩格斯列宁斯大林著作编译局，编译．北京：人民出版社，2014：43.

② 马克思．1844 年经济学哲学手稿［M］．中共中央马克思恩格斯列宁斯大林著作编译局，编译．北京：人民出版社，2014：47.

③ 参照 *Marx-Engels-Gesamtausgabe*（MEGA2）I/2，1982 年版 236 页。德文版的表述为“sachlich”，这一德文概念并非学界普遍认为的中文“物化”所对应的“Verdinglichung”或“Versachlichung”。本文不就此问题展开论述，但笔者极为认同将“sachlich”同样翻译为“物化”，因为，这种对“物化”的诠释恰恰能够反映马克思某种客观的、中性的“物化”思想。

④ 卢卡奇．关于社会存在的本体论·下卷：若干最重要的综合问题［M］．白锡堃，等译．重庆：重庆出版社，1993：710.

中性意义上的“物化劳动”原本等同于对象化的、实践的“外化劳动”，却在私有财产“磁力”作用下转化为强制劳动或消极的、抽象的“物化劳动”，进而生产出“物的异化”的规定。而“异化劳动”则在“物化劳动”的前提下，在“物的异化”的商品抽象物基础上，通过第四个环节生成“自我异化”的规定。

在第三个环节中，人在“物化劳动”中还保留了一定的主体性地盘和“本己力量”，还能与私有财产的主体性强制的“异己力量”形成一定程度的抗争。但愈发处于加速“失真”的状态，具体表现在三个方面：其一，劳动的现实化“表现为工人的非现实化”①，表面上现实化的劳动，对工人来讲却是一种非主体性的、非现实化的、非本真的“物化劳动”；其二，劳动的对象化“表现为对象的丧失和被对象奴役”②，对工人而言，无论“劳动前”还是“劳动后”的对象，都是不受劳动主体掌控的对象，都是外在的、异己的“物化”对象，都是无生命主体对有生命主体的宰制或奴役；其三，劳动的占有“表现为异化、外化”③。工人通过劳动对象性将“本己力量”固定在异己对象中，但劳动及其价值归属权不属工人，导致“本己力量”被“异己力量”所吸附、锁定、统摄。这种“物化劳动”直接表现为单向度的“异化劳动”，成为无法回归主体的“外化劳动”。

作为私有财产的异己对象物是独立并对立于劳动主体的存在，不断吸附人的劳动的“本己力量”，将其聚集并转化为奴役人的“异己力量”，幻化出与“人的世界”相对立的、人格化的、具有主体性的“物的世界”。一方面，人与自身产生对象性分离，进而变成“异己的和非人的对象”④，营造出一个以私有财产为感性表现的、纯粹对象性的、非本真的“物的世界”。另一方面，在私有财产规定的、感性的、异己的“物的世界”中，非本真的“异己力量”如“吸血鬼”一般贪婪吸吮着人外化出的生命力量，导致人的“生命表现就是他的生命的外化，他的现实化就是他的非现实化，就是异己的现实”⑤，导致人的现实的、本真的存在表现为非现实的、

① 马克思 . 1844 年经济学哲学手稿［M］. 中共中央马克思恩格斯列宁斯大林著作编译局，编译 . 北京：人民出版社，2014：47.

② 马克思 . 1844 年经济学哲学手稿［M］. 中共中央马克思恩格斯列宁斯大林著作编译局，编译 . 北京：人民出版社，2014：47.

③ 马克思 . 1844 年经济学哲学手稿［M］. 中共中央马克思恩格斯列宁斯大林著作编译局，编译 . 北京：人民出版社，2014：47.

④ 马克思 . 1844 年经济学哲学手稿［M］. 中共中央马克思恩格斯列宁斯大林著作编译局，编译 . 北京：人民出版社，2014：81.

⑤ 马克思 . 1844 年经济学哲学手稿［M］. 中共中央马克思恩格斯列宁斯大林著作编译局，编译 . 北京：人民出版社，2014：81.

非本真的存在。人的普遍意识被“物的世界”的逻辑所奴役，“人的世界”的本真存在被“物的世界”的非本真存在所宰制。并且，这种“物的世界”的“异己力量”与日俱增，表现为“物的世界的增殖同人的世界的贬值成正比”①，两个世界成为现实的“天平”两端的对立存在。

要实现人的本真存在与非本真存在的和解，必须恢复并承认人的“总体性本真存在”的主体地位。因为人虽是特殊个体，但“人也是总体，是观念的总体，是被思考和被感知的社会的自为的主体存在”②。一方面，人的本真存在依赖于对外在社会存在的感性直观，更依赖于内在自身的现实的感性享受。因此，从“物的世界”复归为“人的世界”，不是取消“物的世界”的一切合目的性，而是旨在扬弃规定“物的世界”的私有财产；不是否定“物的世界”的一切合规定性，而是意在恢复“人的世界”的主体性地位，从而实现“人的世界”与“物的世界”的总体性、平衡性共在。另一方面，人的本真存在是人的生命表现的总体，是人之为人的生命实践，是包含一切感性对象性的本真存在，是不被概念、理性、逻辑所左右的始源性实践存在。在这个意义上，“人的世界”的复归所谋求的是一种总体性复归，是尊重一切实践对象的主体性复归，因此，“人的世界”并不以占有或拥有“物的世界”为目的，而是对“物的世界”保持一种本真性的敞开状态。而这种状态就是人的本真存在和非本真存在的和解状态，也是“人的世界”和“物的世界”重归于好的共生状态。总之，只有在总体性作为和解的前提下，才能为实现人的本真存在与非本真存在的和解敞开各种可能性；才能以实践统摄一切非本真的现实性，并“占有自己的全面的本质”③。

此外，要达成和解，人还必须坚定“用自己的双脚站立”④的实践立场，以实践的创生性、生命性和自我批判为根本遵循，才能从本己中产生内在的丰富性，才能为和解营造出可能性的领地，才能在现实中彰显人的本质力量。唯有如此，人对自己而言，才具有独立的本真性，才能超越依赖于人或物的阶段，进入自由个性发展

① 马克思．1844 年经济学哲学手稿［M］．中共中央马克思恩格斯列宁斯大林著作编译局，编译．北京：人民出版社，2014：47.

② 马克思．1844 年经济学哲学手稿［M］．中共中央马克思恩格斯列宁斯大林著作编译局，编译．北京：人民出版社，2014：81.

③ 马克思．1844 年经济学哲学手稿［M］．中共中央马克思恩格斯列宁斯大林著作编译局，编译．北京：人民出版社，2014：81.

④ 马克思．1844 年经济学哲学手稿［M］．中共中央马克思恩格斯列宁斯大林著作编译局，编译．北京：人民出版社，2014：87.

的第三阶段，即共产主义，是“扬弃了的私有财产的积极表现”，是“人的自我异化的积极的扬弃”，是“人的世界”的主体性与总体性占主导地位的阶段，是实现了人的本真存在与非本真存在和解的阶段，是完成了“人的世界”与“物的世界”平衡统一的阶段，也是人得以自由、独立、本真地实现“本已力量”发展的阶段。

从人学视角看中国式现代化应关注的几个维度

中原科技学院马克思主义学院　徐建立

摘　要：现代化本质上是人的现代化。从人学的视角看，中国式现代化的主体是人民，人的问题是中国式现代化建设的关键。因此，要加快推进中国式现代化的进程，必须重视传统人向现代人转化，防止人的需要出现偏差，批判性地超越西方现代化。

关键词：中国式现代化；现代化；人的需要

党的二十大的一个重大理论创新就是深刻阐述中国式现代化理论。中国式现代化是“坚持以人民为中心的发展思想”，“现代化的本质是人的现代化”[①]，明确了中国式现代化具有“中国式”的鲜明特质和个性。实现中国式现代化，人民是主体，从人学视野来看，实现中国式现代化这一过程中应把握好几个维度。

一、重视传统人向现代人转化

人是最复杂的社会存在，人的进步也是社会发展中最艰巨、最复杂的工程。“十年树木，百年树人。”人的素质的提升、观念的更新、传统习俗的改变是个长期潜移默化的过程，是受多种因素共同制约、推进的过程。由于人的代际发展不是外切圆式的发展，而是迭代式的发展，所以上一代会把自身的文化基因传递给下一

① 习近平．习近平著作选读：第1卷［M］．北京：人民出版社，2023：113.

代。尤其是内在的文化传承惯性很大，从时空上看我们已经进入现代，也就是说作为自然的人是现代的，可是传统的文化观念仍然依惯性继续向前滑行。正如习近平总书记所讲，人的“身体已进入21世纪，而脑袋还停留在过去”①。所以，在我们当代就出现了许多身体和脑袋没有同时跨世纪的传统的现代人，也就是说，还没有实现由“传统人”向“现代人”的转变。

反思造成这一现象的因素有很多，主要有两点。一是中国有着两千多年的封建社会，长期的农耕文明、小农经济，造就了中国的“传统人”，追求安分守己、小富即安、知足常乐，缺乏冒险精神、进取精神。尽管改革开放以来中国人逐渐在摆脱对土地的天然依赖和宗法血缘式的人身依附，也不再终生封闭于日常生活世界中，但是中国的“现代人”对于社会的发展变化的适应性，对于新事物、新思想、新观念的敏感性还不够，积极的创造精神和进取精神还不足，应具有的开放性心理结构还没有真正建立起来。二是我们当代现代化建设仍存在不平衡现象，物质文明建设和人的建设不同步，重“物的现代化”，轻“精神的现代化”“人的现代化”，即“人的建设”落后于“物的建设”。人的现代化水平是中国式现代化建设的关键。鲁迅先生曾有言，“列国是务，其首在立人，人立而后凡事举”②，意思是说，立国先立人，凡中国事，当立人为本，在当前仍具借鉴意义。党的二十大提出“以中国式现代化推进中华民族伟大复兴”，当务之急必须实现“传统人”向“现代人”转变。

面对目前复杂多变的社会，重视“人的建设”问题，实现“传统人”向“现代人”转变。一是“传统人”向“现代人”的转变，不能失去传统文化精华之本。中华传统文化博大精深、源远流长，其中有精华也有糟粕，对糟粕要坚决剔除，对精华必须赋予其时代气息。毛泽东提出对待中国传统文化的态度“取其精华，去其糟粕”，无疑仍具有当代价值，习近平总书记提出对中国传统文化的创造性转化和创新性发展极具指导意义。中华优秀传统文化中的“天下为公、民为邦本、为政以德、革故鼎新、任人唯贤、天人合一、自强不息、厚德载物、讲信修睦、亲仁善邻等，是中国人民在长期生产生活中积累的宇宙观、天下观、社会观、道德观的重要体现，同科学社会主义价值观主张具有高度契合性”③。我们“现代人”必须继承、弘扬，进行创造性转化和创新性发展。二是培养人的新理念。创新、协调、绿色、

① 习近平．习近平著作选读：第1卷［M］．北京：人民出版社，2023：105.

② 鲁迅．鲁迅全集：第1卷［M］．北京：人民文学出版社，2005：58.

③ 习近平．习近平著作选读：第1卷［M］．北京：人民出版社，2023：15.

开放、共享的新发展理念不仅是推进中国式现代化的基本遵循，也是“传统人”向“现代人”转变的基本途径，每位中国人能把这“五大发展理念”落到实处，会极大地提升人的综合素质，人的综合能力同样也会提升。实际上，努力培养人的新理念也是中国式现代化的内在要求和人的现代化的基本内容。三是对人进行新时代的启蒙。20 世纪 20 年代的五四运动和 80 年代的“思想解放运动”对中国人的启蒙起到了很大的作用，但也有它们的不足，如过于看重西方东西。启蒙就是要唤醒中国人，不要迷信西方现代化道路的神话，中国人要有中国意识的觉醒、坚定“四个自信”、克服“崇洋”心理，中国人需要以更加昂扬的姿态，在新时代不断自我完善，自我提升，创造新思想、新理论，形成新观点、新方法，为实现中华民族伟大复兴的中国梦而努力奋斗！

二、防止人的需要出现偏差

人的需要在人类社会发展过程中起动力作用，它是促使人有目的活动的内在驱动力。正如马克思所讲：“消费创造出新的生产的需要，也就是创造出生产的观念上的内在动机，后者是生产的前提。”① “已经得到满足的第一个需要本身、满足需要的活动和已经获得的为满足需要而用的工具又引起新的需要。”② 也就是说，人的需要是隐藏在生产力背后的推动力，由此才促进生产关系变革。马斯洛的需要层次理论进一步证明了这一点。从某种意义上讲，人类进步的历史可以说是人的需要由低级到高级发展的历史。人有需要，社会就要通过发展、变革来满足这种需要，可是，当一种需要满足后又会产生新的需要，“人类历史的形成就是人的需要的外化”③。但是，我们要防止人的需要观念出现偏差，导致恶的后果。

① 马克思，恩格斯 . 马克思恩格斯全集：第 30 卷［M］. 中共中央马克思恩格斯列宁斯大林著作编译局，编译 . 北京：人民出版社，1995：35.

② 马克思，恩格斯 . 马克思恩格斯选集：第 1 卷［M］. 中共中央马克思恩格斯列宁斯大林著作编译局，编译 . 北京：人民出版社，2012：159.

③ 吕翠微，张廷霞，李钰 . 马克思人的需要理论的逻辑进路［J］. 党政干部学刊，2021（9）：10-15.

（一）人的需要的异化会导致生态恶化，从而导致环境危机

当人的需要脱离“文明的需要”后，人的需要就走向“野蛮”“人类中心主义”，极易产生消费主义，追求无限欲望满足的生活方式。人类为了满足自己的消费欲望就会无节制、竭泽而渔地向自然界索取，导致生态失衡。人的需要的异化不仅仅是从自然界中索取物质资源满足自己私欲的需求，而且更严重的是过度消费产生的废弃物必超过自然界的自我净化、处理能力，从而使生态环境遭到破坏。已故社会学家费孝通先生曾形象地说“生态危机的根源在于心态失衡”。如果人的需要长期在物质享受上停留，就会产生恶性消费和恶性开发，从而破坏环境也摧毁人自身。恩格斯警告我们“不要过分陶醉于我们人类对自然界的胜利。对于每一次这样的胜利，自然界都对我们进行报复”[①]。中国式现代化不仅要根除这种人的需要的异化，而且要在满足人的基本需要的基础上，满足“人民对美好生活的向往”的需要。中国式现代化是满足人的可持续发展需要的现代化。

（二）消解人的虚假需要

马尔库塞认为，人的需要有两种：一是真实需要，它是创造的需要，独立和自由的需要，实现自我和完善自我的需要；二是虚假的需要。“虚假需要”把人们的兴奋点牵引到对商品的追求和消费活动中，而忘却对自由和解放的“真实需要”，从而使人们的政治意识、革命意识不断淡化和弱化。马尔库塞通过需要的区分对资本主义社会进行批判，同时警示我们当代中国要消解这种“虚假需要”。因为它悄无声息地进入我们的生活，能使人沉溺于欲望享受，失去判断的能力和超越的维度。虚假的需要还有可能遮蔽真实需要，真实需要如果被虚假需要遮蔽，就个人而言使人的主体精神世界空虚，对社会而言使需要、生产、消费三者需求失衡。虚假需要的弥漫和盛行也会导致西方社会思潮和价值观在我国的肆意横行，影响大众心理的健康发展。

（三）人的物质需要和人的精神需要不可出现偏差

在现代化进程中，人既是实践主体，也是价值主体。习近平总书记指出：“人，

① 马克思，恩格斯．马克思恩格斯选集：第 3 卷［M］．中共中央马克思恩格斯列宁斯大林著作编译局，编译．北京：人民出版社，2012：998.

本质上就是文化的人，而不是‘物化’的人；是能动的、全面的人，而不是僵化的、‘单向度’的人。”[①] 如果在现代化中仅仅满足人的物质需要，而忽视精神需要，则可能造成物质主义横行，人的“物欲”强烈，过分关注物质财富、金钱、物质享受和物质地位的获取，追求奢侈品、追求独特或昂贵的物品来满足自己的需求。过度追求精神娱乐也是极其有害的。媒体文化研究者和批评家波兹曼曾说：“政治、宗教、新闻、体育和商业都心甘情愿地成为娱乐的附庸，毫无怨言，甚至无声无息。”[②] 人们的精神世界充斥着非理性和非逻辑性。泛娱乐化的精神规训，失去对社会矛盾的冷思考，丧失创新与奋斗意识，逐渐沦为资本逐利的工具。这样，人真的成为单向度的人。

党的二十大报告指出，中国式现代化是物质文明和精神文明相协调的现代化。新中国成立之初，毛泽东提出“现代化”概念时就说“将我国建设成为一个具有现代工业、现代农业和现代科学文化的社会主义国家”[③]。邓小平明确提出“两手抓，两手都要硬”的理念。人的物质需要和人的精神需要必须健康、协调发展。一方面，社会现代化的目的之一是满足人们的物质生活需要。人要发展，要实现自身的现代化，就必须满足自己生存的需要。另一方面，社会现代化也要满足人们不断增长的精神需要。现代化进程中人的精神需要不仅呈现出多样性的特点，而且精神和文化上的需要会不断提高，人的现代化水平也随之不断提高。

三、批判性超越西方现代化

现代化是世界上各个国家和地区发展进步的必由之路，但是各国的现代化道路或者模式是千差万别的。西方国家是由封建社会经过工业革命而走向资本主义社会，走向现代化，而我们中国是从封建社会、半殖民地半封建社会过渡到社会主义社会，进行现代化建设。也就是说，中国式现代化的逻辑进路与西方不同，中国式现代化是在超越西方现代化基础上具有“中国式”。曾如邓小平批评一些人时说：“很多人只讲现代化，忘了我们讲的现代化是社会主义现代化。”[④]

① 习近平．之江新语［M］．杭州：浙江人民出版社，2007：150.

② 波兹曼．娱乐至死［M］．章艳，译．桂林：广西师范大学出版社，2004：35.

③ 毛泽东．毛泽东文集：第 7 卷［M］．北京：人民出版社，1999：207.

④ 邓小平．邓小平文选：第 3 卷［M］．中共中央文献编辑委员会，编．北京：人民出版社，1993：209.

（一）中国式现代化创造了人类文明新形态，超越了资本主义的掠夺性现代化

众所周知，西方的现代化根植于工业化，工业化就要开发资源形成产业，要形成产业就需要资本。于是，西方早期的资本主义国家开始向全世界掠夺资本。正像马克思所揭示的，“资本来到世间，从头到脚每个毛孔都滴着血和肮脏的东西”[①]。英国通过“羊吃人”的圈地运动进入工业化，自己国家资源不足，就去侵略、掠夺、剥削；欧洲殖民者通过贩卖非洲人口完成资本的原始积累，走向工业化过程也是罪证；美国屠杀原住的印第安人，完成现代化的资本原始积累；日本发动的侵华战争，从中国掠夺大量的资源；等等。所以说，西方现代化的历史就是血腥杀戮、疯狂掠夺的历史。进入20世纪，英、美等西方发达国家凭借自己的经济、军事实力，垄断了话语权，并将他们的现代化标识为经典的模式，极力宣扬现代化就是西方化，鼓吹“西方神话”，鼓动发展中国家走西式道路。有西方学者告诫人们要学习西方的现代化经验，要把他们的经验原原本本地搬到世界上其他地方，以便能够重复从传统社会到现代社会的转变，唯此才能成功。

因此，我们今天必须用批判的态度对待西方的现代化，中国式现代化既吸收各国现代化的共同特征，更是基于自己国情、具有中国特色，更适合于我们的“中国式”。“‘鞋子合不合脚，自己穿了才知道。’一个国家的发展道路合不合适，只有这个国家的人民才最有发言权。”[②]中国式现代化强调走自己的路，中国式现代化开启了人类文明新形态的过程，也是人类文明新形态的标志。中国式现代化代表人类文明进步的发展方向，或者说，中国式现代化本身就是人类现代化图景中一种新的文明形态。

（二）中国式现代化遵循“人的逻辑”，超越了西方现代化的“资本逻辑”

发端于西方的现代化率先开启了人的现代化的征途，但是西方“以资为本”，遵循“资本逻辑”的现代化模式，不是实现人的现代化的最佳模式，恰恰这种模式

① 马克思，恩格斯．马克思恩格斯文集：第5卷［M］．中共中央马克思恩格斯列宁斯大林著作编译局，编译．北京：人民出版社，2009：871.

② 习近平．习近平著作选读：第1卷［M］．北京：人民出版社，2023：105.

有悖于人的发展。正如马克思所说，在资本主义社会“工人生产的财富越多，他的生产的影响和规模就越大，他就越贫穷。工人创造的商品越多，他就越变成廉价的商品。物的世界的增值同人的世界贬值成正比”①。也就是说，资本主义社会“资本的增殖”导致“人的贬值”，使人丧失人性，人被淹没在资本疯狂逐利的洪流中。中国式现代化是“以人为本”遵循“人的逻辑”的现代化，它是要满足人民对美好生活的向往，进而推进中华民族的伟大复兴。中国式“现代化所要追求的是人民的根本利益，把实现好、维护好、发展好最广大人民的根本利益放在首位，最终实现社会全面进步、人的全面发展”②。中国式现代化特别强调关心人、尊重人、依靠人、满足人、培养人和发展人。因此，党的二十大报告强调以中国式现代化“促进物的全面丰富和人的全面发展”。

（三）中国式现代化视人为目的，超越了资本主义现代化把人当作工具

社会现代化的最终目的是人的发展，任何形式的现代化都不能无视人的生存和发展。可是，起源于西方的现代化出发点不是为了人，而是为了获取资本的增殖，他们遵循的“资本的逻辑”是血腥、扩张、掠夺、杀戮，使财富聚集在少数人手中，这种现代化是“见物不见人”的现代化。在西方现代化中“人的独立性”是建立在“物的依赖性”基础之上的，人的现代化只是一种工具的现代化。“工具理性”这一概念的提出，宣告了现代社会就是一个人成为工具、人作为工具人的社会。在西方人看来，现代科学技术作为一种人为的力量，发展程度越高越宰制人，侵蚀着人性，使人成为工具和手段。工具理性拓展到西方社会呈现出官僚体系的特征，官僚制在追求效率和稳定的过程中采取了一个原则：“非个人化”，就是把人的复杂情况简化为一些指标，忽略人的一些重要的属性。

在中国式现代化建设过程中，每个中国人都可以通过自己的劳动和创造来为社会作出贡献，从而提升自己的价值和地位；尊重每个人的权利和尊严，为其提供平等的机会和条件，让他们充分地发挥自己的能力，实现自己的价值和意义；重视

① 马克思，恩格斯．马克思恩格斯文集：第 1 卷［M］. 中共中央马克思恩格斯列宁斯大林著作编译局，编译 . 北京：人民出版社，2009：156.

② 丰子义，沈湘平，钟明华，等 . 中国式现代化的人学意蕴及其现实展开（笔谈）［J］. 江海学刊，2023（2）：5-20.

人的发展和福祉展开，确保人民的根本利益得到维护和实现；做到“学有所教，劳有所得，病有所医，老有所养，住有所居”。中国式现代化驾驭资本，消解资本奴役人、主宰人，让资本为社会服务、为人民服务。中国式现代化在不断缩小贫富差距、推动共同富裕。正如习近平总书记所说：“共同富裕是社会主义的本质要求，是中国式现代化的重要特征。”[①] 人是目的与手段的统一，实现中国式现代化要靠中国人的奋斗，只有团结奋斗，才能真正实现现代化。

① 习近平．习近平著作选读：第 2 卷［M］．北京：人民出版社，2023：501.

新时代人民主体观的三维结构及其启示*

湖南女子学院马克思主义学院　刘真金

摘　要：新时代人民主体观涵涉历史唯物主义、多向度的人民主体形式和中国特色社会主义三大部分，分别阐述了认识新时代中国社会现实的根本方法、实现人民主体目标的根本路径和新时代中国社会发展的具体目标，充分彰显了新时代人民主体观的科学性、革命性和价值性。正确把握新时代人民主体观的内在结构，有助于深刻理解新时代人民主体观和创造性地探寻实现人民主体目标的具体方式。

关键词：历史唯物主义；人民主体；中国特色社会主义

新时代人民主体观是对马克思主义人民主体观的继承和发展，有其自身的内在结构。具体来说，历史唯物主义是这一理论蕴含的世界观和方法论，经济主体、政治主体、文化主体和劳动主体等多向度的人民主体形式，是实践这一理论的根本途径，中国特色社会主义则是这一理论的现实展开和具体目标。这三者共同构成了新时代人民主体观的内在主要结构，它们之间不可或缺且相互支撑、相互渗透和相互补充，使其理论具有内容和逻辑上的完整性、一贯性和严密性，充分地彰显了新时代人民主体观的科学性、革命性及其与人民美好生活的紧密联系。无论是从理论探索还是从社会实践角度考虑，厘清新时代人民主体观的内在结构，不仅有利于我们在新时代中国特色社会主义运动中不断深化习近平新时代中国特色社会主义思想的研究，而且有利于探索实现人民主体目标的切实方式。

*　本文系2023年湖南省教育厅科学研究重点项目“唯物史观视域下马克思主义人民主体思想研究”（项目编号：23A0687）阶段性研究成果。

一、历史唯物主义：人民主体观的哲学方法论

历史唯物主义作为“关于现实的人及其历史发展的科学”[①]，一方面揭示了人类社会的内在结构和历史的发展趋势，另一方面揭示了人民群众是社会历史主体。作为根本世界观和方法论的历史唯物主义不仅解释了世界的存在内容，而且指明了人类社会发展的方向以及改造世界的根本途径。

（一）历史唯物主义是探索历史发展规律的方法

历史唯物主义以“自然科学的精确性去研究群众生活的社会条件以及这些条件的变更”[②]，从而把“经济的社会形态的发展理解为一种自然史的过程”[③]。自创建历史唯物主义后，马克思诉诸对象化实践结构的“生产方式”范畴，以此解释、描述复杂的社会现实和历史运动，这是在人民主体思想视域下展开对各种历史现象和历史事件的科学叙事的根本方法。正是基于历史唯物主义对“群众生活的社会条件”的总体考察，习近平总书记强调当今中国仍处于社会主义初级阶段的历史方位，这是当今中国推进任何方面的改革发展都要遵循的总依据。[④] 也正是基于历史唯物主义对群众生活的社会条件变更和人民需要变化的考察，党的十八大报告对社会主要矛盾作出了新的判断。

（二）历史唯物主义是人民解释世界和改造世界的理论武器

人民是历史的创造者，人民通过自身社会实践活动创造历史，在整体的历史中获得自身的主体地位。历史唯物主义强调并肯定人民的历史主体性，因此历史唯物主义能够被人民所掌握，符合人民的利益和愿望，是人民的意识形态。习近平总书记一直强调人民的主体性作用：“中国特色社会主义是亿万人民自己的事业，所以必

① 马克思，恩格斯 . 马克思恩格斯文集：第 4 卷［M］. 中共中央马克思恩格斯列宁斯大林著作编译局，编译 . 北京：人民出版社，2009：295.

② 中共中央马克思恩格斯列宁斯大林著作编译局 . 列宁专题文集：论马克思主义［M］. 北京：人民出版社，2009：14.

③ 马克思，恩格斯 . 马克思恩格斯文集：第 5 卷［M］. 中共中央马克思恩格斯列宁斯大林著作编译局，编译 . 北京：人民出版社，2009：10.

④ 习近平 . 习近平谈治国理政［M］. 北京：外文出版社，2014：10-11.

须发挥人民主人翁精神，更好保证人民当家作主。”[①]“尊重人民主体地位，保证人民当家作主，是我们党的一贯主张。”[②]习近平总书记强调要始终依靠人民，并把一切成就归功于人民：“历史是人民书写的，一切成就归功于人民。”[③]“党和国家事业取得胜利都是人民的胜利！人民是真正的英雄！”[④]习近平总书记的系列讲话彰显了人民是历史创造者的唯物史观。

（三）新时代人民主体观体现了运用历史唯物主义的理论自觉

习近平总书记说：“人民是创造历史的动力，我们共产党人任何时候都不要忘记这个历史唯物主义最基本的道理。”[⑤]他明确指出，“唯物史观是我们共产党人认识把握历史的根本方法”，只有“坚持用唯物史观来认识历史”和分析现在才能形成历史自觉、掌握历史主动。[⑥]历史唯物主义揭示了生产方式作为历史的客体性力量与以无产阶级为代表的人民作为历史的主体性力量之间的相互作用，揭示了历史的辩证法。历史唯物主义集科学理论和意识形态于一身，要求将社会发展的真理性与价值性统一起来。历史唯物主义作为方法论的二重属性论证了人民主体观的真理性与价值性在整体的历史运动中的辩证统一，显示了新时代人民主体观的科学理性和人学品格。

二、多向度的人民主体形式：人民主体观的实践路径

人民主体目标需要经历不同阶段的历史发展，也需要经历不同层次、不同向度的历史发展才能充分实现。人民主体具体地内化为经济主体、政治主体、文化主体、社会主体、生态主体（体现为“五位一体”的社会主义总体布局）和劳动主体等不同向度的主体形式。这些不同主体形式为人民主体价值总目标的实现奠定基础、创造条件：经济主体为人民主体创造物质基础；政治主体是人民主体的前提条

① 习近平．习近平谈治国理政［M］．北京：外文出版社，2014：13.
② 习近平．习近平谈治国理政：第2卷［M］．北京：外文出版社，2017：40.
③ 习近平．习近平谈治国理政：第3卷［M］．北京：外文出版社，2020：67.
④ 习近平．习近平谈治国理政：第4卷［M］．北京：外文出版社，2022：82.
⑤ 中共中央宣传部．习近平总书记系列重要讲话读本［M］．北京：学习出版社，人民出版社，2016：128.
⑥ 习近平．在党史学习教育动员大会上的讲话［J］．求是，2021（7）.

件；文化主体展现了人民主体的智慧和方法；社会主体体现为人民主体的最直接利益；生态主体保障人民主体良好的生存环境；劳动主体提供人民主体的内在动力。着眼于从多向度主体到人民主体的路径阐释，习近平总书记提出了人民主体各向度的具体内涵与实践要求。

在经济主体方面，习近平总书记提出了“坚持以人民为中心的发展思想”和创新、协调、绿色、开放、共享的新发展理念。“坚持以人民为中心”就必须做到发展为了人民、发展依靠人民、发展成果由人民共享。创新就必须发挥人民主体性，而共享则是出发点和归宿，目的是要让发展造福全体人民。“以人民为中心的发展思想”和新发展理念是在经济领域实现人民主体目标的理论概括和具体要求。

在政治主体方面，习近平总书记强调坚持和完善人民代表大会根本政治制度和各项基本政治制度，发展社会主义协商民主和全过程人民民主。他指出：“发展社会主义民主政治就是要体现人民意志、保障人民权益、激发人民创造活力，用制度体系保证人民当家作主。”①党的十八大之后，“协商民主”被写入党的文件，并上升为国家制度。在党的二十大报告中，习近平总书记强调“发展全过程人民民主，保障人民当家作主”②。

在文化主体方面，习近平总书记一方面强调人民群众中蕴藏着无尽的智慧和力量，必须充分尊重人民所表达的意愿、所创造的经验，自觉拜人民为师，向能者求教，向智者问策③；另一方面，习近平总书记强调文学艺术创造、哲学社会科学研究首先要搞清楚“为谁创作，为谁立言”这个根本问题。④

在社会主体方面，习近平总书记强调在发展中保障和改善民生，不断增强人民的安全感、获得感、幸福感，逐步实现全体人民共同富裕。

在生态主体方面，习近平总书记强调“良好生态环境是最普惠的民生福祉”的原则和要求，把生态文明建设作为“五位一体”总体布局中的一位，并把美丽中国作为在到 21 世纪中叶建成社会主义现代化强国目标中的一个。⑤

---

① 习近平．决胜全面建成小康社会 夺取新时代中国特色社会主义伟大胜利：在中国共产党第十九次全国代表大会上的报告［M］．北京：人民出版社，2017：36.

② 习近平．高举中国特色社会主义伟大旗帜 为全面建设社会主义现代化国家而团结奋斗：在中国共产党第二十次全国代表大会上的报告［M］．北京：人民出版社，2022：37.

③ 中共中央宣传部．习近平新时代中国特色社会主义思想学习纲要［M］．北京：学习出版社，人民出版社，2019：42.

④ 习近平．习近平谈治国理政：第 3 卷［M］．北京：外文出版社，2020：323-324.

⑤ 习近平．习近平谈治国理政：第 4 卷［M］．北京：外文出版社，2022：355.

在劳动主体方面，习近平总书记继承发展了马克思主义关于人民劳动主体的观点："人民创造历史，劳动开创未来。劳动是推动人类社会进步的根本力量。"[①]"劳动是财富的源泉，也是幸福的源泉。""全社会都要贯彻尊重劳动、尊重知识、尊重人才、尊重创造的重大方针，维护和发展劳动者的利益，保障劳动者的权利……努力让劳动者实现体面劳动、全面发展。"[②]劳动主体作为人民主体的一个向度与人民主体价值目标一致。

总之，人民主体呈现出不同主体向度，如果说经济主体、政治主体、文化主体、社会主体和生态主体侧重于从社会历史的客体向度即社会力量的角度为人民主体目标提供具体路径，那么劳动主体则是对异化劳动的扬弃，具有直接的主体人文关怀意味。多向度主体形式作为实现人民主体的具体化路径，体现了社会历史发展的阶段性、层次性和规律性。多向度主体形式与历史唯物主义一道，将历史的科学叙事指向中国特色社会主义。

三、中国特色社会主义运动：人民主体观的现实目标

中国特色社会主义作为新时代人民主体观的现实展开，是由历史唯物主义的双重属性和多向度的人民主体维度共同支撑的，它们相互渗透、相互贯穿。人民主体性是中国特色社会主义的根本属性，"自从马克思和恩格斯创立科学社会主义之时起，全世界的共产党人就将人民主体性作为区别资产阶级旧社会的未来新社会应该实现的理想目标和必须坚持的根本原则"[③]。习近平总书记指出，"中国特色社会主义，是科学社会主义理论逻辑和中国社会发展历史逻辑的辩证统一，是植根于中国大地、反映中国人民意愿、适应中国和时代发展进步要求的科学社会主义"[④]。

党的十八大以来，习近平总书记始终以人民主体价值目标引领和推动中国特色社会主义，提出"必须坚持人民主体地位，坚持立党为公、执政为民，践行全心全意为人民服务的根本宗旨"[⑤]。结合新时代特点，他在"以经济建设为中心"的基

① 习近平．习近平谈治国理政［M］．北京：外文出版社，2014：44.

② 习近平．习近平谈治国理政［M］．北京：外文出版社，2014：46.

③ 罗文东．人民主体观与中国特色社会主义［J］．江汉论坛，2011（5）：5-9.

④ 习近平．习近平谈治国理政［M］．北京：外文出版社，2014：21.

⑤ 习近平．决胜全面建成小康社会 夺取新时代中国特色社会主义伟大胜利：在中国共产党第十九次全国代表大会上的报告［M］．北京：人民出版社，2017：21.

础上提出“以人民为中心”，在“为人民服务”的基础上提出“为人民谋幸福”，在“满足人民的物质文化需求”的基础上提出“满足人民对美好生活的向往”，这些新的表述凸显了新时代中国特色社会主义的发展理念、时代特征和时代内涵。在党的十九大报告中，习近平总书记明确提出了“构建人类命运共同体”的价值主张，这是人民主体的价值理念在国外的逻辑延伸和具体体现，丰富和发展了中国特色社会主义的价值内涵。

在党的二十大报告中，习近平总书记更是从把握新时代中国特色社会主义思想的世界观和方法论的高度，创造性地提出了“必须坚持人民至上”的根本原则和实践要求，并把它放在“六个必须坚持”的首要位置，进一步凸显了人民主体理念对于夺取中国特色社会主义胜利的重要性。“坚持人民至上”就是强调中国特色社会主义建设要始终依靠人民、为了人民，充分发挥广大人民群众的积极性、主动性和创造性，就是说，“要体现人民意志、保障人民权益、激发人民创造活力，用制度体系保证人民当家作主”①。“坚持人民至上”就是强调中国特色社会主义“要站稳人民立场、把握人民愿望、尊重人民创造、集中人民智慧”②。

坚持人民至上是人民主体观的具体实现方式和根本要求。人民主体观是引领中国特色社会主义不断前进的思想保证，回答了中国特色社会主义的出发点、落脚点、发展动力、根本原则和鲜明特征等重大问题。中国特色社会主义坚持“人民主体”这一具体价值目标，将其作为改造社会现实的根本尺度，辩证地看待人民主体目标与当前现实的差距，稳健地采取合理性和合目的性的建设方略，从而通过具体的现实实践活动不断推进人民主体目标的实现。

四、人民主体观三维结构的启示

历史唯物主义、多向度的人民主体形式和中国特色社会主义是构成新时代人民主体观的内在主要结构，三者紧密相连、相互支撑而不可或缺。如果忽视历史唯物主义的指导，就无法明确实现人民主体目标的具体路径，对中国特色社会主义的认识就会陷入空想；如果认识不到多向度的人民主体形式是中国特色社会主义发展

① 习近平．决胜全面建成小康社会 夺取新时代中国特色社会主义伟大胜利：在中国共产党第十九次全国代表大会上的报告［M］．北京：人民出版社，2017：36.

② 习近平．高举中国特色社会主义伟大旗帜 为全面建设社会主义现代化国家而团结奋斗：在中国共产党第二十次全国代表大会上的报告［M］．北京：人民出版社，2022：19.

的具体路径，就会背离历史唯物主义方法论走向历史唯心主义，在社会主义实践进程中就会犯激进的或者保守的错误；如果无视中国特色社会主义这一具体目标的指引，关于历史唯物主义和人民主体形式的探索与实践就有可能误入歧途而走向邪路。因此，我们需将新时代人民主体观结构中三个主要部分联系起来做整体性把握，这样才能深刻理解新时代人民主体观的主要内涵和实现方式。

（一）正确运用好历史唯物主义根本方法澄清社会现实和发展阶段

社会主义首先在东方落后的农业国家取得成功，这使得“现实的社会主义”与马克思的经典论述不一致。基于此，寻求人民主体目标的实现方式，既需要实事求是地认清和把握现实的社会主义国家所处的历史阶段，又需要解放思想，创造出一种符合本国国情、具有本国特色的现实性的人民主体观以指导当下的社会主义建设。只有充分洞察现实的社会主义建设所处的历史阶段，才能坚持一切从实际出发、与时俱进，在生产实践中采取合理又合目的的手段来改造社会现实，从而不断接近人民主体的目标和理想。

（二）真正实行全过程人民民主　充分实现人民政治主体地位

东欧剧变表明：没有充分的生产力的发展，没有市场经济对落后社会关系的摧毁，没有充足的人民政治主体地位的实现，最终不仅会带来国家经济社会发展的停滞和倒退，甚至会带来对人的价值极大否定的灾难性后果。随着我国社会生产力的巨大进步和社会主义市场经济体制的完善、发展，这些变化客观要求中国必须同时推进“社会主义民主政治”建设，习近平总书记适时提出了协商民主、全过程人民民主的理念和实践要求，以充分实现人民政治主体地位，并在此基础上向社会主体、劳动主体等迈进，最终为实现人民主体目标创造全面的历史条件。如果没有实现人民政治主体地位，其他维度的主体形式也无法彻底实现。

（三）始终“坚持人民至上”不断推进中国特色社会主义运动

新时代人民主体观的价值指向是中国特色社会主义，最终指向是共产主义，共产主义是一个“消灭现存状况的现实的运动”[①]。党的二十大报告提出的“必须坚持

① 马克思，恩格斯．马克思恩格斯文集：第 1 卷［M］．中共中央马克思恩格斯列宁斯大林著作编译局，编译．北京：人民出版社，2009：539.

人民至上”的首要要求，正是对新时代中国特色社会主义实现人民主体目标的本质要求和实现方式。也就是说，必须坚持人民在建设中国特色社会主义事业中的主体地位，坚持发展依靠人民、发展为了人民、发展成果由人民群众共享，不断实现人民美好生活目标。近年来，中国特色社会主义道路这一现实化的人民主体观逐渐凸显了其所获得的伟大成就，历史地证明和演绎了自身道路的科学性与价值性。

从“民为邦本”管窥中国式现代化的文明意蕴

中央社会主义学院（中华文化学院）中华文化教研部　李勇刚

摘　要：习近平总书记在党的二十大报告中提出“以中国式现代化全面推进中华民族伟大复兴”①，此后还强调中国式现代化“深深植根于中华优秀传统文化”②。“民为邦本”强调民众的重要性高于神灵和君主，要求执政者重视民生和教化，做到顺应民心、尊重民意。中国式现代化对“民为邦本”予以继承和升华：第一，党把一盘散沙的“民众”变成充分整合的“人民”，这是理解“中国式现代化是中国共产党领导的社会主义现代化”重要论断的历史逻辑；第二，“全体人民共同富裕的现代化”“物质文明和精神文明相协调的现代化”等中国特色，升华了“庶而后富”“富而后教”的文明追求；第三，中国式现代化“发展全过程人民民主”的本质要求，高扬了顺应民心、尊重民意、重视民生实质的文明理想。

关键词：民为邦本；中国式现代化；文明意蕴；民生；全过程人民民主

习近平总书记在党的二十大报告中提出“以中国式现代化全面推进中华民族伟大复兴”，此后还强调中国式现代化“深深植根于中华优秀传统文化”。党的二十大报告列出同科学社会主义价值观主张具有高度契合性的传统观念，位于第二项的就

① 习近平．高举中国特色社会主义伟大旗帜　为全面建设社会主义现代化国家而团结奋斗：在中国共产党第二十次全国代表大会上的报告［N］．人民日报，2022-10-26（1）．

② 习近平在学习贯彻党的二十大精神研讨班开班式上发表重要讲话强调　正确理解和大力推进中国式现代化［N］．人民日报，2023-02-08（1）．

是“民为邦本”。[①] 本文聚焦“民为邦本”，管窥中国式现代化的文明意蕴。

一、“民为邦本”的主要内涵

早在《尚书》中，就有“民惟邦本，本固邦宁”的说法。民本思想的真正成熟则在殷周之际。殷商执政集团认为只要获得以“昊天上帝”为至高神的神灵系统的庇护，就能够永远享有天命，获得政治的合法性。殷周鼎革宣告了这套“神本”观念的破产。周人在《尚书·蔡仲之命》中提出“皇天无亲，惟德是辅”的观念，把政治合法性建立在执政集团的德性上面。周人进一步提出“敬德”“保民”的观念，认为执政集团最大的德性在于保障民众的生存与生活，神本政治由此逐渐消退。

“民为邦本”意味着民众不仅相对于神灵具有优先性，甚至相对于君主也具有更根本的意义。孟子提出“民为贵，社稷次之，君为轻”，“民贵君轻”成为历代儒生集团的重要信念。《左传》有“天生民而树之君，以利之也”的说法，荀子也明确指出：“天之生民，非为君也；天之立君，以为民也。”“天”在传统思想中是合理性与权威性的终极保证。对于政治共同体而言，作为执政者的君主，只是因应民众公共生活的需要而设立的，其价值在于给民众带来福祉，自身并不具有离开民众而独存的价值。但是，反过来说，民众的存在却并不是以侍奉君主为目的。到明代，黄宗羲提出：“古者以天下为主，君为客，凡君之所毕世而经营者，为天下也。”他认为在上古的理想社会，人们认为天下属于“主位”，而君主只处于“客位”。

《说文解字》解释“本”字说：“本，木下曰本。”“本”与“末”相对，前者指草木的根部，后者指草木的枝叶。枝叶的生长与繁盛，要靠根部吸收养分。根部是草木欣欣向荣的保障，民众则是政治共同体维系和绵延的基础。民众对政治共同体之所以具有根本的意义，首先在于民众为政治共同体的日常运行提供物质基础；最重要的意义，则在于民众能够最终决定某个具体执政集团的合法性。古代著名的“舟水之喻”，借由水既能让船得以航行，也能把船打翻的事实，形象地说明民众既可以支撑君权的运行，也能够让君权陷入覆灭的深渊。

① 习近平．高举中国特色社会主义伟大旗帜 为全面建设社会主义现代化国家而团结奋斗：在中国共产党第二十次全国代表大会上的报告［N］．人民日报，2022-10-26（1）．

二、“民为邦本”的治理要求

（一）政在养民：重视民生和教化

民为邦本意味着保障民众的基本生活成为执政集团的重要责任，这种责任在古代被概括为“养民”。《尚书·大禹谟》提出：“德惟善政，政在养民。”荀子指出：“君者，何也？曰能群也，能群也者，何也？曰善生养人者也。”君主的作用在于能把民众组成社会群体，这要求君主善于保障民众的繁衍生息。“所谓养民，并不是由政府拿出生活资料来养活人民，而是指使人民有所养，即政府实行的政策要使人民有适宜的生存条件。”①

《贞观政要·论务农》指出：“国以民为本，人以食为命。若禾黍不登，则兆庶非国家所有。”对以农业为主的古代中国而言，保障农业生产的顺利开展，成为执政集团的重要任务。孟子在《孟子·梁惠王上》中提出让农民“仰足以事父母，俯足以畜妻子，乐岁终身饱，凶年免于死亡”。清代唐甄在《潜书·存言》中提出“富在编户，不在府库”，认为一个国家是不是富裕，主要看老百姓手中有没有财富。如果百姓很穷，而国库很充盈，这样的国家仍然是“贫国”，不能长治久安。

对于民众的“养”不仅包括物质层面，还包括精神层面。孔子提出“庶而后富”“富而后教”的观点，孟子在《孟子·滕文公上》中更详细地指出：“人之有道也，饱食、暖衣、逸居而无教，则近于禽兽。”他看到，人们在满足吃饱、穿暖、安居等基本生活需求后，如果教化没有跟上，反而会在精神上堕落，甚至有动物化的危险。因此，需要教给人们“人伦”——“父子有亲，君臣有义，夫妇有别，长幼有序，朋友有信”。与思孟学派强调启发内在德性的教化路径不同，荀子一派则更加注重礼乐的教化作用。注重教化是儒家民本思想的共同倾向。

（二）听政于民：顺应民心、尊重民意

《尚书》记载了周武王在征讨殷商过程中的誓言，其中有“天矜于民，民之所欲，天必从之”“天视自我民视，天听自我民听”的说法。由此，民众的看法与态

① 叶世昌．中国经济史学论集［M］．北京：商务印书馆，2008：47.

度成为执政集团天命转移的重要依据，并且获得基于天而来的神圣性。

具体而言，民心和民意在语义上有所交叉。民心具有整体性和稳定性，反映了大多数民众长期、整体的意愿。执政集团必须顺应民心，才能确保长治久安。《管子·牧民》指出“政之所兴，在顺民心。政之所废，在逆民心”，认为对民心的顺逆关系着政治治理的兴废。《道德经》强调“圣人无常心，以百姓心为心”，老子主张执政者要放下自己的主观成见，将心比心地去顺应百姓的心愿，不能对百姓横加干涉。孟子认为执政集团得到民心的办法是“所欲与之聚之，所恶勿施尔也”，要想办法满足民众的愿望，不要采取容易导致民怨的做法。与整体性的民心相比，民意一般更为具体。中华民本传统主张执政集团应该充分尊重民意。《周礼》中专门记载了“小司寇”一职，其职责是“掌外朝之政，以致万民而询焉”，即征询民众对国家大事的意见。当然，由于民意具有局部性和变动性，古人并不主张一味迎合民意。孟子认为对民意要“察之”，加以辨别、判断后再决定是否吸纳。为了听取民意，中国古代还形成一些制度性安排。

三、中国式现代化对“民为邦本”的继承与升华

习近平总书记在文化传承发展座谈会上强调“中国式现代化赋予中华文明以现代力量，中华文明赋予中国式现代化以深厚底蕴”。[①] 我们认为，中国式现代化充分继承和升华了“民为邦本”的观念。

（一）党把一盘散沙的“民众”变成充分整合的“人民”，这是理解“中国式现代化是中国共产党领导的社会主义现代化”重要论断的历史逻辑

与西方民主传统基于民众的个体性不一样，中华民本传统历来关注的是民众的整体性，内在地具有整合民众的需要。在传统农业社会，一方面依靠“家国同构”的心理秩序，建构起“家—国—天下”的同心圆结构；另一方面依靠科层化的郡县制度以及士绅制度，实现国家权力与基层社会的连接。近代以来，面对西方以工商业文明支撑的高度组织化的民族国家体系，中国传统农业社会的组织方式相形见绌，被西方列强的一次次侵略、签订不平等条约并割地赔款，面临“三千年未有之

① 习近平．在文化传承发展座谈会上的讲话［J］．求是，2023（17）：4-11.

大变局”。问题的实质在于“四万万人一盘散沙”，而维新派、革命派、立宪派和国民党等政治势力都无力解决该问题。以马克思主义为指导的中国共产党得以成立，最终出色地完成了整合民众的任务。

马克思主义认为，工人阶级掌握的先进工业生产技术，与大机器相结合，而大机器要求社会化大生产。长期的生产实践，锻造出工人阶级的纪律性和组织性。同时，工人阶级又具有极强的革命性。因为他们不占有生产资料，被资本家剥削和压迫，只能奋起反抗。近代中国处于资本主义体系的边缘地带，工人阶级的绝对人数并不多。党一方面通过卓有成效的宣传和组织，激发工人阶级的革命觉悟；另一方面又结合中国作为农业大国的特点，用源自工人阶级的纪律性、组织性和革命性，去整合占人口绝大多数的农民，并通过广泛而深入的统一战线工作去争取和团结其他阶层，共同推翻“三座大山”。党深入基层与人民群众建立起血肉联系，把一盘散沙的“民众”变成充分整合的“人民”。新中国成立后，在党的领导下，组织起来的群众、整合起来的人民，开创社会主义革命和建设事业，在实现“站起来”之后又探寻“富起来”与“强起来”的道路，确立“以中国式现代化全面推进中华民族伟大复兴”的中心任务。基于历史逻辑，中国式现代化必然且只能是中国共产党领导的社会主义现代化。

（二）“全体人民共同富裕的现代化”“物质文明和精神文明相协调的现代化”等中国特色，升华了“庶而后富”“富而后教”的文明追求

中国式现代化与中华优秀传统文化的联系不是表征的相似，而是内在文明逻辑的契合。中国式现代化前三个中国特色，分别是“人口规模巨大的现代化”“全体人民共同富裕的现代化”“物质文明和精神文明相协调的现代化”，正好与孔子在《论语·子路》中所说的庶—富—教“三部曲”异曲同工。“人与自然和谐共生的现代化”体现了天人合一、道法自然的古老智慧，“走和平发展道路的现代化”彰显了协和万邦、成己达人的天下胸怀。中国式现代化体现了中华文明如何理解人的存在（包括物质性和精神性的存在，以及人与人的共在）、人与自然的关系、自我与周遭世界的关系，内蕴一种跨越古今、横贯中西的恢宏文明视野。

民为邦本传统把改善民生、教化民众作为执政集团的内在责任。中国共产党从

成立以来，就努力为增进广大人民群众的福祉而奋斗。马克思早就指出：“人们奋斗所争取的一切，都同他们的利益有关。”①毛泽东强调：“一切空话都是无用的，必须给人民以看得见的物质福利。”②邓小平实事求是地指出：“不讲多劳多得，不重视物质利益，对少数先进分子可以，对广大群众不行，一段时间可以，长期不行。”③习近平总书记在党的十八大后第一次中外记者见面会上就庄严宣告“人民对美好生活的向往，就是我们的奋斗目标”④。历经革命、建设和改革，中华民族在新时代迎来了从站起来、富起来到强起来的伟大飞跃。

同时，党高度重视人民的精神文化生活。毛泽东把“文艺为人民服务”作为革命文化的发展方向。邓小平强调物质文明和精神文明要“两手抓、两手都要硬”。习近平总书记提出“满足人民过上美好生活的新期待，必须提供丰富的精神食粮”⑤。面对历史虚无主义和文化虚无主义的挑战，习近平总书记提出“两个结合”，强调“‘第二个结合’是又一次的思想解放”⑥。他指出：“当高楼大厦在我国大地上遍地林立时，中华民族精神的大厦也应该巍然耸立。”⑦中国式现代化是“全体人民共同富裕的现代化”“物质文明和精神文明相协调的现代化”，让古老的“庶而后富”“富而后教”追求有了照进现实的物质和精神基础。

（三）中国式现代化“发展全过程人民民主”的本质要求，高扬了顺应民心、尊重民意、重视民生实质的文明理想

囿于古代社会的认知状况、技术水平和经济条件等主客观因素，民为邦本的理念难以完整地实现。比如，民本是君主和官员“为民作主”，而民主则主张“以民为主”，且没有从权力制约及其制度设计上落实以民为本的问题。⑧在新的历史条件

① 马克思，恩格斯．马克思恩格斯全集：第 1 卷［M］．中共中央马克思恩格斯列宁斯大林著作编译局，编译．北京：人民出版社，1956：82.

② 毛泽东．毛泽东文集：第 2 卷［M］．北京：人民出版社，1993：467.

③ 邓小平．邓小平文选：第 2 卷［M］．中共中央文献编辑委员会，编．北京：人民出版社，1994：146.

④ 习近平．始终与人民心相印共甘苦：中共中央总书记习近平在十八届中央政治局常委与中外记者见面时讲话［J］．人民论坛，2012（33）：6-7.

⑤ 习近平．决胜全面建成小康社会 夺取新时代中国特色社会主义伟大胜利：在中国共产党第十九次全国代表大会上的报告［N］．人民日报，2017-10-28（1）．

⑥ 习近平．在文化传承发展座谈会上的讲话［J］．求是，2023（17）：4-11.

⑦ 习近平．在文艺工作座谈会上的讲话［N］．人民日报，2015-10-15（2）．

⑧ 朱汉民．民本：源远流长的思想明珠［N］．光明日报，2014-07-22（16）．

下，中国共产党人对中华民本传统予以创造性转化和创新性发展。毛泽东思想强调“为人民服务”，其中既有对中华民本传统的继承，更有时代的升华。基于马克思主义的群众史观，人民不再是被动的对象，而成为历史的主体，是决定历史发展的最根本性的力量。党的群众路线去除了等级观念和自上而下的意识，以群众为主体，一切依靠群众，一切为了群众。

20 世纪 90 年代以来，一些西方国家以自身所谓的票选民主为标准，怀着“历史终结论”的傲慢，对我国的政治制度横加指摘，甚至质疑中国共产党长期执政的合法性。国内知识界、舆论界一些人亦步亦趋，在意识形态领域造成极大的混乱和危害。近年来，我们提出“全过程人民民主”，将其作为中国式现代化的本质要求之一。江金权指出：“我国全过程人民民主是一个完整的制度链条，包括选举民主、协商民主、社会民主、基层民主、公民民主等民主政治的全部要素，涵盖了民主选举、民主协商、民主决策、民主管理、民主监督等民主过程的一切领域，不仅有完整的制度程序，而且有完整的参与实践”，“是全链条、全方位、全覆盖的民主”。[①]

全过程人民民主深刻体现了中华民本传统顺应民心、尊重民意的特征，充分彰显了中华民本传统立足民众整体性、凸显责任伦理、追求民生实质的逻辑，避免了西方票选民主简单基于民众个体性、片面强调契约伦理、过度讲究选举程序的弊端，是“两个结合”特别是“第二个结合”的理论逻辑在社会主义民主政治领域的生动体现。

① 江金权：我国全过程人民民主是一个完整的制度链［EB/OL］.（2021-11-12）［2024-05-06］. http://cpc.people.com.cn/n1/2021/1112/c64387-32280809.html.

理论·道路·价值：中国式现代化的三重自信

吉林大学哲学社会学院　那　玉

摘　要：马克思主义作为对西方现代化运动作出的科学、全面、系统和彻底分析的理论宝库，在三个重要维度为中国式现代化提供了积极的理论武器，确立了中国式现代化发展的三重自信：一是理论自信，坚持马克思政治经济学批判，把握资本主义生产关系的二律背反，打破资本主义现代化定于一尊的神话；二是道路自信，走驾驭资本逻辑之路，充分激活“资本的文明面”，合理引导和规范资本，使其服务于中国式现代化的高质量发展；三是价值自信，颠倒资本和人的关系，以实现人的自由全面发展为目标，塑造“人的现代化”。在本质意义上，中国式现代化不仅是马克思主义的成功运用，更是中国共产党理论和实践的一次伟大创举。

关键词：马克思主义；中国式现代化；政治经济学批判；驾驭资本逻辑；人的现代化

中国式现代化通过坚持马克思政治经济学批判、规范和引导资本的健康发展、塑造“人的现代化”，既回答了“马克思主义为什么行”“中国共产党为什么能”“中国特色社会主义为什么好”，又确立了理论、道路、价值这三重自信。中国式现代化的三重自信既是中国共产党带领中国人民百年奋斗的时代精华，又是对继承和创新马克思主义基本原理取得的理论成果和实践成就的提炼和概括。深刻把握中国式现代化三重自信的丰富内涵，不仅证明了马克思主义中国化时代化的内在规律和历史必然，对于在新时代新征程不断谱写中国式现代化更加绚丽的华章，具有决定性意义。

一、坚持马克思政治经济学批判：中国式现代化的理论自信

马克思政治经济学批判正确地揭示了资本主义危机发生和持续的肇生源，科学地确证了资本主义的历史命运，预见到共产主义的发展进程，不仅是理解资本主义现代化最伟大的认识工具，同时为探索建设新型现代化奠定了重要的理论基础。在根本意义上，中国式现代化是中国共产党坚持马克思政治经济学批判，在实践中不断深化对人类社会发展规律的认识，对资本主义现代化道路扬弃的产物。

马克思政治经济学批判发现社会形态变革的根源在于生产力和生产关系的矛盾运动。封建社会初期，封建生产关系是同比较低下的生产力相适应的，随着社会生产力的增长，特别是封建社会后期商品经济的迅速发展，封建生产关系越来越成为生产力发展的障碍，相对发达的生产力要求改变落后的封建生产关系，资本主义生产关系从封建社会中孕育出来，并最终取代了封建生产关系。资本主义生产关系不仅带来社会生产力的巨大飞跃，而且促进了人类思想的解放，使人类文明达到了前所未有的高度。同时，马克思揭示了资本主义生产关系不可调和的矛盾，指出资本主义现代化只不过是人类社会历史发展的阶段性成果，而绝不是全部。通过对资产阶级社会发展规律的剖析，马克思直言资本主义生产关系的基本矛盾是：日益发展起来的社会化生产和生产资料私人占有之间的对立。资本增殖的天性促进了生产力的巨大发展，推动了生产社会化的深入，而生产社会化的趋势内在地要求生产环节的整体性计划和社会性协作，这就构成了与生产资料私人占有的冲突。在这个总体性矛盾的基础上，马克思深刻地揭示了资本主义生产的限制或界限：其一，剩余价值生产规模成比例地扩大与实现这个剩余价值的消费能力相对减弱之间的矛盾；其二，社会必要劳动时间的缩短与劳动时间是衡量商品价值量的唯一尺度之间的冲突。科学和技术在资本主义生产中的广泛应用，一方面使社会生产力得到了迅速发展，另一方面却表现为利润率的降低。资本主义生产过剩已是常态，而资本的生产过剩势必又会加剧利润率的下降。可以说，社会生产力的发展与私有制之间的矛盾成为资本增殖难以摆脱的内在限制，不断削弱着资本主义现代化的发展速度，甚至已经动摇了资本主义生产关系。随着资本逻辑在世界范围内的展开，这种生产关系的弊病不断以社会经济危机的形式爆发出来，当生产资料的集中和劳动的社会化，达到了同资本主义生产关系不能相容的地步，这种生产关系愈发成为生产力持续发

展的限制，这个外壳就要炸毁了，资本主义生产关系的丧钟就要响了。[①]在本质而重要的意义上，马克思通过政治经济学批判，不仅揭示了资本主义现代化是人类历史长期发展的产物，而且打破了其永恒存在的神话。

现代化总是特殊的、历史的、具体的。邓小平在党的十二大开幕词中指出："我们的现代化建设，必须从中国的实际出发。"[②]习近平总书记同样强调："世界上既不存在定于一尊的现代化模式，也不存在放之四海而皆准的现代化标准。"[③]中国式现代化没有拘泥于理论或现实，而是充分发挥了主体的能动作用，经过实践、认识、再实践、再认识多次的反复形成了合乎规律性的认识，把有限的理论条件和现实条件转化为充分的建设基础。从中国共产党的成立，到新民主主义革命的胜利，从新中国的成立到社会主义制度的确立，中国共产党始终坚持实现现代化和马克思主义的高度契合，坚持把马克思主义基本原理同中国具体实际相结合，创造性地实现了马克思主义的中国化，为中国式现代化提供了积极的理论武器，在实践基础上开辟了一条非资本主义的现代化道路，探索出来一系列重要的内在规定性或根本特性：如坚持和加强中国共产党的全面领导；坚持社会主义市场经济体制，坚持以公有制为主体，多种所有制经济共同发展的所有制制度，实行以按劳分配为主体，多种分配方式并存的收入分配制度等基本经济制度；形成发展为了人民、发展依靠人民、发展成果由人民共享的发展思想，积极倡导共建、共商、共享的人类命运共同体，追求全人类的自由全面发展。这些实践成就为中国式现代化奠定了坚实的道路基础和价值基础。

可以说，中国式现代化的理论自信来源于对马克思政治经济学批判的积极肯定和高度认同。在本质意义上，中国式现代化既不是先验理念的推演，也不是资本主义现代化的应用，而是中国共产党植根具体实践，在历史自觉性的觉醒中探索出的一种新型现代化方案。

① 参见马克思．资本论：第1卷［M］．中共中央马克思恩格斯列宁斯大林著作编译局，编译．北京：人民出版社，2018：874.

② 邓小平．邓小平文选：第3卷［M］．中共中央文献编辑委员会，编．北京：人民出版社，1993：2.

③ 习近平．习近平谈治国理政：第4卷［M］．北京：外文出版社，2022：123.

二、驾驭资本逻辑：中国式现代化的道路自信

资本是资本主义现代化的轴心，其核心表现就是资本逻辑始终受到资本主义“绝对力量”的统治。因此，在资本主义现代化的发展进程中，资本的“文明面”存在诸多自身无法超越的限制。中国共产党遵循马克思对资本文明的辩证分析，充分激活资本的文明面，构建了驾驭资本的现代化模式。所谓“驾驭资本”，就是在现代化进程中发挥资本的积极作用，使资本逻辑服务于社会主义生产力发展的要求；约束和限制资本的“不文明”运行，使资本走出“野蛮化”状态，降低甚至规避资本的负面效应。

马克思辩证地对资本主义现代化运动进行了全面而深刻的分析与批判，这意味着马克思并不是要对资本逻辑予以全盘的否定，而是包含着肯定的否定，即试图在资本主义的内在发展逻辑中寻找到其超越自身的可能性。马克思敏锐地把握到，这种可能性首先体现在资本主义现代化创造了高度发展的生产力。生产力的快速发展，是由资本自身的增殖逻辑所决定的。资本为了满足自身无止境的致富欲，必然无止境地提高劳动生产力并且使之成为现实。其次，马克思高度肯定资本主义现代化促进了人的能力的全面发展以及社会关系的普遍发展。在马克思政治经济学批判的视野中，资本是一种世界性的力量，随着资本逻辑在世界范围内的流动，人们建立了全球性的社会联系，拓展了人的活动范围和关系范围，社会关系全球化使个人冲破了血缘、地域以及政治共同体的束缚，有能力来利用“人们所创造的一切”，使人的本质得到了发展。虽然资本主义现代化蕴含着矛盾和冲突，但是也为一个更高级的、以每一个个人的全面而自由的发展为基本原则的社会形式——共产主义社会提供了现实基础。

中国式现代化以解放和发展生产力为推进器、以变革和调整生产关系为中介，以国家宏观调控为保障，平衡“激活资本的文明面”与“避免资本的权力化”之间的冲突。首先，发挥资本作为生产要素的积极作用。新中国成立之初，中国共产党提出努力“全面实现农业、工业、国防和科学技术的现代化，把我们的国家建设成为社会主义的现代化强国”[①]，在短短 20 多年的时间里实现了从落后农业国向工业

① 邓小平 . 邓小平文选：第 2 卷［M］. 中共中央文献编辑委员会，编 . 北京：人民出版社，1994：85-86.

部门占国民经济主导地位的转变。改革开放以来，中国成功地开辟了中国特色社会主义道路，创造性地提出了社会主义初级阶段理论，形成了以经济建设为中心的基本路线，提出了发展生产力的根本任务。党的二十大报告更是围绕全面建设社会主义现代化强国、以中国式现代化全面推进中华民族伟大复兴的中心任务，明确指出“高质量发展是全面建设社会主义现代化国家的首要任务”[①]。新时代新征程推动高质量发展，首要工作就是推动经济实现质的有效提升和量的合理增长。中国共产党创造了经济快速发展奇迹和社会长期稳定奇迹、实现了从生产力相对落后的状况到经济总量跃居世界第二的历史性突破，不断夯实了中国式现代化的物质基础。其次，为资本设置“红绿灯”。中国式现代化坚持社会主义市场经济体制、以公有制为主体的所有制制度和以按劳分配为主体的收入分配制度等基本经济制度，使资本在社会主义社会中健康有序地发展。其一，“社会主义市场经济体制”是具有中国特色的经济发展模式。把社会主义基本制度与市场经济结合起来，进而把“看得见的手”和“看不见的手”结合起来，以政府部门的宏观调控和市场机制的微观激活配合引导、规范生产，把克服社会化生产的盲目状态和激发各类市场主体的活力和创造力相结合，能够更好地发挥计划与市场两种手段的长处，创造比资本主义生产方式更高的劳动生产率。其二，“以公有制为主体”的所有制制度打破了资本主义生产关系中多数人受制于少数人的剥削关系，能够克服资本主义生产过程中存在的“利己主义”，使劳动产品的涌流与价值增殖服务于整个社会。其三，“以按劳分配为主体”的收入分配制度不仅颠倒了资本主义现代化中资本与劳动的关系，把“资本生产力”转化为“劳动生产力”，而且推进了经济效率和社会公平的双向发展，积极落实初次分配、再分配和第三次分配协调配套的分配制度，有助于规范财富积累机制，促进机会公平，切实推动经济社会健康运行，让现代化建设成果更公平地惠及全体人民。

可以说，中国共产党在充分激活资本文明面的基础上，能够理性对待资本并有效驾驭资本，使之真正服务于社会化生产力的发展和人的自由全面发展，展现了现代化模式的新图景。

① 习近平．高举中国特色社会主义伟大旗帜 为全面建设社会主义现代化国家而团结奋斗：在中国共产党第二十次全国代表大会上的报告［M］．北京：人民出版社，2022：28.

三、塑造人的现代化：中国式现代化的价值自信

在马克思的视野中，现代化的发展是从“人的依赖性”进入“物的依赖性”并走向“自由个性”的漫长过程，这一历史过程是社会发展的价值核心由“资本”走向“人”的过程。中国共产党沿着马克思所奠定的价值体系出发，构建了以人民为中心，追求人的自由全面发展的新型现代化——人的现代化。

马克思揭示了以“资本”为动力机制的资本主义现代化虽然摆脱了“人的依赖性”，但是由于坚持资本的增殖逻辑和扩张逻辑，仍然是一种“物的依赖性”，强调这种现代化造成“资本具有独立性和个性，而活动着的个人却没有独立性和个性”[①]的社会现实。资本的致富本性决定了资本逻辑首先表现为对剩余价值无限攫取的增殖逻辑和扩张逻辑，马克思通过发现劳动的二重性，揭示了剩余价值的真正来源——活劳动，指出：剩余价值是雇佣工人所创造的并被资本家无偿占有的超过劳动力价值的那部分价值。因此，服务于资本增殖的资本主义现代化，在以工业化、信息化、市场化为标志的资本文明背后是对工人剩余劳动的无限压榨，工人“在自己的劳动中不是肯定自己，而是否定自己”[②]，现实的人、感性的人逐渐被抽象为合乎资本增殖要求的、合乎资本主义生产规律的单纯的劳动者。资本逻辑的运行不仅需要作为劳动力所有者的工人，而且需要作为生产资料所有者的资本家。资本家看似掌握了资本逻辑的秘密能够实现财富的累积而成为资本主义生产关系的受益者，但实际上，资本家对利润的痴迷，并不完全来自资本家个人的兴趣，而是受到不以个人意志为转移的资本主义经济关系及其运动规律的塑造和操控，他在这一过程中超越了个人享受而将无限地榨取剩余价值作为自己从事一切活动的出发点和最终归宿，成为在致富欲推动下的人和物的混合体。正如马克思所指出的那样：“资本家只有作为人格化的资本，他才有历史的价值，才有像聪明的利希诺夫斯基所说的‘没有任何日期’的历史存在权。也只有这样，他本身的暂时必然性才包含在资本主义生产方式的暂时必然性中。”[③]最终，在资产阶级社会里，资本成为资产阶级

① 马克思，恩格斯．马克思恩格斯选集：第 1 卷［M］．中共中央马克思恩格斯列宁斯大林著作编译局，编译．北京：人民出版社，2012：415.

② 马克思，恩格斯．马克思恩格斯全集：第 3 卷［M］．中共中央马克思恩格斯列宁斯大林著作编译局，编译．北京：人民出版社，2002：270.

③ 马克思．资本论：第 1 卷［M］．中共中央马克思恩格斯列宁斯大林著作编译局，编译．北京：人民出版社，2018：683.

社会的“普照之光”，“像传统形而上学在思维领域里一样，在现实领域里起着同化一切、吞噬一切、控制一切的统治作用”[①]，谁拥有了抽象的“一般财富”——资本，谁就能支配世界。个人丧失了独立性和个性，成为资本逻辑的附属物，一切人及其社会关系都必须“表现在交换价值上”[②]。以资本为真实的运动主体的资本主义现代化以“人”的发展为代价追求“物”的增长，将包括资本家和工人在内的所有人都塑造为“片面的个人”“偶然的个人”，从而逐步断绝了人的自由全面发展的可能性。

如果说资本主义现代化在价值层面的本质属性是资本的增殖和人的物化，那么，与资本主义现代化截然相反，追求人的自由全面发展的中国式现代化的本质始终是“人的现代化”。资本主义现代化将人从宗教的藩篱中解放出来，却将人抛入“物化”“异化”的沼泽地，始终未曾开启真正的人的历史。中国共产党坚持人民是历史的剧中人，以人为尺度推进现代化的发展，使物质文明的高度发展为人的自由解放创造动力，将人从异化的劳动状态中解放出来，使人的劳动与人的自由全面发展趋向统一。通过经济转型、精准扶贫、生态治理等举措把“人类社会或社会化的人类”[③]作为现代化的目标导向，充分实现人与人之间丰富的关系。以满足劳动者的自由自主劳动为目标对联合起来的劳动者进行有效管理，使一切存在及其前提都受“自觉的、有计划的联合体”[④]的支配，追求全体人民的共同富裕。同时，中国共产党始终把人民作为探索和构建现代化的“剧作者”，强调人民在现代化进程中的作用。正如习近平总书记所指出的：“人民是历史的创造者，人民是真正的英雄。波澜壮阔的中华民族发展史是中国人民书写的！”[⑤]中国式现代化在具体实践中，牢牢“抓住人民最关心最直接最现实的利益问题”[⑥]，最大限度地调动人民群众参与现代化建设的热情，充分挖掘和发挥其积极性、主动性和创造性，焕发出最广泛的历史主体

① 白刚，付秀荣．作为资本逻辑批判的历史唯物主义［J］．求是学刊，2011，38（6）：29-35.

② 马克思，恩格斯．马克思恩格斯全集：第30卷［M］．中共中央马克思恩格斯列宁斯大林著作编译局，编译．北京：人民出版社，1995：106.

③ 马克思，恩格斯．马克思恩格斯选集：第1卷［M］．中共中央马克思恩格斯列宁斯大林著作编译局，编译．北京：人民出版社，2012：140.

④ 马克思．资本论：第3卷［M］．中共中央马克思恩格斯列宁斯大林著作编译局，编译．北京：人民出版社，2018：745.

⑤ 习近平．习近平谈治国理政：第3卷［M］．北京：外文出版社，2020：139.

⑥ 习近平．习近平谈治国理政：第3卷［M］．北京：外文出版社，2020：135.

强大的主动精神。中国式现代化的历史和实践证明，正是广大的人民群众在中国共产党的领导下群策群力、勠力同心、不懈斗争才书写了中国式现代化波澜壮阔的篇章，创造了人类历史上罕见的发展奇迹。

可以说，基于人民至上理念的中国式现代化为人的自我发展和自我实现充分创造了广阔的空间，使人的本质力量得到了新的证明和新的充实。

结 语

人类社会的发展进步永无止境，资本主义现代化绝不是现代化的唯一图景。中国式现代化在“普遍”与“特殊”的辩证张力中，既严格遵循了人类现代化建设的一般规律，又充分尊重了“中国实际”，使马克思政治经济学批判在中国焕发出勃勃生机；既充分激活了资本的文明面，又有效地规避了资本逻辑的弊端，使资本的健康发展服务于中国式现代化的建设；既超越了资本主义现代化的“同一性逻辑”，又开创和引导了一种以实现全人类自由全面发展为目标的新型现代化模式。中国式现代化以自身的力量推进了世界历史的进程并引领着人类社会前进的方向，随着中国特色社会主义实践的不断深入，中国式现代化必将用扎实的行动来证明和夯实自己的自信，迎来更为光辉灿烂的前景。

中国式现代化与数字劳动的理论架构及其实践智慧*

陕西师范大学马克思主义学院　刘亚鸽

摘　要： 数字劳动在全球范围内对工作和社会产生深远影响，中国以其独特的文化和快速现代化成为此现象的核心研究对象。在中国式现代化的背景下，从人学的角度分析了数字劳动对中国社会结构的影响，探讨了它如何改变工作与生活的平衡、社会经济不平等和劳动者的身份认同。通过对数字劳动和现代化理论的深入分析，能够更加深入地理解数字劳动在中国的社会和文化层面的含义。本文揭示了数字劳动与中国式现代化之间的交叉关系，并对技术进步的未来前景、影响和挑战进行了评估。理解数字劳动在中国现代社会经济结构中的作用以及其对工作、生活和身份的影响提供了新的见解，并强调了人学在分析这些问题中的重要性。

关键词： 数字劳动；人学；中国式现代化；数字经济

中国向全球经济超级大国的转变，在很大程度上是由现代化进程的加速和数字劳动的出现所决定的。伴随着这一显著转变，数字劳动的崛起已成为中国现代化的一个重要特征。数字化劳动包括以数字为媒介和依赖数字技能的工作，从电子商务和网络营销到基于技术的临时工作。互联网和数字技术的普及极大地重构了中国的工作方式和组织方式，促进了数字经济的蓬勃发展。平台经济增加了多层面的数字

* 本文系脱贫地区基层党组织推进乡村产业振兴能力建设研究（项目编号：21BDJ069）项目阶段性研究成果。

劳动。以腾讯、华为和字节跳动等公司为代表的科技行业，推动了中国工人先进数字技能的发展。中国成为全球科技领导者的一员，特别是在人工智能（AI）和5G技术等领域，进一步证明了数字劳动的重要性。总之，中国式现代化的背景和数字劳动的出现是深深交织在一起，将继续塑造中国的社会经济。从人类学、经济学和社会学等不同角度探索这些现象的多面性，推动各方面的进步。

一、中国式现代化和数字劳动的背景

中国作为一个全球经济大国，其崛起是以前所未有的现代化进程和数字劳工的崛起为标志的。本文对中国式现代化的背景和数字劳工的出现进行了研究，分析了这两种现象的相互交织的演变。

（一）中国式现代化：一个历史的视角

20世纪70年代末，在改革开放之后，中国经济进入快速增长时期。现代化的一个明显的标志是中国的快速城市化。到2021年城市人口已经增加到总人口的60%以上。这种大规模的转变是由农村地区向城市的移民所推动的，是城市环境所提供的更多工业和商业机会的产物。作为现代化进程的一部分，中国也从劳动密集型产业转向更多资本和技术密集型产业。对教育和基础设施的大量投资促进了这一转变，培养了高技能的劳动力和技术先进的工业基地。

（二）数字劳动的出现

在中国实现现代化的同时，数字劳动的兴起也成为中国不断发展的劳工格局中的一个关键组成部分。数字劳动指的是以数字为媒介、依赖数字能力的工作，包括电子商务、网络营销、基于技术的兼职工作和信息技术等领域的广泛职业。互联网和数字技术在中国的发展已经大大改变了工作的性质。这种转变导致了数字经济的蓬勃发展，几乎渗透到中国社会的各个方面。像阿里巴巴和京东这样的公司已经彻底改变了零售业，创造了数百万个需要数字技能的工作岗位，如在线营销、销售和物流等领域。平台经济，包括滴滴打车等共享服务和美团等食品配送平台，进一步展现了数字劳动的活力。

（三）数字劳动影响和未来方向

中国式现代化和数字劳动的增长过程相互交织，对中国的未来发展有着深远的影响。数字化劳动的出现，在为工人提供更多灵活性和机会的同时，也需要对劳动监管采取新的方法。诸如工人权利、数据隐私和数字鸿沟等问题至关重要，需要有效解决以确保公平发展[①]。此外，涉及经济学、社会学和人类学等领域的跨学科研究可以揭示中国式现代化与数字劳动关系的新视角[②]。

数字劳动的兴起已经深刻影响了中国的社会经济轨迹。这两种现象之间的互动为研究和政策制定提供了参考价值。随着技术和社会规范的不断发展，这种互动的动态将成为决定中国未来发展的关键因素。"劳动在生产过程中的时间（和空间）被延长，在这个过程中创造了商品，并在流通领域，即商品市场，被转化为利润（以货币的价格衡量），在这些市场上，商品以一定的价格出售。"[③]通过数字人类学可以更好地理解数字劳动的性质，从远程办公到零工经济工作，因为它强调数字技术如何调解人类关系，创造新的文化现象，以及重塑社会结构。[④]数字劳动的未来趋势将主要由人工智能和自动化等技术的进步所推动。[⑤]"马克思的异化概念被应用到数字技术领域。今天，传统的异化形式将伴随着与消费文化、平台上的个性化自我表达（如 Facebook）以及商品化的互联网相关的数字异化。"[⑥]随着社会转向后工业阶段，数字技能，从基本的计算机知识到高级编码和数据分析，成为劳动力市场的

① 夏森．共享发展的时代内涵及人学意蕴［J］．思想战线，2021，47（6）：1-9.

② 黄华．马克思主义哲学的生命力：兼论新时代哲学与人的问题［J］．湖北社会科学，2019（6）：13-18.

③ FUCHS C. Dallas Smythe today：the audience commodity，the digital labour debate，Marxist political economy and critical theory. Prolegomena to a digital labour theory of value［M］// FUCHS C，MOSCO V. Marx and the political economy of the media. Leiden：Brill Academic Publishers，2015：522-599.

④ 王卫华，杨俊．人工智能的资本权力批判与全球经济正义的追问［J］．广西社会科学，2021（10）：88-94.

⑤ 博登．AI：人工智能的本质与未来［M］．孙诗惠，译．北京：中国人民大学出版社，2017.

⑥ FUCHS C. Towards Marxian internet studies［J］.tripleC：communication，capitalism & critique open access journal for a global sustainable information society，2012，10（2）：392-412.

核心。[①] 因此，数字劳动作为后工业社会的一个重要组成部分出现了。

人类学理论为数字劳动的动态发展提供了富有洞察力的视角。数字劳动不仅关于技术，还涉及文化、社会和经济因素的复杂互动。此外，数字劳动不是单一的现象，而是在不同的背景和社会中有所不同。[②] 在数字劳动领域，应对其挑战，并利用其潜力促进社会和经济发展时，理解这些理论至关重要。[③] 然而，必须将这些理论视为理解的工具，而不是绝对的解释。每个社会都可能以不同的方式参与现代化和数字劳动，由其独特的历史、文化和社会政治背景所决定。[④]

二、中国式现代化实施人类学理论与数字劳动的有机结合

中国对数字技术的使用和作为一个领先的数字经济体的迅速崛起，为数字劳动的人类学理论的应用提供了一个案例研究。

（一）数字人类学和中国的数字劳动市场

将数字人类学应用于中国的背景，阐明了数字技术重新配置工作和社会互动的方式。阿里巴巴等电子商务巨头和滴滴、美团等在线服务的崛起，改变了劳动结构，为数字工作创造了巨大的机会。从网上卖家到临时工，中国的数字劳动者使用技术不仅是一种工具，也是工作和社会身份的一个组成部分。此外，中国独特的文化和社会规范塑造了这些数字平台，也被这些平台所塑造，影响了数字劳工在中国环境中的运作。

（二）技术决定论、技术的社会建构（SCOT）和数字劳动

技术决定论和社会建构（SCOT）之间的相互作用在中国的数字劳动市场中是显而易见的。一方面，中国数字技术的快速发展推动了劳动力市场的变化，表明了

① 王卫华，杨俊．人工智能的资本权力批判与全球经济正义的追问［J］．广西社会科学，2021（10）：88-94.

② 豪斯．信息时代的资本主义：新经济及其后果［M］．北京：社会科学文献出版社，2003.

③ 王卫华，董逸．新中国成立 70 年来人的主体性发展的经济哲学反思［J］．广西社会科学，2019（11）：84-89.

④ 姚建华，张媛媛．“却顾所来径”：中国数字劳动 10 年研究的核心议题与知识图谱［J］．传媒观察，2023（4）：80-88.

技术决定论的因素。互联网、数字平台和人工智能技术的发展，直接促进了数字劳动的扩张。“批判性互联网研究的批判规范维度意味着它并不是在真空中运作，而是在更一般的层面上与媒体、通信分析的各种方法相关。”① 另一方面，SCOT 提供了一个相反的观点，强调了社会结构和需求在塑造技术和数字劳动方面的作用。中国政府对数字经济发展的战略强调和社会对灵活工作机会的需求，影响了中国数字技术的发展轨迹和数字劳动的性质。

（三）行动者网络理论（ANT）和数字平台的作用

行动者网络理论（ANT）为探索数字平台在塑造中国数字劳工方面的作用提供了一个有用的视角。平台经济，如阿里巴巴和滴滴出行，不是被动的工具，而是积极的“行动者”，它们塑造了劳动实践，从设定管理工作分配的算法到建立管理平台互动的规则。同时，这些平台也受到人类行为和决定的影响，如监管政策和用户行为。ANT 是数字平台中数字劳动的一个关键组成部分，与中国式现代化的融合提供新的见解。它们积极地塑造了社会规范、劳动实践和监管政策，并被其所塑造。它们促进了新的工作模式，重塑了社会互动，并影响了经济结构，从而促进了中国式现代化进程。这些平台的发展和运作也受到更广泛的社会和政治结构的影响。例如，监管政策、市场需求和文化规范都塑造了平台的实践，揭示了中国式现代化和数字劳动之间相互依赖的关系。

将人类学理论应用于中国的背景②，为数字劳动的复杂动态提供了丰富的见解。它突出了技术、社会、文化和经济在塑造中国的数字劳动方面复杂的相互作用。中国式现代化进程深受数字劳动的影响，体现了技术决定论的原则③。诸如电子商务、社交媒体和数字支付系统等技术已经改变了传统的做法，促进了向一个更加现代化、以数字为媒介的社会的转变④。随着数字技术成为经济活动的核心，数字劳动

① FUCHS C，MOSCO V. Introduction：Marx is back–the importance of Marxist theory and research for critical communication studies today［J］.tripleC：communication，capitalism & critique，2012，10（2）：127-140.

② 袁祖社．数字鸿沟及其跨越：一种技术公共性重建的实践理性视角［J］．学术研究，2023（4）：53-58.

③ 齐承水．试论恩格斯技术观的人学向度［J］．自然辩证法研究，2020，36（4）：9-14.

④ 芬伯格．技术批判理论［M］．韩连庆，曹观法，译．北京：北京大学出版社，2005.

包括信息处理和服务工作，已经崛起[①]。

三、中国式现代化和数字劳动的实践智慧

中国式现代化和数字劳动的融合呈现出新的机遇和挑战。随着中国经历了快速的数字转型，并适应这变化的社会经济影响。通过人学理论的视角，可以分析这种演变中潜在的机遇和挑战。

（一）机遇

首先，经济增长和创新。在中国式现代化的背景下，数字劳动带来的最重要的机会之一是经济增长。随着数字平台的激增和日趋完善，它们促进了新形式的创业、贸易和就业。这有助于 GDP 增长，促进创新，并使中国成为数字经济的全球领导者之一。其次，就业的灵活性。数字化劳动也提供了灵活性，允许工人选择工作时间和地点。这会带来更平衡的生活方式，并为那些可能被排除在传统劳动力市场之外的人提供机会，如偏远地区的人、老年人或残疾人。最后，融入全球经济。数字劳动使中国更充分地融入全球经济。“企业社交媒体与金融资本有着内在的联系。像脸书和谷歌这样的公司在股市上被高估，它们的利润并不匹配高市场价值。”[②]中国的数字平台可以接触到全世界的观众，而数字劳工可以进入全球市场。这种相互联系提供了经济机会并促进了文化交流。

（二）挑战

挑战分为以下几个方面。首先，工作场所保护和劳工权利。尽管有这些机会，数字劳工也带来了重大挑战。随着演出工作和自由职业者平台的兴起，传统的工作场所保护往往不存在。这种监管的缺失可能导致不稳定的就业状况，工人面临低工

① 闫坤如，李翌．劳动价值论视域下的数字劳动探析［J］．思想理论教育，2023（4）：48-53.

② FUCHS C. Dallas Smythe today：the audience commodity，the digital labour debate，Marxist political economy and critical theory. Prolegomena to a digital labour theory of value［M］// FUCHS C，MOSCO V. Marx and the political economy of the media. Leiden：Brill Academic Publishers，2015：522-599.

资、长时间工作和缺乏社会保障福利[①]。其次，收入不平等和数字鸿沟。数字劳动的兴起会加剧收入不平等。那些能够获得数字工具和技能的人可以利用新的机会，而那些没有的人则被抛在后面。这种数字鸿沟是一个紧迫的问题，因为它可能拉大社会和经济差距。最后，数据安全和隐私。数据安全和隐私也是重大挑战。随着数字劳动者越来越依赖数字平台，他们产生了大量的数据，引起了人们对这些数据如何存储、使用和保护的关注。企业社交媒体资本积累的秘密在于，它动员了大量的无偿工人，他们投入了大量完全无偿的工作时间，生成的数据商品被作为目标广告出售[②]。鉴于中国独特的监管环境和技术公司的核心作用，这些问题在中国尤其关键。

结　语

中国式现代化和数字劳动的融合值得深入研究，挑战了传统的人学理论，揭露了当代社会的复杂动态。随着中国的迅速现代化，它在一个独特的轨迹上航行，以偏离西方传统模式的复杂方式将数字劳动和现代化交织在一起。技术决定论和技术的社会建构理论都在中国的背景下找到了相关性，强调了数字技术、社会结构和劳动实践之间的相互作用。技术决定论强调了数字技术如何推动中国的社会和经济变化，影响现代化进程[③]。SCOT 通过解析中国的社会需求和政治结构，廓清数字劳动的演变和性质。后工业社会理论在中国的应用揭示了中国从一个以制造业为主的经济体向一个以信息和服务为主导的经济体的转变，其中数字劳动发挥着核心作用。然而，中国成为后工业社会的道路反映了其独特的社会政治背景和发展战略，与标准的西方模式不同。最后，行动者网络理论为理解数字平台在中国式现代化进程中塑造数字劳动的作用提供了一个宝贵的视角。数字平台不是中立的工具，而是活跃的“演员”，在塑造劳动实践和社会互动的同时，也被更广泛的社会结构所塑造。

① 郭建娜，卜祥记 . 从资本逻辑回归人本逻辑：数字劳动的正义重塑［J］. 理论导刊，2023（4）：55-60，94.

② FUCHS C. Dallas Smythe today：the audience commodity，the digital labour debate，Marxist political economy and critical theory. Prolegomena to a digital labour theory of value［M］// FUCHS C，MOSCO V. Marx and the political economy of the media. Leiden：Brill Academic Publishers，2015：522-599.

③ 蒲晓晔，黄鑫 . 人工智能赋能中国经济高质量发展的动力问题研究［J］. 西安财经大学学报，2021，34（4）：101-109.

对中国式现代化背景下的数字劳动的探索，为未来的研究开辟了几条途径。一个重要的方向是实证研究数字劳动的具体方面，如打零工或数字创业，如何在中国式现代化进程中演变。这样的研究可以阐明数字劳动是如何在中国背景下被社会规范、经济结构和文化习俗所塑造和影响的。比较研究可以为不同的文化、社会和经济背景如何塑造数字劳动提供有价值的见解，有助于对这一全球现象有更细致和全面的了解。未来的研究还可以深入探讨平台的算法、规则和设计特点，如何塑造数字劳动，以及这些对工人、消费者和更广泛的社会影响。对中国数字劳动的监管方面的研究也是一个需要探索的重要领域。随着数字劳动的不断扩大，它提出了与劳动权利、数据隐私和平台治理有关的新挑战。此外，研究数字劳动对中国社会不平等的影响。虽然数字劳动提供了新的经济机会，但也可能加剧社会不平等。了解这些动态有助于制定战略，促进公平和包容性的数字劳动实践。最后，纵向研究可以跟踪中国数字劳动的演变，研究它如何适应和应对技术、社会结构和监管政策的变化。这类研究可以提供有价值的见解，了解在不断现代化的背景下数字劳动的动态和不断发展的性质。

中国式现代化的历史生成与实践方式

中国社会科学院大学哲学院　赵文康

摘　要： 中国式现代化是中国共产党团结带领全国各族人民经过社会主义革命、建设和改革，在实践探索中创造出的新模式，是理论创新与实践发展有机互动的重要典范。中国式现代化既有各国现代化的共同特征，又有符合国情的中国特色，体现着物质文明、政治文明、精神文明、社会文明、生态文明的有机统一。它深刻回答了谁来领导现代化、实现什么样的现代化、如何实现现代化等一系列基础性核心问题。当前，我们已经迈上全面建设社会主义现代化国家的新征程，必须在中国特色社会主义实践中坚持中国式现代化的本质要求，为引领人类进步与文明发展作出重要贡献。

关键词： 中国式现代化；历史生成；实践方式

现代化是一个复杂的多层次多阶段的历史发展与人类文明形态演变的过程，涉及工业革命以来经济、政治、科技、文化、思想等人类社会方方面面发生的深刻变革。中国式现代化的成功实践为现代化发展模式提供了全新的中国方案与中国智慧，打破了现代化只有单一模式、现代化即西方化的错误认识。中国式现代化的道路是中国共产党团结带领广大人民群众从“没有现成的路”的地方蹚出来的，不是西方资本主义现代化的复刻，也不是只有在中国才能奏效和成功的独有模式。

一、中国式现代化道路的历史探索

1840 年鸦片战争爆发，打破了中国闭关锁国的状态，中国被卷入世界现代化的进程中，许多爱国人士进行了不断的救亡图存的探索，但都以失败告终。1921 年中国共产党成立后，团结带领广大人民群众取得了抗日战争与解放战争的胜利，建立了新中国，之后更是带领广大人民群众艰苦奋斗在中国式现代化的探索之路上。经过各个阶段的探索与建设，中国式现代化在全面建设小康社会的过程中逐渐生成，我们对于中国式现代化的理论也在一步步与实践的良性互动中不断得到完善。

（一）中国现代化发展道路的早期尝试性探索

15 世纪以来，资本主义在西方兴起并发展，孕育了现代化的萌芽，18 世纪中期，第一次工业革命的开展掀起了第一次现代化的浪潮，创造了巨大的生产力，实现了从传统农业社会向现代工业社会的变革，促进了资本主义的快速发展。完成工业革命之后，为了满足产品销路不断扩大的需要，资产阶级开始了殖民扩张与掠夺的道路。此时中国作为一个幅员辽阔但工业体系十分落后的国家，无疑有着巨大的扩张价值，同时中国封建清王朝的国防军事力量相比之下十分薄弱，从而成为殖民者侵略的对象。1840 年鸦片战争打破了中国闭关锁国的封闭落后状态，打开了中国的国门，中国自此被卷入世界市场，卷入世界现代化进程之中。

鸦片战争之后，近代中国社会各阶级领导的救亡图存的运动和革命最终都走向了失败，根本原因是这些阶级本身都存在自身的阶级局限性，而且它们无法克服自身的阶级局限性。因此，无论农民阶级、地主阶级还是资产阶级，它们都不能带领当时苦难深重的中国找到一条出路，只有有着马克思主义正确理论指导的、中国共产党领导的无产阶级才能担任起这个历史使命。1921 年，中国共产党成立后，选择了不同于资本主义现代化模式的社会主义现代化，确立了新民主主义革命的道路，让苦难深重的中国人民看到了希望。中国共产党在此时期探索出了农村包围城市，武装夺取政权的正确革命道路，带领广大人民群众进行了轰轰烈烈的土地革命战争、抗日战争以及解放战争，推翻了压在人民头上的帝国主义、封建主义、官僚资本主义这“三座大山”，建立起人民当家作主的新中国，为中国式现代化的生成发展奠定了基础。

（二）社会主义革命建设同适应中国国情的现代化目标

苏联共产党人在社会主义建设中形成了苏联的社会主义现代化模式，为世界上进行社会主义探索的国家提供了典范，成为建设社会主义的各国学习借鉴的对象。在早期社会主义革命和建设阶段，中国共产党对社会主义现代化道路的探索主要表现为学习苏联模式。毛泽东明确提出“建设一个伟大的社会主义国家”的总目标以及“实现社会主义工业化”和“实现农业的社会主义化、机械化”的总任务，并进行了一系列建设实践，促进了战后经济的恢复和社会生产力的发展，现代化建设取得了初步成效。1954 年 9 月，在第一届全国人大第一次会议上，周恩来在《政府工作报告》中提出：“我国的经济原来是很落后的。如果我们不建设起强大的现代化的工业、现代化的农业、现代化的交通运输业和现代化的国防，我们就不能摆脱落后和贫穷，我们的革命就不能达到目的。”① 这“四个现代化”是首次对“现代化”概念的论述。

但随着我国社会主义现代化建设的逐步推进，苏联模式的弊端也逐渐暴露出来，对苏联模式生搬硬套的学习也遭到质疑。在这种背景下，毛泽东对苏联模式的认识发生了转变，主要体现在《论十大关系》报告中，报告主要以苏联模式为借鉴，但实际上提出了有别于苏联模式的适合中国国情的社会主义模式。1964 年，周恩来在第三届全国人大第一次会议上，对实现现代化提出了“两步走”的设想：第一步，建立一个独立的比较完整的工业体系和国民经济体系；第二步，全面实现农业、工业、国防和科学技术的现代化。② 之后在第四届全国人大第一次会议上，周恩来又细化了“两步走”的具体时间安排：“第一步，用十五年时间，即在一九八〇年以前，建成一个独立的比较完整的工业体系和国民经济体系；第二步，在本世纪内，全面实现农业、工业、国防和科学技术的现代化。”③

在这一历史时期，中国共产党团结带领人民群众进行的社会主义建设，以及对“现代化”概念的提出为中国式现代化提供了理论先导，奠定了实践基础。

（三）改革开放和“小康社会”“中国式的现代化”

1978 年第十一届三中全会之后，中国开始实行改革开放的政策，进入社会主

① 周恩来 . 周恩来选集：下卷［M］. 北京：人民出版社，1984：132.

② 周恩来 . 周恩来选集：下卷［M］. 北京：人民出版社，1984：439.

③ 周恩来 . 周恩来选集：下卷［M］. 北京：人民出版社，1984：479.

义现代化建设的新时期。在改革开放初期，以反对急躁冒进，确立适合中国国情的发展目标；反对照搬西方经验，走中国自己的发展道路为初衷，邓小平提出了“中国式的现代化”的重要概念。他提出：“过去搞民主革命，要适合中国情况，走毛泽东同志开辟的农村包围城市的道路。现在搞建设，也要适合中国情况，走出一条中国式的现代化道路。”① 随着建设的深入与实践的发展，邓小平“中国式的现代化”的理论也进行了深化：“反对急躁冒进，确立适合中国国情的发展目标”深化发展为“小康社会”的思想；“反对照搬西方经验，走中国自己的发展道路”深化发展为“建设有中国特色社会主义”的思想。他在 1983 年参加北京科学技术政策讨论会回答专家们对现代化问题的提问时指出：“我们搞的现代化，是中国式的现代化。我们建设的社会主义，是有中国特色的社会主义。”②

习近平总书记在庆祝改革开放 40 周年大会上说：“改革开放是我们党的一次伟大觉醒，正是这个伟大觉醒孕育了我们党从理论到实践的伟大创造。改革开放是中国人民和中华民族发展史上一次伟大革命，正是这个伟大革命推动了中国特色社会主义事业的伟大飞跃。”③ 十一届三中全会以来，在邓小平“建设有中国特色社会主义”理论的指导下，中国共产党团结带领人民群众锐意改革，进行了不懈的奋斗，社会生产力得到了解放，综合国力得到了提升，中国实现了从站起来到富起来的伟大飞跃。中国式现代化的理论在实践探索中得到了进一步的发展。

（四）中国特色社会主义新时代与中国式现代化的形成

党的十八大以来，以习近平同志为核心的党中央团结带领人民群众接续奋斗，坚持把马克思主义与中国具体实际相结合，坚持改革开放，中国式现代化建设事业蒸蒸日上，中国特色社会主义道路、制度、理论、文化不断发展。在党的十九大报告上明确指出：“中国特色社会主义进入了新时代，这是我国发展新的历史方位。”④ 站在新的历史起点上，党和人民不忘初心，砥砺前行，自信自强、守正创新，统揽伟大斗争、伟大工程、伟大事业、伟大梦想，创造了新时代中国特色社会主义的伟

① 邓小平 . 邓小平文选：第 2 卷［M］. 中共中央文献编辑委员会，编 . 北京：人民出版社，1993：163.

② 邓小平 . 邓小平文选：第 3 卷［M］. 中共中央文献编辑委员会，编 . 北京：人民出版社，1993：29.

③ 习近平 . 习近平谈治国理政：第 3 卷［M］. 北京：外文出版社，2020：294.

④ 习近平 . 习近平谈治国理政：第 3 卷［M］. 北京：外文出版社，2020：15.

大成就。中国共产党带领人民群众实现了第一个百年奋斗目标，全面建成了小康社会，历史性解决了绝对贫困问题，形成了中国式现代化发展道路。在中国共产党的领导下，中国式现代化道路呈现出“全面协调”的发展特征，社会主义现代化建设取得了举世瞩目的成就，为人类文明的进步发展贡献出中国智慧与中国方案。

2022 年在党的二十大报告中，“中国式现代化”的理论也得到了创新发展。习近平总书记在党的二十大报告中指出：“中国式现代化，是中国共产党领导的社会主义现代化，既有各国现代化的共同特征，更有基于自己国情的中国特色。”① 中国式现代化是人口规模巨大的现代化，是全体人民共同富裕的现代化，是物质文明和精神文明相协调的现代化，是人与自然和谐共生的现代化，是走和平发展道路的现代化。

不同于西方资本主义的现代化，中国共产党用中国式现代化理论指导中国特色社会主义的实践，并在中国特色社会主义实践中不断践行中国式现代化的理论，是在理论和实践的良性互动中成功推进了中国式现代化的发展。中国式现代化正是中国共产党领导的现代化，中国共产党领导的社会主义现代化是中国式现代化最本质的特征。

二、中国式现代化的本质要求及实践方式

习近平总书记在党的二十大报告中阐明了中国式现代化的本质要求：“坚持中国共产党领导，坚持中国特色社会主义，实现高质量发展，发展全过程人民民主，丰富人民精神世界，实现全体人民共同富裕，促进人与自然和谐共生，推动构建人类命运共同体，创造人类文明新形态”②，涉及经济、政治、文化、社会、生态文明等多个方面，推进中国式现代化建设是一项系统工程，要处理好“六大关系”。

第一，正确处理好顶层设计与实践探索的关系。顶层设计为实践探索提供理论指引，实践探索反过来又为顶层设计奠定坚实基础。要处理好顶层设计与实践探索之间的辩证统一关系，在中国式现代化建设的实践中实现两者的良性互动。一方面，要立足基层实践，推进科学的顶层设计，洞察世界发展大势，准确把握人民群

① 习近平．高举中国特色社会主义伟大旗帜 为全面建设社会主义现代化国家而团结奋斗：在中国共产党第二十次全国代表大会上的报告［N］．人民日报，2022-10-26（1）．

② 习近平．高举中国特色社会主义伟大旗帜 为全面建设社会主义现代化国家而团结奋斗：在中国共产党第二十次全国代表大会上的报告［N］．人民日报，2022-10-26（1）．

众的共同愿望，深入探索经济社会发展规律，使制定的规划和政策体系体现时代性、把握规律性、富于创造性，做到远近结合、上下贯通、内容协调。另一方面，要契合顶层设计，推进实践探索创新，推进中国式现代化是一个探索性事业，还有许多未知领域，需要我们在实践中去大胆探索，通过改革创新来推动事业发展，决不能刻舟求剑、守株待兔。

第二，正确处理好战略与策略的关系。战略与策略是辩证统一的关系，战略是从全局、长远、大势上作出的决策，战略问题是一个政党、一个国家的根本性问题。在战略指导下形成的策略是战略实施的科学方法，正确的策略需要正确的战略指导，正确的战略需要正确的策略落实。要增强战略的前瞻性、全局性、稳定性，要把战略的原则性和策略的灵活性有机结合起来，灵活机动、临机决断，在因地制宜、因势而动、顺势而为中把握战略主动。

第三，正确处理好守正与创新的关系。习近平总书记在党的二十大报告中指出："守正才能不迷失方向、不犯颠覆性错误，创新才能把握时代、引领时代。"[①]守正指引创新，创新助力守正，只有在创新基础上的守正，才能与时俱进、推陈出新，只有在守正基础上的创新，才不会偏离方向。要守好中国式现代化的本和源、根和魂，毫不动摇坚持中国式现代化的中国特色、本质要求、重大原则，确保中国式现代化的正确方向，要把创新摆在国家发展全局的突出位置，顺应时代发展要求，着眼于解决重大理论和实践问题，积极识变应变求变，大力推进改革创新，不断塑造发展新动能新优势，充分激发全社会创造活力。

第四，正确处理好效率与公平的关系。效率是以公平为前提的效率，公平是建立在效率基础上的公平。中国式现代化是全体人民共同富裕的现代化，共同富裕要求我们要正确处理好效率和公平的关系，做到统筹兼顾、有机结合，实现效率和公平的有机统一。既要创造比资本主义更高的效率，又要更有效维护社会公平，更好实现效率与公平相兼顾、相促进、相统一。

第五，正确处理好活力与秩序的关系。活力代表着社会的丰富性和多样性，是社会创造力和社会发展的体现，秩序则代表着社会的有序、和谐和稳定，两者是相辅相成、辩证统一的。良好的社会秩序是社会焕发活力的前提和保障，只有社会秩序稳定了，社会才会焕发出活力，同时社会活力的焕发则会进一步促进社会秩序的

① 习近平．高举中国特色社会主义伟大旗帜 为全面建设社会主义现代化国家而团结奋斗：在中国共产党第二十次全国代表大会上的报告［N］．人民日报，2022-10-26（1）．

稳定与提升。中国式现代化要求活力与秩序的有机统一，要科学有效协调活力与秩序的关系，保持活力与秩序的动态平衡。

第六，正确处理好自立自强与对外开放的关系。没有自立自强就会随波逐流，没有对外开放就会故步自封，要坚持独立自主、自立自强，坚持把国家和民族发展放在自己力量的基点上，坚持把我国发展进步的命运牢牢掌握在自己手中。要不断扩大高水平对外开放，深度参与全球产业分工和合作，用好国内国际两种资源，拓展中国式现代化的发展空间。

结　语

中国共产党团结带领中国人民团结奋斗，探索出了一条不同于资本主义现代化的新模式——中国式现代化，打破了现代化只有单一模式、现代化即西方化的错误认识，为现代化发展模式提供了全新的中国方案与中国智慧。同时在中国式现代化道路的探索过程中又逐步形成了完善的中国式现代化理论，回答了谁来领导现代化，实现什么样的现代化，如何实现现代化等一系列基础性的核心问题。我们要在全面建设社会主义现代化强国的实践中践行中国式现代化的理论，以中国式现代化的发展推动中华民族伟大复兴的历史进程。

走和平发展道路的中国式现代化缘由

中共广东省委党校　姚霁冏　武　晟

摘　要：中国式现代化是走和平发展道路的现代化，这是作为中国式现代化的五大特征之一，实现中国式现代化，中国选择走和平发展道路的原因有以下三点：第一，走和平发展道路是中华民族以中华优秀传统文化作为生活的根据所作出的必然选择；第二，走和平发展道路是为当代及未来的中国和世界提供发展的客观条件；第三，走和平发展道路是探索新的发展路径的理论来源。

关键词：中国式现代化；走和平发展道路；中华优秀传统文化

党的二十大报告指出："中国式现代化是走和平发展道路的现代化。"① 和平发展道路是中国式现代化体现出中国式的五大特色之一。党领导全国各族人民在通过一系列伟大实践后走出来一条适合中国式现代化发展的道路，其中和平发展道路是重要一环，既确立了实现现代化所需要的和平环境，也为支持世界和平发展，摒弃战争站稳了立场。深刻理解中国坚持走和平发展道路的原因，能够更好地理解中国式现代化实现路径与其他国家实现现代化的途径存在的区别。这种区别既有利于我们理解中国式现代化与其他模式现代化的区别，又有利于批判西方所渲染的"中国威胁论"。

① 习近平．高举中国特色社会主义伟大旗帜　为全面建设社会主义现代化国家而团结奋斗：在中国共产党第二十次全国代表大会上的报告［M］．北京：人民出版社，2022：23.

一、走和平发展道路是中华民族的必然选择

和平早已注入中华民族的基因和血液里。中华民族是一个爱好和平的民族，这也必然决定了中国这个文明古国是一个热爱和平的国家。中华文明上下五千年，所倡导的是以和为贵、天下太平。追求和平、和睦，友好等优秀品德深深地影响着一代又一代的中国人，早已刻入中华民族的基因当中。中国的“和”文化对中国起到了深远的影响，也是中国上下几千年文化留下的优秀瑰宝。习近平总书记指出：“中华文化崇尚和谐，中国‘和’文化源远流长，蕴涵着天人合一的宇宙观、协和万邦的国际观、和而不同的社会观、人心和善的道德观。”[①] 习近平总书记的这段论述，可以看出构成中国哲学思想基础的儒家、释家和道家思想在人、社会和国家等方面对“和”的内涵进行丰富的阐述。首先，天人合一的宇宙观是一种精神境界，体现人与天地，内在与外在作为一种系统去思考，才能有一种全面的认识，很明显，天人合一要求“天人”要“合”，要“合”的前提必定保证系统内部要“和”；其次，协和万邦的国际观是一种处理国内国际事务的价值观念；再次，“协和万邦”出自《尚书》，主张人民和睦相处，国家友好往来。[②] 和而不同的社会观是一种处事哲学思想，孔子说：“君子和而不同，小人同而不和。”《中庸》说：“喜怒哀乐之未发，谓之中；发而皆中节，谓之和。中也者，天下之大本也；和也者，天下之达道也。致中和，天地位焉，万物育焉。”孔子与《中庸》这两句话都体现了儒家中“和”的中庸之道，“和则包涵异。合众异以成和。不过众异若成为和，则必须众异皆有一定的量度，各恰好如其量，无过亦无不及，此所谓得其中，亦即所谓中节。众异各得其中，然后可成为和。”[③] 其中蕴含着丰富的哲学思想，即在众多个体中寻找共性，尊重其个性特殊性，每个个体同时拥有其共有的属性，在共性上加以区分，每个个性在这个共性基础和规定上发挥其特殊性，才可以做到“和”；最后，人心和善的道德观是个人的道德规范，自古以来儒释道三大哲学体系都强调个人的道德品质，如“小人”“君子”“仁人”等意在划分道德高低，“和”在这里构建着人们的道德生活，体现了古代哲学对中华民族的道德追求。这四点体现了中华民族

① 中共中央党史和文献研究院．习近平关于中国特色大国外交论述摘编［M］．北京：中央文献出版社，2020：124.

② 吴晓娇．大历史观视域下的中国传统“和”文化［J］．汉字文化，2022（S1）：289-290.

③ 冯友兰．中国哲学史新编：中卷［M］．北京：人民出版社，1998：132.

历史悠久的“和”文化，对“和”有着深刻且多元的见解，不仅在古代哲学中有深刻的阐述，对中华民族在个体生活、国家治理、处理国家间的各种关系方面都有着具体的体现，经历了几千年的继承发展，因此，“和”早已渗入中华民族的血脉中，一个将“和”渗入血液，刻入基因的民族所建立起来的国家必定是一个热爱和平、崇尚和谐、追求和睦的国家。

二、走和平发展道路是为当代及未来的中国和世界提供发展的客观条件

和平为中国和世界发展营造了必要的客观环境。包括中国在内的世界各国的发展都离不开和平的环境。世界正经历百年未有之大变局，世界不确定性、不稳定性日益增多，无论是战争、科技战还是贸易摩擦，都在改变着世界的格局，和平发展似乎受到了挑战，而无论世界如何变化，拥有世界五分之一人口的中国，作为大国，走和平发展的道路不可变，唯有和平的环境，才能提供给中国以及世界发展的可能，这是通过近代以来实践证明的客观真理。

从中国角度看，中国的历史实践证明和平发展是中国人民的热切期望，也是发展的必要条件。中国近代以来饱受战争的摧残，中国人民对战争带来的苦难和痛苦铭记于心，中国人民尤其珍惜这来之不易的和平，中国人民盼的发展是和平稳定的，而不是战火纷飞的，中国人民需要一个和平安宁祥和的社会氛围。中国共产党始终代表着广大人民的根本利益，中国共产党始终以和平发展作为主基调，这是人民的期盼和心声，中国共产党也必定以此为使命。中国绝不会主动挑起战争，更不会因为发展去走所谓的强权政治，所谓的“弱肉强食”“国强必霸”只不过是西方的固有想法。中国要实现的中国梦是和平梦，不是霸权梦、扩张梦，所谓“国虽大，好战必亡”。改革开放后，中国经济在短短几十年时间里取得了令世人瞩目的成就，这不仅得益于改革开放正确的决策以及中国特色社会主义道路，而且也离不开当时以和平与发展为主题的世界环境，中国享受到了和平发展所带来的红利，通过实践证明了只有在和平的环境下，中国的发展才能够如此迅猛。中国经济快速发展让中国人更加感恩和平。中国人民清楚，在一个战火纷飞、动荡不安、人民疲于奔命的世界，中国梦也只能是海市蜃楼。脱离了和平的大环境，中国与世界各国都无法实现发展。发展是靠广大人民群众艰苦奋斗、不断拼搏干出来的，离开和

平，连最基本的生存权都无法保证，谈不了为社会奋斗，伟大复兴的中国梦更无从谈起。

从世界角度看，和平是发展的前提与保证。所有全人类共同价值的前提就是和平，没有和平谈何发展，没有和平人连最基本的生存权利都无法保证，公平、正义、民主、自由的主体则不复存在，所有的一切将变成空荡荡的口号和欺骗被领导者的空头支票，因此，全人类共同价值要弘扬，和平是基础。世界正经历百年未有之大变局，和平的主旋律正在接受严峻的挑战，各种形式的战争或冲突不断，世界发展的势头受到严重的阻碍，世界各国坚持和平，就是在为自身发展谋出路。“宇宙只有一个地球，人类共有一个家园。”① 人类共同存在于这一个家园，任何一个地方发生了战争或冲突，带来的是分裂，是脱钩，从而阻碍发展，影响整个世界的发展趋势。

促进和而不同的文明交流以构建人类命运共同体推动世界和平发展。各国之间要摒弃冷战思维，促进和而不同、兼收并蓄的文明交流。习近平总书记强调：“人类文明多样性赋予这个世界姹紫嫣红的色彩，多样带来交流，交流孕育融合，融合产生进步。文明相处需要和而不同的精神。只有在多样中相互尊重、彼此借鉴、和谐共存，这个世界才能丰富多彩、欣欣向荣。”② 和而不同的精神从古至今一直存在于中华民族的文化当中，运用到当今国与国之间的关系再合适不过，所谓“橘生淮南则为橘，生于淮北则为枳”，每个国家尤其不同的文化背景以及实际情况，照抄照搬他国政治制度或者发展模式，只会适得其反，水土不服。正所谓“履不必同，期于适足；治不必同，期于利民”。世界要在共性的基础上尊重他国个性的存在，形成和而不同的世界，这样的世界才丰富多彩，欣欣向荣，和谐团结，凝聚着不同文明的智慧与不同民族的贡献，世界发展道路才能够有效推动。

三、走和平发展道路是中国探索新发展路径的理论来源

摒弃西方实现现代化追求霸权的血腥老路。“资本来到世间，从头到脚，每个毛孔都滴着血和肮脏的东西。”③ 西方资本主义国家降临到这世界上从开始的资本原始积累到工业革命开始追逐利润不断提升生产力进行的剥削工人，开辟海外市场进

① 习近平．习近平谈治国理政：第 2 卷［M］．北京：外文出版社，2017：538.

② 习近平．习近平谈治国理政：第 2 卷［M］．北京：外文出版社，2017：524.

③ 马克思，恩格斯．马克思恩格斯选集：第 2 卷［M］．中共中央马克思恩格斯列宁斯大林著作编译局，编译．北京：人民出版社，2012：297.

行倾销商品，甚至发动战争，殖民他国，资本每个毛孔都滴着血和肮脏的东西，而以这些资本建立起来的国家所实现的现代化更是充满鲜血与恶浊的，我国不走一些国家通过战争、殖民、掠夺等方式实现现代化的老路，这条老路在当今世界是走不通的，更是不能走的。这种损人利己、充满血腥罪恶的老路给广大发展中国家人民带来深重苦难。实现现代化的道路与模式不是单一的，传统的实现现代化的模式主要有两种，一种是掠夺式现代化，“就是近代以来，西方各国通过海外殖民的方式，对海外的资源、市场暴力占有，完成资本原始积累并维持经济发展的现代化模式”[①]。另一种是依附式现代化，“所谓依附式现代化，就是指一些后发展国家，出让自身主权和资源进行交换，争取西方大国保护，寄生在西方大国的生产链、供应链、价值链上，获得自身经济发展与社会重建，实现了现代化”[②]。中国在探索新的发展路径，这是一条给那些世界上既希望加快发展又希望保持自身独立性的国家和民族提供的路径，正所谓“一花独放不是春，百花齐放春满园”。

探索实现现代化新路径的理论来源于以和平为前提的中国式现代化建设的伟大实践。“我们坚定站在历史正确的一边、站在人类文明进步的一边，高举和平、发展、合作、共赢旗帜，在坚定维护世界和平与发展中谋求自身发展，又以自身发展更好维护世界和平与发展。”[③]和平是中国发展的前提条件，在和平的环境下探索自身保持独立的社会主义制度的现代化，这是对外部环境、自身国家主权、政治制度和发展程度均提出了要求。实现现代化在党的二十大报告中表述：“实现中华民族伟大复兴进入了不可逆转的历史进程”[④]，“以中国式现代化推进中华民族伟大复兴”。[⑤]中国式现代化进入了不可逆转的历史进程，但是中国式现代化的道路并不是一帆风顺的，可能遇到阻碍甚至是停滞，实现现代化的过程克服各种困难险阻的过程本身就是在不断丰富中国式现代化的理论，也是在完善提供给世界其他发展中国家走向现代化的理论，为人类发展提供了新的选择。

① 谢迪斌．走和平发展道路的中国式现代化之世界意义［J］．石河子大学学报（哲学社会科学版），2023，37（1）：1-7.

② 谢迪斌．走和平发展道路的中国式现代化之世界意义［J］．石河子大学学报（哲学社会科学版），2023，37（1）：1-7.

③ 习近平．高举中国特色社会主义伟大旗帜 为全面建设社会主义现代化国家而团结奋斗：在中国共产党第二十次全国代表大会上的报告［M］．北京：人民出版社，2022：23.

④ 习近平．高举中国特色社会主义伟大旗帜 为全面建设社会主义现代化国家而团结奋斗：在中国共产党第二十次全国代表大会上的报告［M］．北京：人民出版社，2022：16.

⑤ 习近平．高举中国特色社会主义伟大旗帜 为全面建设社会主义现代化国家而团结奋斗：在中国共产党第二十次全国代表大会上的报告［M］．北京：人民出版社，2022：7.

构建马克思主义人学视野下的中国现代志愿服务新生态

河北省社会科学院马克思主义研究所　覃志红

摘　要：中国式现代化着力促进全体人民共同富裕，以及物质文明和精神文明的协调发展。志愿服务是社会文明进步的重要标志，在提升社会活力、维护社会团结、提升国家软实力、节约社会成本等方面发挥着积极的作用，因而也是推进中国式现代化的重要力量。马克思主义人学与志愿服务精神的内在价值相契合，为中国志愿服务提供理论依据。中华民族传统道义精神的现代转化与创新发展深层涵养着志愿精神。雷锋精神时代化、生活化构筑起志愿服务的价值底蕴。中国现代志愿服务，应以马克思主义人学为指导，立足中国式现代化实践需要，植根于中华文明，从中华优秀传统文化及社会主义先进文化中汲取营养，广泛吸收借鉴世界文明理念和实践经验，构建独具中国特色的现代志愿服务新生态。

关键词：中国式现代化；马克思主义人学；志愿服务；中国特色志愿服务新生态

中国式现代化道路创造了人类文明新形态。中国式现代化着力促进全体人民共同富裕，以及物质文明和精神文明的协调发展。志愿服务是社会文明进步的重要标志，在提升社会活力、维护社会团结、提升国家软实力、节约社会成本等方面发挥着积极的作用，因而也是推进中国式现代化的重要力量。中国现代志愿服务要立足中国现代化实践需要，以马克思主义人学为指导和引领，植根于中华文明和中华优秀传统文化及社会主义先进文化，广泛吸收借鉴世界文明理念和实践经验，构建独具特色的中国现代志愿服务新生态。

一、马克思主义人学与志愿服务精神内在价值相契合

志愿服务是指任何人在不以获取物质报酬为目的的前提下，为提高公共事务效能和推动人类发展、社会进步和社会福利事业而志愿贡献个人的时间、精力、技能和资源等提供的服务。志愿服务起源于19世纪初西方国家的慈善救助活动。随着现代公民社会的发育成长，志愿服务逐渐步入组织化、规范化、社会化轨道，成为国内外普遍流行的一种服务方式。前联合国秘书长科菲·安南曾指出，志愿精神的核心是服务、团结的理想和共同使这个世界变得更加美好的信念。从这个意义上说，志愿精神是联合国精神的最终体现。我国的志愿服务活动是随着改革开放而发展起来的。1993年底，共青团中央开始组织实施中国青年志愿者行动，中国志愿服务进入了有组织、有秩序的阶段。志愿服务事业发展迅速，活动规模不断壮大，服务领域越来越广泛。全社会对志愿服务的认知程度也大大提高。这些规模宏大的志愿服务活动，为我国社会文明发展和道德进步作出了重大贡献，志愿服务已成为推动社会和谐发展的重要手段和社会文明进步的重要标志。在我国，“奉献、友爱、互助、进步”的志愿者精神已广泛为社会所接受。“其中，奉献、利他是志愿精神的核心和价值导向，互助、友爱是志愿精神的行动导向，个人和社会的进步是志愿精神的目标导向。”①

作为社会主义国家，我国的志愿服务工作具有明显区别于其他发达国家的社会主义特征。中国特色社会主义最本质的特征是中国共产党领导，马克思主义是我们立党立国、兴党兴国的根本指导思想。因此，以马克思主义作为指导思想也是我国的志愿服务工作的主要标志。

纵观马克思的理论形成过程，对人以及人的生存状况的关切始终是其理论的中心，这一理论当中一直蕴含着一条人学的线索。马克思的人学思想是在批判继承以前人道主义传统的基础上形成和发展起来的，马克思的人学思想注重从价值层面上继承人道主义的基本原则、一般本质、思维方式和价值功能，扬弃了以往人道主义

① 李培超，皮湘林．构建和谐社会语境下的志愿精神的意义解读［J］．广西民族大学学报（哲学社会科学版），2009，31（3）：136-140.

的非社会性、非历史性、非实践性和非科学性。[①] 从这个意义上说，马克思主义人学是文明发展的产物，集中体现了人类思想的智慧性。马克思指出，人的本质在其现实性上是一切社会关系的总和。马克思主义人学的前提和出发点是“现实的个人”，也就是在一定的物质生活条件下，处在特定社会关系中从事实践活动的，肉体的、有生命的、感性的个人。马克思主义人学着眼于人的本质、人的需要、人的价值、人的社会性、人的实践性等方面，核心在于注重人的现实世界和人的实践生成，在科学与价值的统一中，充分发挥个人能力，实现个人全面自由发展与社会发展的和谐一致。马克思主义人学理论内含着的人的本质理论和人的全面发展理论为我国志愿精神培育的价值依归指明了方向，[②] 同时也为其提供了理论依据。

二、传统道义精神现代转化与创新发展涵养志愿精神

中华民族拥有五千多年文明历史，传统文化的内容大道三千、包罗万象，给中华人民带来高度的文化自信和文化自豪感。中华优秀传统文化是构筑现代精神文明的基础，是涵养社会主义核心价值观的重要源泉，是向社会传播正能量的重要渠道，是弘扬社会主义核心价值观的重要载体，其中蕴含着丰富的志愿服务思想。天下为公、仁义道德、礼仪互爱、修齐治平是中国传统文化始终如一的追求。“在新的起点上继续推动文化繁荣、建设文化强国、建设中华民族现代文明，是我们在新时代新的文化使命。”[③]

“天下为公”思想涵养着奉献精神。源远流长的中国传统文化，始终蕴含着爱国为民、甘于奉献的精神，提倡克己奉公，强调天下兴亡、匹夫有责，尊崇推己及人、舍己为人精神以及“鞠躬尽瘁，死而后已”的生命价值。同时，中华优秀传统文化蕴含着丰富的人文品德、生活理念与行为规范，如儒学强调“仁者爱人”、墨家强调“兼爱非攻”、道家倡导“上善若水”，体现了深沉的博爱情怀和纯朴的人道主义。“忠孝仁义礼智信，为人处世之根本”“穷则独善其身，达则兼济天下”“老吾老以及人之老，幼吾幼以及人之幼”等，这些中华优秀传统文化蕴含着友爱和互

① 韩庆祥．从人道主义到马克思人学［J］．学习与探索，2005（6）：135-142.

② 卓高生．马克思主义哲学视野下的志愿精神培育透析［J］．云梦学刊，2016，37（3）：90-94.

③ 习近平在文化传承发展座谈会上强调 担负起新的文化使命 努力建设中华民族现代文明［J］．人民日报，2023-06-03.

助精神，与志愿文化强调志愿者对他人、社会和国家的道德责任，不求回报地付出，倡导与人为善、平等尊重他人的情感与精神境界存在着共通之处，有助于增进社会和谐，增强公民的社会责任感。此外，“修身齐家治国平天下”是中国传统文化哲学思想的基础，其中修身是根本，要求在磨炼修养中不断进步，达到止于至善的目的。中华传统文化倡导“言必信，行必果”“千里之行，始于足下”的笃行之风，崇尚“咬定青山不放松”的坚韧品格以及“博学、审问、慎思、明辨、笃行”的严谨扎实的治学思想，推崇立己达人、兼济天下、不断进步的人生境界。进步也是志愿服务的最终目标，“奉献、友爱、互助、进步”的志愿精神要求志愿者从我做起，通过个人修身推动社会进步，这与传统文化中修身重德的理念一脉相承。助人者自助，志愿者在参与服务的过程中正人正己、成己成人，在为他人带去关怀和帮助的同时也获得自我提升与成长，并推动社会的长足发展，这就在实践中创新发展了传统道义精神。

三、雷锋精神时代化、生活化构筑志愿服务的价值底蕴

五千多年文明历史中孕育的中华优秀传统文化、近代以来党和人民伟大斗争中所培育的革命文化，以及在当代中国特色社会主义建设中涌现出的社会主义先进文化，夯实了志愿服务精神培育的文化根基。说到中国的志愿服务就不得不提雷锋精神。雷锋无私奉献社会的行为与志愿精神的本质相一致。

雷锋精神诞生于20世纪60年代的中国。60年来，雷锋的名字家喻户晓，雷锋的事迹深入人心，学雷锋活动在全国持续深入开展，雷锋精神广泛弘扬并不断传承，滋养并激励着一代代中华儿女。雷锋精神的产生、丰富与发展固然有社会主义意识形态宣传倡导的政治原因，但更源于其深厚的社会土壤和群众基础，它的出现契合了社会主义建设时期自力更生、艰苦奋斗、万众一心、奋发图强的时代要求。雷锋精神之所以有广泛而深厚的群众基础，就在于它最本质的内容是全心全意为人民服务，人民群众从雷锋精神中看到了共产党人的光辉形象和为人民利益的献身精神，看到了共同理想和目标。它之所以始终具有生命力和感召力，还在于其与时俱进的时代品格与当代价值。作为一种精神、一种力量，雷锋精神穿越时空，赓续传承。无论是热火朝天的社会主义建设时期，还是风云激荡的社会主义改革开放年代，抑或全面建设社会主义现代化强国的奋斗新时代、奋进新征程，雷锋精神总是

追随时代进步和社会发展，不断与民族传统美德相承接、与社会进步潮流相契合、与党的先进本色相融合，越来越焕发出引领社会风气之先的独特魅力，成为全党、全社会、全民族共有的永不褪色、永不过时、永放光芒的宝贵精神财富。在全面建设社会主义现代化国家、以中国式现代化推进实现中华民族伟大复兴的新征程，中国共产党、中国社会需要政治信仰的支撑，共产党人要坚持和彰显初心使命，民族复兴要激发精神和凝聚力量，文化的创造性转化与创新性发展需要社会主义核心价值观来引领，建设现代化强国要在民众中倡导社会文明新时尚，时代需要继续弘扬传承雷锋精神。在奋斗与幸福成为主旋律的新时代，如何奋斗？何为幸福？对于这些摆在每个当代中国人面前的现实问题，我们尤其需要雷锋精神来给我们思想启迪与精神引领。雷锋坚定的理想信念、谦逊感恩的品质、大爱无疆的胸怀、忘我奉献的精神、勤俭节约的美德、爱岗敬业的坚守和钻研进取的锐气，在现时代仍具有积极的示范引领作用，成为雷锋精神与时俱进的时代内涵，具有新的活力。

与西方志愿精神的基督教文化底色不同，非宗教背景的为人民服务是雷锋精神的核心。也正是在全心全意为人民服务思想的统领下，雷锋始终保持谦逊的态度，对党、对社会、对人民充满感激之情，拥有大格局观，心怀天下，心系人民，正确认识国家、社会和人民的需要，跳出现实生活的局限，将“小我”融入“大我”，将个人价值融入社会价值，将自己的前途命运同国家的前途命运、人类社会的发展结合起来，懂得了“人为什么活着，为谁活着，怎样活着才更有意义”这一带有根本性、终极性的人生命题，并把对这些问题的回答融入日常生活之中并始终笃行之。在服务人民、助人为乐中建立起自己的幸福观，在创造美好生活，追求人生幸福的方向上，物质与精神兼顾，尤其重视精神层面的幸福，将个人融入集体，在奉献中体验快乐，在奋斗中实现价值，从而在平凡的岗位上为人民作出不平凡的贡献。“把有限的生命，投入到无限的为人民服务之中去”，在全心全意为人民服务中追求幸福的永恒之路。为人们提供了一种看得见、摸得着、感受得到，并且可学习、可效仿、可践行的日常生活范式。雷锋精神时代化、生活化构筑起中国志愿服务的价值底蕴。全心全意为人民服务的雷锋精神，是中国志愿精神的内核和基石。

四、马克思主义人学引领构建中国特色志愿服务新生态

经过多年来广大人民群众的实践，“学雷锋志愿服务”不仅成为一个固定提法，

而且渐渐成为中国式现代化建设发展的一个重要社会机制和重要标志。“学雷锋志愿服务”体现了中国传统文化与代表中国共产党精神谱系的雷锋精神，以及与具有普遍性和人类共同性的现代志愿服务精神达成了辩证统一。具有中国特色的学雷锋志愿服务，已经成为中国共产党领导中国实现小康之后，获得相应物质满足的中国广大民众一种积极的生活方式，是一种实现美好生活的内在需要。在志愿服务组织的体系化建构和社会各方力量的网络化参与下，人民群众在学习雷锋、服务社会的过程中，创造了众多独具中国特色的学雷锋志愿服务行动模式，为国家治理体系和治理能力现代化提供了宝贵的实践资源。

党的二十大报告提出“完善志愿服务制度和工作体系”的目标。中国特色社会主义志愿服务要以马克思主义人学思想为指导思想。首先，马克思主义人学以“现实的个人”作为出发点，这就把人从神的统治下解放出来，使得志愿服务主体不是神化的对象或是抽象的人，而是要坚持人民至上，在服务过程中始终站稳人民立场，把握人民愿望，尊重人民创造。

其次，马克思主义人学坚持主体实践原则，强调把志愿服务放在特定生产关系的实践活动中来历史地把握。每一个社会人都要在正确认知与处理个体与自身、他人、社会、国家、国际社会等多重关系的过程中，将自己立身于整个社会系统中，在正确处理多重社会关系的基础上，实现自我身心的和谐以及自我与外部世界的统一。志愿服务既具有较强的主观性，同时也具有客观性，活动开展既要遵循自主自愿原则，也要尊重客观实际，并充分认识受助者是改变的主体、助人者是改变的媒介这一真实作用。现代志愿服务在一定意义上是在个体自由选择基础上聚合而形成的一种合力，是一种带有社会公共服务性质的集体主义实践，是社会广泛动员、群众普遍参与的有组织的社会性实践活动。从政府方面来说，要努力为多元化主体的多渠道参与志愿服务创造有利条件。

再次，马克思主义人学以实现人的全面自由发展为终极价值取向。新时代，面对发展阶段之变、社会主要矛盾之变、完成现代化目标任务所面对的国内外环境之变，我们党明确提出培养担当民族复兴大任的时代新人的重大命题和任务，时代新人的培养指向人的自由全面发展，有坚定的理想信念、高尚的品德、过硬的本领、实干的担当和宽广的胸怀成为时代新人的现实要求。打造中国志愿服务新生态，要利用志愿服务活动为载体和依托，把学雷锋活动与社会志愿服务和社会公益活动紧密结合起来，更加关注弘扬公益服务的道德精神，更加关注贴近群众的精神文化需求，更加关注引导人们养成科学、文明、健康的生活方式，更加着力于日常公益和供需精准对接，服务民生，助力社会治理，助力个体成长为合格公民，并以人的全面发展促进社会的文明、和谐与进步。

最后，马克思主义人学强调科学与价值的统一，因而要构建中国特色志愿服务新生态并保持其持续高质量发展：一方面要将志愿服务纳入中国式现代化伟大事业整体格局中，顺应新时代中国式现代化社会主义建设事业的本质要求和前进方向；另一方面需要进一步推进志愿服务的科学化、制度化、规范化、专业化、项目化、标准化、信息化建设，努力建构独具中国特色的志愿服务运行模式，讲好中国故事，树立中国形象，提升国家软实力，促进中国志愿服务在与世界交融中不断发展进步。

社会加速视域中工匠精神的衰落与重构 *

天津大学马克思主义学院　贾璐萌　杨　钧

摘　要：德国社会学家罗萨的社会加速批判理论将现代社会的加速特性界定为科技加速、社会变迁加速和生活节奏加速三类范畴。工匠精神作为一种诞生于传统社会的精神理念，其存在根基在技术加速的冲击下被破坏，其生成机制在社会变迁加速的冲击下受到阻碍，其价值在生活节奏加速的冲击下遭到削弱。为了在社会主义现代化建设新征程中更好发挥工匠精神的价值，应当通过探索工匠的"再技能化"机制、营造工匠精神生成的社会生态、促进工匠精神价值的现代性转换三个维度来重构工匠精神。

关键词：社会加速；工匠精神；重构

中国式现代化进程需要推动传统制造业转型升级，实现由"中国制造"转向"中国创造"，由"工业大国"迈向"工业强国"，急需培育和弘扬工匠精神。然而，社会加速破坏了工匠精神的生成环境，使其在加速环境的冲击下日渐衰落。鉴于工匠精神的价值特性和现实困境，应当推动工匠精神现代性重构，加快形成价值共识，推动工业强国的梦想真正实现。

一、社会加速的内涵及范畴

当代法兰克福学派社会批判理论学者哈特穆特·罗萨（Hartmut Rosa）从时间维

*　本文系 2021 年度国家社科基金青年项目"人工智能时代的人 - 技伦理共同体研究"（项目编号：21CZX021）阶段性研究成果。

度出发对现代社会进行系统诊断，从而敏锐地发现了现代社会的“加速”特性，并将其进一步划分为科技加速、社会变迁加速和生活节奏加速三大范畴。

（一）科技加速

自近代工业社会以来，社会发展节奏不断加快，技术革新推动现代社会运输、通信和生产的巨大进步。罗萨敏锐地观察到了这一变化，并将科技加速定义为“一种最明显，也是最能够测量的加速形式，它是关于运输、传播沟通与生产的目标导向过程的有意的速度提升”[①]。这表明，科技加速是一种基于目标导向的、主要面向生产与传输等领域的加速形式。

罗萨认为，科技只是提供了增加事务量的条件，资本驱动下的竞争逻辑才是使现代社会不断加速，特别是科技发展加速的原因。在现代社会竞争原则的驱动下，生产者通过开发高效的生产技术、引进先进的技术设备等方式来提高竞争优势、获得经济利益。早期农业社会依靠人力、畜力和手工工具进行劳动生产的传统模式在现代社会被自动化的操作模式取代，整个生产过程逐渐向“无人”方向发展。

（二）社会变迁加速

罗萨对“社会本身”的加速进行了更为深入的探究，他援引哲学家吕柏提出的“当下时态的萎缩”这一概念，指出“当下，是经验范围和期待范围正重叠发生的时间区间”[②]。所谓“当下时态的萎缩”，一方面指人们通过既往经历习得的经验、学识、技能等主体性认知在社会加速过程中逐渐被淘汰乃至消弭，个体为了适应社会生活中的新生变化必须不断学习；另一方面指属于“当下”这一相对稳定的时间区间正在不断萎缩，在人们还未跟随社会变迁形成和掌握确定性的经验之前，新的事物和变化就已经纷至沓来。

为了更深入地证实这种“当下”的萎缩，罗萨从家庭结构和职业结构这两大领域入手梳理人类社会的发展脉络。从家庭结构来看，从农业社会发展到晚期现代社会，家庭结构的生命循环速度不断加快。理念型意义上的家庭结构在农业社会通常

① 罗萨．新异化的诞生：社会加速批判理论大纲［M］．郑作彧，译．上海：上海人民出版社，2018：13.

② 罗萨．新异化的诞生：社会加速批判理论大纲［M］．郑作彧，译．上海：上海人民出版社，2018：17.

会维持数个世代，而在晚期现代社会中，这种家庭结构维持的时间甚至短于一个人的生命阶段。从职业结构来看，在早期现代社会，子承父业的传统职业结构模式通常会存续几个世代；而在晚期现代社会，子女们不但可以自由选择自己的职业，而且在他们漫长的职业生涯中可能会更换多种职业类型。随着传统家庭结构和职业结构更迭变迁速率的加快，以此为基础的社会制度和社会实践的稳定程度也在不断下降。

（三）生活节奏加速

罗萨发现，在现代社会中存在着一种散布广泛的“时间匮乏”，社会行动者察觉自己的时间不断流失殆尽并由此感到恐慌，这种对于时间的认知正是生活节奏加速的核心。他将这种加速定义为，“在一定时间单位当中行动事件量或体验事件量的增加”[①]，换言之，人们期望利用更短的时间从事或者体验更多的事务。

在罗萨看来，生活步调的加速通常会映射在人们对时间资源的紧张程度上，具体包括主观和客观两个方面。在主观方面，随着全球化和数字革命进程的加快，个体发觉时间的匮乏感加剧，进而抱怨“所有事情”发展速度过快而脱离了原有的运行节奏。在客观方面，一是人们的行动速度在不断提升，进行具体化且可界定的行动（如吃饭、睡觉、娱乐等）所耗费的时间在不断缩短；二是在一定的时间段内人们通过减少休息时间而相对延长体验时间，或是通过“压缩”单项行动时间来同时从事多种任务。

二、社会加速对工匠精神的冲击

（一）技术加速破坏了工匠精神的根基

工匠精神是在漫长的技术实践过程中形成的。传统工匠主要通过“变革自然而‘造物’”[②]，即通过变革自然材料的物理或化学属性来制造精美的器物。这种特殊的劳作方式需要工匠在长期的技术实践过程中不断摸索，积累大量的经验性知识，形

① 罗萨．新异化的诞生：社会加速批判理论大纲［M］．郑作彧，译．上海：上海人民出版社，2018：21.

② 梅其君，韩赫明，陈凡．中国传统工匠精神：基本内涵、文化特征与本质［J］．科学技术哲学研究，2022，39（6）：120.

成规范的操作技能，进而代代传承。然而，在现代社会竞争逻辑的驱动下，技术加速的步伐不断加快，批量化、集成化、智能化的机器生产方式极大地冲击了传统手工业的生产方式。正如马克思在《资本论》中指出，“劳动资料取得机器这种物质存在方式，要求以自然力来代替人力，以自觉应用自然科学来代替从经验中得出的成规”[①]。在现代社会机械化的生产方式下，机器的普及和应用替代了大部分体力劳动，传统手作行为被工具化的操作模式替代，复杂精细的工艺流程被肢解为简单的操作过程，工匠的操作技能发生溶解和解构。

（二）社会变迁加速阻碍了工匠精神的生成

首先，传统工匠精神是匠人群体在长时间经验积累的过程中孕育产生的。古代匠人在漫长的技术实践过程中不断总结，积累了丰富的经验性知识和专业技能。然而，社会变迁的加速使社会记忆存续的极限时间不断缩短，工匠们通过既往经历习得的经验性知识和操作技能在社会快速变迁的冲击下被淡化、腐蚀和淘汰，工匠们为了适应社会变化进行“重新学习的时间周期”[②]不断缩短，他们长年积累的经验和知识储备在现代社会逐渐失去价值。

其次，古代工匠的技艺传授主要依靠师徒相传、家族传承等形式，工匠精神也在这一过程中酝酿生成。熟人社会的“差序格局状态”[③]有利于结成紧密稳定的社会关系，然而随着社会变迁的加速，早期农业社会稳定的代际更替链条在晚期现代社会转变为动荡的代内更替，紧密稳固的社会集合体在现代社会动态化的冲击下逐渐消散。家庭和职业结构生命循环速度的加快破坏了原本紧密稳定的家庭关系和师徒关系，阻碍了工匠技艺传授的过程，扰乱了工匠精神的生成。

再次，中国古代存在着较为丰富完备的工匠管理制度，其中比较典型的是工师制度和匠籍制度，这为工匠精神的生成提供了良好的制度环境。古代的工师制度通过设立高标准的职业规范，对器物生产进行技术管控和质量把关。此外，匠籍制度是古代社会对匠户进行统一管理的重要工具。在匠籍身份和制度规范的约束下，匠

① 马克思，恩格斯．马克思恩格斯文集：第 5 卷［M］．中共中央马克思恩格斯列宁斯大林著作编译局，编译．北京：人民出版社，2009：443.

② 罗萨．加速：现代社会中时间结构的改变［M］．董璐，译．北京：北京大学出版社，2015：127.

③ 王星．精神气质与行为习惯：工匠精神研究的理论进路［J］．学术研究，2021（10）：60-66，177.

人们严格把控器物制作的流程，生产出大量精细完美的工艺品。然而随着社会变迁的加速，古代工匠管理制度在现代社会的动态变化中已然消解，但相对稳定的、具有普遍约束力的替代制度又暂未形成，这种不完善的制度环境阻碍了工匠精神的生成。

最后，工匠从事的职业具有高度的专业性和技术性，需要匠人们凭借自身悟性和经年实训反复打磨技艺，精益求精地生产出完美的器物。然而，社会变迁的加速使职业结构的变动加快，现代社会择业机动性的增强和职业选择范围的扩大破坏了传统工匠的生存环境，大部分工匠从固定的职业身份中跳出，成为自由择业的工人。这种职业身份的转换使器物制造的主体逐渐缺失，在一定程度上限制了工匠精神的生成。

（三）生活节奏加速削弱了工匠精神的价值

工匠精神具有丰富的内涵，就其本质而言，工匠精神是一种职业价值理念和社会价值信仰，对个人和社会的发展具有重要作用。从个人层面来看，精益求精、专一坚守的工匠精神，反映出匠人们专注、精益、坚守、敬业的职业观念，引导所有从业者坚守岗位，执着追求更高层次的个人目标。从社会层面来看，工匠精神折射出社会整体的价值取向和高层次的国民职业素养，彰显着引领现实、凝聚共识、规范伦理的社会文化力量。吃苦耐劳、刻苦钻研的工匠精神激励着一代代劳动者投身劳动实践，在社会上形成一种不畏劳苦、淡泊名利、积极向上的社会风尚和价值导向。

然而，随着现代社会生活节奏的加速，许多人往往会在有限的职业生涯中体验更为多样化的职业类型，以获得更好的职业发展机会和丰富的人生经历。许多从业者都存在着心浮气躁的工作态度，这与工匠精神蕴含的专注、精益、坚守、敬业的职业价值取向相悖。此外，在现代社会世俗文化观念的导向下，人们在有限的生命时间里追逐享乐、财富等带来的快感，遮蔽了工匠精神不畏劳苦、淡泊名利、积极向上的价值理念，阻碍了工匠精神社会文化力量的发挥。

三、重构工匠精神的基本维度

（一）探索工匠的“再技能化”机制

在现代大工业生产的背景下，重新回归工匠创物时代、恢复工匠手作行为是不现实的，因此应当引导工匠适应现代社会机械化、智能化的生产方式，在人与机器良性互动的过程中重塑工匠精神的实践根基。马克思指出，机器是“人的手创造出来的人脑的器官；是对象化的知识力量”①。鉴于此，应当由人来把控未来技术发展的方向，形成“人机互补、人机协同、人机共融”②的人机互利共生的图景。

在人机互利共生的导向下，应当探索工匠的“再技能化”机制，促进传统工匠适应现代化生产方式。首先，构建更加完善的技能形成体系，开展对工匠的技能培训。职业院校在开展基础教学和技能训练的基础上，应不断优化专业结构，培养更多具备数据处理、智能设备维护等能力的复合型、应用型人才。企业需要聘请专任教师、技术骨干开展对内部从业人员的技能培训，配合技术攻关实现对高技能人才的培养。其次，现代工业社会机器生产的介入对思维层面的技能提出了更高的要求。因此应当开展常态化的技能实践训练，使工匠们在手脑并用、身心合一的技能培养过程中形成直觉思维，对实践情境作出直觉应对。此外，应当注重引导工匠超前性地优化现有的操作规则，培养前瞻性思维；鼓励工匠尝试常规流程之外的新做法，培养探索性思维。

（二）营造工匠精神生成的社会生态

首先，要营造重视技能培养、知识传授、职业作风培育的教育氛围。在社会变迁加速的进程中，应当继承并超越原有的工匠培养模式，通过校企联合培养的方式开展职业教育。其一，构建校企合作协同育人机制，充分利用校企平台开展技术实践，引导学徒掌握技能性知识。其二，企业和职业学校可聘请专业教师向学徒教授相关的理论知识和科学文化知识，培养适应现代化生产需要的技能人才。其三，校企之间可以通过资源共享的方式聘请技艺精湛、理论深厚的高级技师或退休老员工向学徒传授操作技术，利用以师带徒的方式向年轻学徒传达老一辈工匠们严谨求实的工作态度和精益求精的工作作风。

其次，建立健全工匠选拔、评价、激励等配套的制度体系，为工匠精神的生成提供强大的制度支撑。第一，建立后备人才选拔制度。根据国家发展战略规划设定

---

① 马克思，恩格斯．马克思恩格斯全集：第 31 卷［M］．中共中央马克思恩格斯列宁斯大林著作编译局，编译．北京：人民出版社，1998：102.

② 李琼琼，李振．智能时代“人机关系”辩证：马克思“人与机器”思想的当代回响［J］．毛泽东邓小平理论研究，2021（1）：71-79，108.

工匠人才的选拔标准，从年轻一代中选拔并培育优秀工程师和优秀技师。第二，完善技能人才评价制度，建立科学高效的评价机制。我国的技能人才评价制度经历了从单一的考工升级制度到多元化评价制度的变迁，在未来应当以鼓励技术创新为导向构建更具科学性的制度规范。第三，建立工匠人才评价激励制度。要通过多元化的激励手段提高工匠群体的社会地位和认可度，使工匠人才真正体悟到自身的职业价值。

最后，应当保留具有深厚文化价值的传统技艺，加大对技艺传承人的关注和保护。罗萨在社会加速批判理论中提出了“减速绿洲”[①] 概念，指那些还没有被现代化动力和加速动力侵蚀的地区性的、社会的和文化的领域。传统手工艺生产、民间技艺等实践形式作为“减速绿洲”对弘扬工匠精神具有重要意义。因此，厚植工匠文化，应当保护并传承濒临失传的传统技艺，防止对其进行过度的商业开发，为工匠精神保留“溯源地”。

（三）促进工匠精神价值的现代性转换

面对个人在现代社会的价值困境，应当结合时代发展要求，推动工匠精神转换为现代职业价值理念和人生价值信仰，促进工匠精神与个体职业追求的深度融合。具体来说：一方面，既要追求卓越，又要保证效率。传统工匠“精益求精”的精神品质，要求当代工作者认真负责，严谨细致地完成各项任务，同时要在此基础上不断超越，将自身的能力和优势发挥到极致。此外，现代社会是高效社会，工作者需要在有限的时间里不断提高工作效率，使用科学高效的工作方法实现生产效果的最大化。另一方面，既要守正笃实，又要勇于创新。工匠精神所蕴含的“专一坚守”的品质要求当代工作者坚守岗位，孜孜不倦地追求个人目标。此外，当代工作者也需要继承工匠的创造精神，响应时代号召，发扬创新精神，创造更为多样化的作品。

在社会价值引领层面，应当将吃苦耐劳、踏实肯干的工匠精神融入我国社会主义现代化建设的宏伟目标中，发挥工匠精神的价值感召力，推动个人理想和社会理想有机结合，规避现代社会沉迷享乐的价值误区。尤其在新的历史征程上，必须坚持以马克思主义为指导，以社会主义现代化建设目标为指引，赋予工匠精神新的

① 罗萨．新异化的诞生：社会加速批判理论大纲［M］．郑作彧，译．上海：上海人民出版社，2018：17.

时代内涵和现代化的表达方式，实现工匠精神的创造性转化和创新性发展。坚持马克思主义文化观指导，确保工匠精神发展的正确方向；坚持社会主义核心价值观引领，为工匠精神注入新的时代要求；依托媒体平台和文化产业为工匠精神找到新的“打开方式”，激活工匠精神的现代认同。

精神生活共同富裕与思想政治教育的使命担当

天津大学马克思主义学院　王　敏　张　宇

摘　要：精神生活共同富裕是党和国家基于现实提出的重大战略目标，推进精神生活共同富裕是中国式现代化题中应有之义。如何满足新时代人民群众对精神生活的需要，成为思想政治教育面临的新课题。推进精神生活共同富裕必须牢牢把握其基本内涵和时代价值，必须充分利用好思想政治教育功能优势，以弘扬社会主流价值加速精神生活共同富裕共识凝聚、以思想政治教育高质量发展为精神生活共同富裕提质增效、以现代化赋能提升精神生活多维需要，全面提升人民群众精神生活体验感、获得感、幸福感，助推精神生活共同富裕伟大目标顺利实现。

关键词：精神生活共同富裕；思想政治教育；中国式现代化

2021 年 8 月，习近平总书记主持召开中央财经委员会第十次会议并发表重要讲话，提出了“精神生活共同富裕”的新论断，并指出扎实推进共同富裕必须要“促进人民精神生活共同富裕”[①]。精神生活共同富裕是对我国处于新的发展阶段的准确研判，反映了党和国家对社会主义性质和中国式现代化本质认识的不断深化。如何满足新时代人民群众对高质量精神生活的需要，成为思想政治教育面临的新课题。

---

① 习近平．扎实推动共同富裕［J］．求是，2021（20）：2.

一、精神生活共同富裕的基本内涵与时代意蕴

社会主义是对物质贫乏和精神空虚的双重否定，共同富裕是物质生活共同富裕和精神生活共同富裕的辩证统一。党的二十大报告深刻阐述了中国式现代化的五个特征，其中一个重要方面就是“物质文明和精神文明相协调的现代化”。立足中国现实，精神生活共同富裕正显示出重要的理论意义和实践价值。

（一）精神生活共同富裕的基本内涵

精神生活共同富裕的概念是习近平总书记在新时代背景下提出的新论断。当前，党和国家带领中国人民消除了绝对贫困，实现了全面建成小康社会的第一个百年奋斗目标，物质生活的贫乏基本得到解决。但人民日益增长的对美好生活的需要愈加凸显，增加精神生活产品供给、满足人民群众精神生活需要成为当务之急。因此，必须立足新时期我国社会主要矛盾变化把握精神生活共同富裕的基本内涵。从精神生活共同富裕的概念范畴来考察，精神生活共同富裕反映在国家层面主要表现为，民族共同体基于一定的物质生产基础之上，在教育健全、文化开放、精神文明蔚然成风的社会环境中，形成的思想道德水平、科学文化素养以及文化创造创新活力等方面正面且积极的整体性状态。① 从个体层面来看，由于主体性的价值存在和超越性的价值追求构成的内在张力，精神生活共同富裕主要表达为心理生活—文化生活—信仰生活三重样态②。国民个体在公共文化供给和文化市场供给中平等地获得对精神文化资源的拥有、参与、消费和享受，从而构成层次完善的精神愉悦状态。总体而言，精神生活共同富裕生成于中国特色社会主义伟大实践，涉及社会系统运作多个环节，呈现出连续性、整体性的特点。

① 傅才武，高为 . 精神生活共同富裕的基本内涵与指标体系［J］. 山东大学学报（哲学社会科学版），2022（3）：11-24.

② 柏路 . 精神生活共同富裕的时代意涵与价值遵循［J］. 马克思主义研究，2022（2）：64-75，156.

（二）精神生活共同富裕的时代意蕴

1. 精神生活共同富裕是社会主义制度的本质要求

促进全体人民精神生活共同富裕是实现共同富裕不可或缺的一部分，是发展中国特色社会主义的应有之义。马克思恩格斯在对共产主义社会进行初步构想时就提出："人人也都将同等地、愈益丰富地得到生活资料、享受资料、发展和表现一切体力和智力所需的资料。"[①] 可以看出，在马克思恩格斯所构想的社会主义社会中，不仅所有的物质财富，而且所有精神资料都应当被视为全体人民的"共同财富"，而不应成为少部分统治阶级的特权。对于人民群众来说，社会主义就是"不仅生产的东西可以满足全体社会成员丰裕的消费和造成充足的储备，而且使每个人都有充分的闲暇时间去获得历史上遗留下来的文化——科学、艺术、社交方式等等——中一切真正有价值的东西"[②]。除此之外，马克思恩格斯在设想中还阐述了社会主义制度的最终确立和精神资料共享的实现必须建立在生产力发展基础之上的客观规律。从理论和实践的双重逻辑来看，精神生活共同富裕的设想是贯穿于社会主义制度建构、萌芽、发展全过程之中的，是作为社会主义制度的本质要求而存在的。

2. 精神生活共同富裕是中国式现代化的基本向度

精神生活共同富裕是区别中国式现代化道路与西方现代化道路的显著标志之一。中国式现代化是以人的现代化、人的全面发展为核心的现代化，统筹兼顾物质文明和精神文明，以实现全体人民共同富裕为目标，真正实现了对以资本主义为中心的西方式现代化的反思和超越。习近平总书记强调"促进共同富裕与促进人的全面发展是高度统一的"[③]。站在新的历史节点，中国式现代化既包含了物质生活得到满足后，精神生活要由低级向高级迁跃的必然发展态势，也包含着将人的精神从单一化片面化发展的社会节奏中解放出来的重要任务。因此，要实现人的全面发展必须将精神生活共同富裕放在中国式现代化建设的关键位置。党的十八大以来，党和

---

① 马克思，恩格斯．马克思恩格斯文集：第 1 卷［M］．中共中央马克思恩格斯列宁斯大林著作编译局，编译．北京：人民出版社，2009：170.

② 马克思，恩格斯．马克思恩格斯文集：第 3 卷［M］．中共中央马克思恩格斯列宁斯大林著作编译局，编译．北京：人民出版社，2009：258.

③ 习近平．扎实推动共同富裕［J］．求是，2021（20）：2-3.

国家高度重视物质文明和精神文明协调发展，强调“只有物质文明建设和精神文明建设都搞好……中国特色社会主义事业才能顺利向前推进”①。中国式现代化打破了“现代化就是西方化”的理论迷思，在具有中国特色的实践中化解现代化危机，为世界精神文明提供了新的发展可能，展现了中国价值。

3. 精神生活共同富裕是对美好生活需要的积极回应

物质脱贫不等于精神脱贫，物质生活基本满足不代表精神生活得以丰富。在消除绝对贫困、全面建成小康社会的历史背景下，人民群众对美好生活的需要日益凸显，表现出追求更加立体多元的精神文化世界的趋势，展现出对精神文化生产、分配、消费各环节的“质”与“量”的标准不断提升的新状态。进入新时代，国家精神文明建设取得重要进展，全体人民物质生活和精神生活水平得到显著提升，表现出理想信念愈加牢固、文化自信明显增强、社会凝聚力极大提升的状态。但是，也要看到相对于物质生活水平的提高，当前人民精神生活的“质”与“量”还存在较大的进步空间，我国公共文化产业和文化事业的建设发展还不能完全满足人民群众对高质量精神生活的需求。新时代，必须深刻认识到人民群众精神生活发展的重要性和迫切性，精准研判国民精神生活状态，增加精神文化产品供给，不断提升精神生活文化领域的全面发展，积极回应人民群众对美好生活的需要。

二、思想政治教育助推精神生活共同富裕的功能优势

思想政治教育作为研究人的学科，承担着主动影响人的精神生活并自觉塑造人的精神世界的重要任务。精神世界作为思想政治教育的本体②，与思想政治教育的目标、内容存在高度契合。面对精神生活共同富裕这一时代新课题，必须发挥思想政治教育启发熏陶、示范引导、人才培养等功能优势，为实现精神生活共同富裕提供思想支撑。

① 中共中央文献研究室 . 习近平关于全面建成小康社会论述摘编［M］. 北京：中央文献出版社，2016：47.

② 叶方兴 . 精神世界的政治呈现：思想政治教育的精神本性初论［J］. 思想理论教育，2018（10）：47-52.

（一）引领社会主流价值

新时期，党和国家面临着西方意识形态渗透的政治风险、精神生活物化的社会风险以及部分青年群体价值观扭曲的思想风险，对主流价值的引领绝非简单的笔墨官司，而是关乎国家政治安全、民心向背的隐性较量。思想政治教育本质上是社会主流价值观客观传导与个人精神世界自主建构相统一的实践活动。推进精神生活共同富裕必须坚持马克思主义的指导地位，以思想政治教育引领社会主义核心价值观涵养精神世界，使人的思想和行为作出符合精神生活共同富裕目标的正确选择。坚持以思想政治教育引领主流价值，通过对党和国家大政方针政策的理论传播和阐释，促进精神生活共同富裕要在总体一盘棋的思路下稳步推进。

（二）营造健康舆论环境

好的舆论可以成为发展的“推进器”、民意的“晴雨表”、社会的“黏合剂”、道德的“风向标”。[①] 精神生活共同富裕需要构建积极的舆论场域确保政策传达的广泛性和民意巩固的有效性。智媒时代，网络成为亿万人民的精神家园，网络思想政治教育借助大数据、云计算优势，通过及时廓清网上模糊认识，阻截恶性散布谣言，做好思想“公关”，向社会传播社会主义核心价值观，打造弘扬主旋律、凝结更广泛共识的舆论空间。思想政治教育通过广泛宣传，帮助人民群众正确认识精神生活共同富裕价值、树立精神生活共同富裕意识，在健康清朗的社会舆论氛围中提高人民群众精神生活认识和理解，形成推进精神生活共同富裕的社会共识与合力，为精神生活共同富裕的持续推进和实现做好舆论护航。

（三）培养高素质人才队伍

促进精神生活共同富裕的终极目的在人，初始动力也在人。实现精神生活共同富裕不仅要依靠政策支撑、价值引导、舆论推动等外部条件，更要认识到人民主体是推进一切工作的根本力量，培养高素质人才队伍，是增强精神生活共同富裕的人才优势和保障。思想政治教育通过引导社会成员吸收、接纳、认同一定的思想观

① 中共中央文献研究室．习近平关于社会主义文化建设论述摘编［M］．北京：中央文献出版社，2017：38.

念、道德规范、政治观点，塑造人的思想和灵魂，提高人们的思想理论水平，引导人们形成正确的思想观念，加强道德品质修养，能够为精神生活共同富裕提供强大的人才支持和智力支持。

三、思想政治教育助推精神生活共同富裕的现实路径

新时代，物质生活与精神生活发展的不平衡、不充分愈加凸显，人的精神生活日益淡薄，走向空虚化，表现为多重社会困境。思想政治教育要发挥功能优势，提升人民群众精神生活获得感、体验感、幸福感，在自身发展中助推精神生活共同富裕伟大目标顺利实现。

（一）以弘扬主流价值加速精神生活共同富裕“共识凝聚”

1. 坚持马克思主义理论指导地位

习近平总书记指出：“马克思主义是我们立党立国的根本指导思想。背离或放弃马克思主义，我们党就会失去灵魂、迷失方向。”① 马克思主义理论是我们坚定理想信念、把握历史主动的关键一着儿，只有坚持用马克思主义的立场观点方法看待精神生活共同富裕，才能把握住精神生活共同富裕的正确方向，才能用社会主义核心价值观充盈人民精神生活，才能不断巩固以中国式现代化助推民族复兴的共同思想基础，否则就会陷入迷失方向、失去灵魂的困境。坚持马克思主义理论的指导地位，必须强化马克思主义在意识形态领域指导地位。当前，社会思潮纷繁复杂，西方资本主义正企图利用意识形态瓦解我国国民精神防线、摧毁国民精神家园。实现精神生活共同富裕必须牢牢把握国民精神生活和价值观取向，增强识别和抵制错误思潮的能力，从而铸牢全党全国人民共同为美好生活奋斗的思想基础，坚定不移为实现精神生活共同富裕而奋斗。

2. 坚持以社会主义核心价值观引领思想

价值认知是价值认同的基础。习近平总书记强调：“要促进人民精神生活共同富裕，强化社会主义核心价值观引领，不断满足人民群众多样化、多层次、多方面

① 习近平 . 在庆祝中国共产党成立 95 周年大会上的讲话［N］. 人民日报，2016-07-02（1）.

的精神文化需求。”[①] 作为主流价值，社会主义核心价值观实现了国家、社会、个人的三位一体的层级结构，生成了精神生活共同富裕的公共向度，形塑着精神生活的样态与精神生产的方式。思想政治教育要深刻把握社会主义核心价值观的时代内涵，立足中国特色社会主义伟大实践，将核心价值观融化在精神生活的生产、分配、交往、消费各环节中，一以贯之地发挥其引领思想、矛盾纾解、调整心态、牵引价值的重要功能，引导国民在精神交往中涤荡精神灰尘、铸牢精神防线。

3. 坚持以中华优秀传统文化濡润启智

文化是民族的根基，精神世界的塑造需要文化环境的滋养，唤醒国民精神基因必须推动中华优秀传统文化的当代复兴和创新性发展，借助中华优秀传统文化浸润心灵、启迪智慧，增强其精神归属感。思想政治教育要寻根溯源，破解精神密码，借助中华优秀传统文化的历史根脉与民族禀赋激励现代社会成员从“外部驱动”向“内生发展”，引导社会成员在中华优秀传统文化的浸润与感召下进行精神对话与情感交流，塑造价值认同。同时，在中华优秀传统文化与思想政治教育创新性融合中坚定文化自信、挖掘红色基因，在红色革命文化与传统优秀文化中厚植爱国主义情怀，形成促进精神生活共同富裕的强大合力。

（二）以思想政治教育高质量发展助力精神生活共同富裕“提质增效”

1. 精准供给发挥教育优势

精准是思想政治教育高质量发展的应有样态。[②] 思想政治教育工作高质量发展必须精准识别教育主体，精准选择教育方法，促进精神生活共同富裕的工作落细、落小、落实。精准识别教育主体应尊重教育对象的个性、现实性和差异性，充分尊重个体差异，按照不同群体类型、不同层次水平、不同发展阶段的特点规划教育方案，细化反映不同利益主体诉求的精神生活内容，打破大水漫灌式教育特点，精准供给精神生活产品。精准选择教育方法就是利用大数据等手段，梳理教育对象心理特点、分析教育对象精神生活状态，精准勾勒教育对象精神画像，制定能够满足教育对象个性化需求的教育方法，以达到最佳精神生活教育效果。

① 习近平．扎实推动共同富裕［J］．求是，2021（20）：2-3.

② 沈壮海，刘灿．论新时代思想政治教育的高质量发展［J］．思想理论教育，2021（3）：7.

2. 协同联动形成教育合力

实现精神生活共同富裕不可能一蹴而就，更不可能依靠一种力量“单打独斗”。思想政治教育本质上做的是人的工作，只有围绕人将分散在社会各系统的力量有效联结起来，才能形成齐抓共管促高质量发展的合力。同样，精神生活共同富裕的实现要把握整体的视野和系统性思维，实现精神生活共同富裕目标的“共商共建共享”，回应人民群众对美好精神生活的需求。思想政治教育工作高质量发展通过强化“一盘棋”思维，推动学科、理论、政策和实践基础整合重构，统筹社会精神教育资源，连通精神“孤岛”，打通思想“堵点”，助力精神生活共同富裕驶上“快车道”。

（三）以现代化赋能思政满足精神生活共同富裕“多维需要”

1. 树立现代化思政观念

惟创新者进，惟创新者强，惟创新者胜。[①] 教育观念的现代化是促进学科发展和精神生活共同富裕的关键点。中国特色社会主义是物质文明和精神文明全面发展的社会。精神生活共同富裕要求思想政治教育改变传统老套的教育观念、知识灌输模式，顺应多学科交叉融合趋势，实现对传统思想政治教育观念的扬弃与超越，形成开放、发展、共享的现代化教育观念，不断推进“大思政课”“大中小思政”一体化、全员全程全方位育人建设。同时，思想政治教育要促进以精神生活共同富裕为目标，不断汲取中国式现代化道路建设经验，提高思想政治教育现代化水平。

2. 创新现代化教育话语

话语反映和构建人的生存方式。新时期，媒体技术的发展对思想政治教育话语体系、叙事方式等造成严重冲击，人的社会交往图谱在新媒体时代被重新描摹，思想政治教育必须密切关注社会现实，用时代要求审视教育内容，转变思想政治教育话语低效或失效样态。加快创新思想政治教育话语体系，兼顾人民群众对政策话语的理解深度和现实宽度，有效融合党言党语、民言民语、网言网语，扩大教育有效覆盖面，增强思想政治教育助推精神生活共同富裕目标的“话语有效性”。

① 习近平．在欧美同学会成立 100 周年庆祝大会上的讲话［N］．人民日报，2013-10-22（2）．

3. 打造现代化思政场域

科学技术是第一生产力。现代化的发展离不开科学技术的创新，思想政治教育要充分利用现代科学技术，予以社会现实宏观研判和微观关切，实现传统教育场域与现代技术的有机融合，不断推进全媒体思政教学，在教学过程中融入新媒体技术，打造 AR 虚拟、沉浸式、体验式等教学场景，构建立体化思政场域，尊重不同受众对教育的个性化需求，力求形成“多点联动、交相辉映”的思想互动、价值引导的精神性交往情景，真正增强人民群众精神生活共同富裕的体验感、幸福感。

图书在版编目（CIP）数据

中国式现代化的生态意蕴与人学解读/董彪，于冰主编. —北京：中国国际广播出版社，2024.5

ISBN 978-7-5078-5553-1

Ⅰ.①中… Ⅱ.①董…②于… Ⅲ.①生态学－研究－中国②人学－研究－中国 Ⅳ.①Q14②C912.1

中国国家版本馆CIP数据核字（2024）第091326号

中国式现代化的生态意蕴与人学解读

主　　编	董　彪　于　冰
责任编辑	筴学婧
校　　对	张　娜
版式设计	邢秀娟
封面设计	王广福
出版发行	中国国际广播出版社有限公司［010-89508207（传真）］
社　　址	北京市丰台区榴乡路88号石榴中心2号楼1701 邮编：100079
印　　刷	环球（东方）北京印务有限公司
开　　本	787×1092　1/16
字　　数	350千字
印　　张	19.25
版　　次	2024 年 6 月　北京第一版
印　　次	2024 年 6 月　第一次印刷
定　　价	68.00 元